陕西师范大学科技出版基金

国家自然科学基金(42201245)

中国博士后科学基金特别资助(2023T160403)　　联合资助

陕西省科技计划(2023 – YBSF – 029)

陕西省社会科学基金(2024J012)

人地关系视阈下的旅游者
情感与环境责任

高　杨　著

陕西师范大学出版总社　西安

图书代号　ZZ24N1939

图书在版编目(CIP)数据

人地关系视阈下的旅游者情感与环境责任／高杨著. —
西安：陕西师范大学出版总社有限公司，2024.9
ISBN 978-7-5695-4391-9

Ⅰ.①人…　Ⅱ.①高…　Ⅲ.①游客—环境保护—社会
责任—研究　Ⅳ.①X32

中国国家版本馆 CIP 数据核字(2024)第 094999 号

人地关系视阈下的旅游者情感与环境责任
RENDI GUANXI SHIYU XIA DE LÜYOUZHE QINGGAN YU HUANJING ZEREN

高　杨　著

责任编辑	孙瑜鑫
责任校对	古　洁
封面设计	鼎新设计
出版发行	陕西师范大学出版总社
	（西安市长安南路 199 号　邮编 710062）
网　　址	http://www.snupg.com
印　　刷	西安报业传媒集团（西安日报社）
开　　本	787 mm×1092 mm　1/16
印　　张	16.375
字　　数	236 千
版　　次	2024 年 9 月第 1 版
印　　次	2024 年 9 月第 1 次印刷
书　　号	ISBN 978-7-5695-4391-9
定　　价	64.00 元

读者购书、书店添货或发现印装质量问题,请与本社高等教育出版中心联系。
电话:(029)85303622(传真)　85307864

前　言

枯萎了湖上的蒲草,销匿了鸟儿的歌声。诗人济慈用浪漫主义的表达指明了人类对于环境问题的担忧。工业革命以来,快节奏的社会发展与愈加深入的现代性产生了巨大的资源消耗,由此带来的环境问题不断凸显,人地关系面临新的挑战。诚然,人与自然是相亲相融相互依存的,人类愈发深刻地体悟到这一点,开始重新思考并呼吁可持续的人与环境的关系。人类通过多种技术和非技术途径保护环境,旨在以科学的方式建构良性向好的人地关系。党的二十大报告将"人与自然和谐共生的现代化"指明为"中国式现代化"的内涵之一,再次明确了新时代中国生态文明建设的战略任务。在这样的时代背景下,社会各个行业均开始关注环境责任问题。探索公众的环境责任有助于提升人地和谐水平,具有积极且长远的社会价值和意义。

环境可持续是人类文明发展进程中的核心问题与研究热点。地球上的土地、水域和生物多样性,在空间尺度和程度上受人类影响而发生变化。这种人地关联现象既在自然地理的客观层面得以彰显,如气候变暖研究;又在人文层面受到微观的环境心理关注,如基于主体性的环境行为反馈。情感主义转向赋予人地关系研究更多的"人本色彩"与"感性色彩",其将研究聚焦于人类自身体验,助推人与自然之间的互惠关系。在亲生命假说中,人类与自然有着与生俱来的亲缘关系。将人类体验与自然联系起来则有助于在一定程度上缓解环境危机,这涉及心理学、社会学、人类学等交叉学科理论。交叉的学科视角在认识论和方法论层面增加了公众环境行为研究的更多可能性。

旅游情境中个体的情感与环境责任表征了一种特定的人地关系联结。一方面,情感是旅游体验的本质与核心。个体在空间转换中与不同的情境产生互动,并在其中获取各类情绪价值。其中,以享乐为代表的积极情绪状态成为旅游情感的重要构成。由此,旅游逐步发展为在消费情绪触动下的空间行为及其体验。另一方面,旅游者的环境责任是目的地可持续发展的重要微观表现,属于一种正向的人地互动。在享乐框架及情绪价值获取目标下,旅游者自身情感需求与环境付出之间的关系更加复杂,其环境责任值得深入探究。剖析情感与环境责任内在的复杂交互规律,有助于理解旅游者是如何在目的地进行绿色行为决策的,也能够为环境可持续性提供旅游情境的经验。

本书建立在作者博士论文的基础之上,结合新时代背景,依托人地关系视阈,聚焦于大众旅游者的环境责任,从理性、情感和道德三个维度剖析旅游者环境责任行为动因及其深度治理,重点解答:多维动因是如何相互作用并影响个体环境责任行为的;分析环境责任行为的方法论进展;从实践视角聚焦于如何促进旅游者的主动性环境责任行为,为区域旅游的可持续发展提供路径导向。本书共分为四部分内容:第一部分社会的发展,论述环境责任行为的社会背景及其意义;第二部分理论的演进,主要介绍了旅游者环境责任行为研究的概念体系、理论假设、影响因素、解释模型等;第三部分方法的迭代,主要介绍了环境责任行为研究中的多元综合计算建模方法及未来方向;第四部分治理的创新,主要介绍实践视角下旅游者环境责任行为的治理和助推措施,最后基于实践视角聚焦了环境责任助推下的红色文化传承与保护专题。

在本书稿撰写过程中,得到了诸多支持与帮助,在此一并感谢。感谢导师马耀峰教授、赵振斌教授对于书稿的指导。感谢陕西师范大学科技出版基金、国家自然科学基金、中国博士后特别资助、中国博士后面上资助、陕西省科技计划重点研发项目的联合资助。感谢陕西师范大学出版总社的大力支持,感谢编辑们的热情指导与悉心帮助。

目　　录

第一篇

❖❖ 社会的发展 ❖❖

第一章 时代发展背景

时代发展背景是人类各类行为研究的基本导向,引导着公众的行为模式。同时,公众行为模式同样受到整体社会风气与潮流的影响,呈现出符合时代的行为特色。对于人类特定行为的研究,关注其时代背景至关重要。进入新时代,我国的经济和社会发展面临新的机遇与挑战。坚定中国特色社会主义发展道路,要求各行各业紧跟中国共产党的领导,开拓创新,力求通过各方努力全面建成社会主义现代化强国。同时,我国国土面积辽阔,自然资源丰富,民族文化灿烂,人口基数巨大。在这样的背景下,全国各族人民紧密团结,通过多种业态与路径实践,为逐步实现全体人民共同富裕而努力奋斗。

环境问题是当今世界广泛关注并且亟待解决的全球性议题,全球气候变暖、臭氧层耗损破坏、生物多样性减少、土地荒漠化、大气污染、水污染等环境问题正在威胁着人类的生存。2022 年,联合国人类环境大会在肯尼亚首都内罗毕召开,其主题为"只有一个地球"。50 年前,在瑞典首都斯德哥尔摩,第一届联合国人类环境大会通过了《联合国人类环境宣言》和《人类环境行动计划》,同时,将 6 月 5 日设立为世界环境日并决定建立联合国环境规划署(United Nations Enrivonment Programme,UNEP)。当时人们已经意识到从人类种族的生存到现代社会贫困的消除都有赖于自然环境,但是,时至今日,人类的发展仍以气候、土壤、空气、水等的污染为代价,全球升温预计超过《巴黎协定》确定的气温目标的两倍以上,多物种面临濒危,环境不断恶化,人类有必要采取更加切实的行动保护环境。

党的二十大报告指出,推进生态文明建设是我国重要的发展战略。2020年,中国国家主席习近平作出承诺:中国要在2030年实现碳达峰,即国家、企业、产品、活动或个人在一定时间内直接或间接产生的二氧化碳或温室气体排放量达到峰值,之后要开始下降;在2060年前实现碳中和,即二氧化碳或温室气体排放总量通过植树造林、节能减排等形式抵消掉,达到相对"零排放"。温室气体的排放是当前全球气候变化的主要因素,冰川消融、海洋酸化带来的海平面上升,气候变化引起的极端天气频发,自然危害和瘟疫的发生率增加威胁着全球生态系统。中国经济体量庞大,也是世界最大的温室气体排放国,这一"双碳"目标将对减轻环境负担、减缓环境恶化、实现可持续发展有着显著的影响力。

第一节 中国式现代化发展导向中的人地关系

现代化是人类文明进程中的特定阶段,影响着社会发展的方方面面。人类在现代化发展中获利,同时也承担着诸多负面后果,例如,贫富差距过大、价值观扭曲,等等。其中,人与自然关系的恶化是现代化发展中的核心问题与挑战,受到全世界各国的关注与探讨。人类行为是社会事件和人类发展演变发展的主要线索之一,也是关乎人地关系、人与自然可持续等问题的能动主体,具有关键作用。人类社会行为及其变化规律是人地科学研究的永恒主题。近年来,环境恶化带来的诸多灾害已经开始威胁人类生存与发展。人类开始反思与自然的关系,并认识到生态危机是人类违反自然规律、进行不合理的实践活动导致的。基于此,改变人类行为成为新时代和谐人地关系与可持续发展的核心。

党的二十大报告指出,中国式现代化,是中国共产党领导的社会主义现代化,既有各国现代化的共同特征,更有基于自己国情的中国特色。党的二十大报告着眼于什么是中国式现代化、怎样实现中国式现代化这一重大时代课题,深刻揭示了以中国式现代化全面推进中华民族伟大复兴的重大意义,明确阐述了中国式现代化的历史进程、中国特色、本质要求、战略安排、目标任务和重大原则,指明了推进中国式现代化的战略部署、时间表和路线图,是新时代推进和实现中国式现代化的重要文献。其中,中国式现代化是人与自然和谐共生的现代化,注重同步推进物质文明建设和生态文明建设①。

在人与自然的发展过程中,如何处理好二者的耦合协调关系成为诸多学科的核心命题。人类社会的进步有赖于自然资源的馈赠,和谐、平等、共生才是人与自然的可持续目标与走向。人类利用自然、保护自然,应该处理好社会发展和资源利用间的关系。鉴于世界各国的国情与发展阶段不同,对待人与自然关系的侧重亦有所区别。就我国而言,中国式现代化的发展目标中明确指出,我国要走人与自然和谐相处的现代化道路,生态文明建设是可持续发展中的重要战略。

一、时代特色中的人地关系

(一)人地关系的概念内涵

1.概念

人地关系是地理学研究中永恒的话题与核心。一般认为,人地关系是人类社会及其活动与自然地理环境的关系;更广义而言,人地关系是指人类社会及其活动与广义的地理环境的关系(图1-1)②。根据定义可知,人地关系涉及两大系统,人类系统和自然环境系统,自然环境系统是以人类为主体参与的客观物质实体,脱离人类,则人地关系也不复存在。此外,也有研究者认为,人地关系中的"地",不仅包含自然环境系统,也可指代地理或者空间③。同样,该观点表征出人类行为无法脱离地理空间而单独存在,二者紧密联系,相互影响。人地关系中的"人",即行为活动主体,其发展和优化是实

---

① 习近平.努力建设人与自然和谐共生的现代化[J].求是,2022(11):6.

② 杨青山,梅林.人地关系、人地关系系统与人地关系地域系统[J].经济地理,2001,21(5):532-537.

③ 范育鹏,方创琳.生态城市与人地关系[J].生态学报,2022,42(11):4313-4323.

现人地和谐关系的主导者和执行者,能够表现为"自然人-社会人-生态人"的演化过程特征,也是人地关系走向可持续的表征之一。

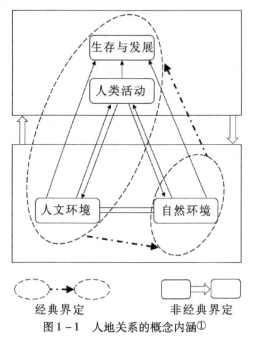

图1-1 人地关系的概念内涵①

我国常用"human/man - land relation/relationship/interaction"来描述人地关系,鉴于包含环境在内的广义人地关系概念,2000年后,也开始有学者采用"human - environment interaction"来表达人地关系。该现象体现了研究者们开始逐步重视人地关系中的环境要素。伴随时代发展与进步,人地关系也在稳定中不断融合新的时代特色,呈现具有时代印记的特征与态势。早期,德国地理学家拉采尔受到达尔文进化论的影响,提出了人地关系的经典理论——人地学理论,将以往的"生物-自然"关系推论到"人-自然"关系,奠定了人类与自然的关系研究基础②。而后的学者不断丰富并发展该理论体系,提出诸如"人类圈""社会圈""适应论"和"协调论"等,推动人地关系研究的系统化和综合化,强调人类在建立人地关系整体形态中的重要作

① 杨青山,梅林.人地关系、人地关系系统与人地关系地域系统[J].经济地理,2001(5):532-537.

② 杨青山,梅林.人地关系、人地关系系统与人地关系地域系统[J].经济地理,2001,21(5):532-537.

用。随着全球化进程的加快,人地关系问题愈发成为国际研究热点,学者们借助人类命运共同体的视角为人地关系理论注入新的时代内涵。

2. 相关理论回顾

人地关系研究是地理学的核心,由此衍生出一些概念体系。吴传钧先生认为"人"和"地"之间遵循既有规律从而发生联系,产生复杂的相互作用,进而构成一个复杂系统,即人地关系系统①。人地关系系统是人地关系的重要研究对象,该概念是指由人与地的诸因子相互作用和影响形成的统一整体②。此外,人地关系系统能够与空间研究相结合,形成人地关系地域系统,即人与地在特定的地域中相互联系、相互作用而形成的一种动态结构(图1-2、图1-3)③。上述概念围绕人地关系主体,均强调了人类和自然两方面的对立统一关系,应以一种综合和整体的视角进行分析。

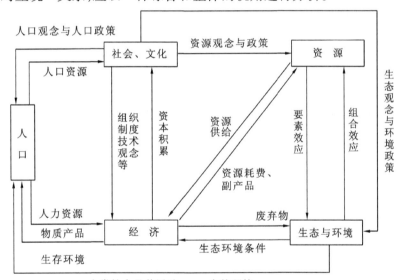

图1-2　基于人地关系经典解释的人地关系系统构型④

① 陆大道,郭来喜.地理学的研究核心:人地关系地域系统:论吴传钧院士的地理学思想与学术贡献[J].地理学报,1998,53(2):97-105.

② 同①.

③ 同①.

④ 杨青山,梅林.人地关系、人地关系系统与人地关系地域系统[J].经济地理,2001,21(5):532-537.

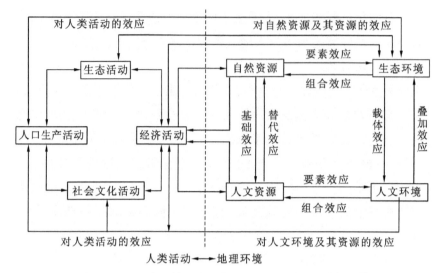

图 1-3 基于人地关系非经典解释的人地关系系统构型①

在人地关系研究过程中涌现了许多经典理论,以下简要列举一些学术观点②:

(1)地理区域论。该理论是由赫特纳在 1927 年提出,随后在 1930 年,罗士培开始倡导地理区域论的研究,并强调了在人地关系中,主体适应性会随地理区域发生变化③。地理区域论着眼于不同空间尺度,以人地关系地域系统为研究对象,重点在于阐明区域景观、格局与过程,凸显人口、资源、环境和区域发展间的紧密关系。

(2)地理综合论。1964 年,G.P.马什撰写的《人与自然》专著出版,标志着地理综合论研究的开端。该书指明人类活动在人与自然关系中的主动性地位,凸显了个体的能动性。而后,哈维在此基础上,提出地理学研究的实证主义方法论,发展了地理综合论,在地理研究中具有里程碑式

---

① 杨青山,梅林.人地关系、人地关系系统与人地关系地域系统[J].经济地理,2001,21(5):532-537.

② 史培军,宋长青,程昌秀.地理协同论:从理解"人-地关系"到设计"人-地协同"[J].地理学报,2019,74(1):3-15.

③ 同①.

意义①。

（3）地理系统论。乔莱等将系统视角运用于地理学研究，该理论视角融合了客观－主观、人类－自然、系统－过程等要素，将人地环境视为一个完整的系统，探索其中所呈现的规律，例如分析－反馈理论②。该理论认为，地理学研究整合了形态系统、过程－响应系统和受控系统等，而人类行为及其构成的社会环境同样承担着重要的作用。

上述观点从不同视角探讨了地理研究中人地关系的本体论和认识论，体现了学界对于该话题的深入认知过程。诚然，该研究领域涌现出了诸多具有代表性的地理学家，以下列举部分学者及其学术观点（见表1－1）。这些观点在不同阶段丰富并推动了地理学关于"人地关系"研究的完整发展历程，并为扩充人地关系的时代化内涵奠定了基础。

表1－1　有关人地关系研究的经典思想列举③

年份	作者	论著名	主要观点
1864	美国 G. P. 马什	《人与自然》	阐述了人与自然的依存关系
1930	英国 P. M. 罗士培	《自然区域论》	提出人地关系的适应论
1959	中国黄秉维	《中国综合自然区划草案》	倡导自然地理综合论
1960	苏联 B. A. 阿努钦	《地理学的理论问题》	主张自然地理学和经济地理学的统一，倡导地理综合论
1969	美国 D. 哈维	《地理学中的解释》	倡导地理综合论，发展马克思主义地理学
1976	美国段义孚	《人文主义地理学》	提出人文主义地理学
1991	中国吴传钧	《论地理学的研究核心》	提出人地关系地域系统，倡导人地系统优化调控

① КРАУКЛИС А А, LI S. Theories and practices of geographical system research[J]. Progress in Geography, 1989, 8(1): 1 – 5.

② CHORLEY R J. Geomorphology and general systems theory[M]. Washington DC: US Government Printing Office, 1962.

③ 史培军, 宋长青, 程昌秀. 地理协同论: 从理解"人－地关系"到设计"人－地协同"[J]. 地理学报, 2019, 74(1): 3 – 15.

（二）不同阶段人地关系的解读①

生产力阶段的不同决定着人与自然关系的变化。人地关系正是在不同时期的人类生产和生活实践中得以发展和完善,具备愈加丰富的内涵。

1. 原始尊崇阶段

早期人类的生产力水平以及对于自然的认知水平有限,只能选择被动地适应自然条件,完全承受自然灾害等带来的负面后果。这个阶段人类更加崇尚与敬畏自然,其思想主要围绕"天命论""地理环境决定论"和"天人合一论"等。"天命论"展示了人类对自然的完全屈从,以祈求和敬畏的态度面对人地关系。在西方,"地理环境决定论"同样表明人类对自然的畏惧。该理论以亚里士多德、拉采尔等学者为代表,主要阐明了人类及其生产生活均是由环境决定的,自然统治着人类命运。我国古代的先贤思想也强调人与自然的和谐关系导向。先贤们认为,天、地、人三者构成了有机统一的整体,人要与天处于和谐状态,即天人合一。天是指世界、自然、万物②。在先贤哲学思想中,儒家和道家思想对后代影响最为深刻,其二者运用不同的逻辑阐述了人与自然的和谐关系。儒家思想重"仁",提出"天地万物一体之仁""天人之际,合而为一""民吾同胞,物吾与也"等思想精髓,其将人与自然视作一体,注重二者的平等地位,倡导人类应以宽容的态度对待自然万物,以达到人与自然和谐的境界。在《周易》中有明确的天人协调思想。如孟子认为,"尽其心者,知其性也;知其性,则知天矣"。该观点指人的品行是天所赋予的,突出了人与万物的整体性③。道家思想注重"法",即规则与规律,提出"人法地,地法天,天法道,道法自然"④的思想精髓,其强调了尊重自然规律的重要性,只有充分尊重自然、保护自然,才能促进人与自然的永续发展。这些观点均属于一种原始的环境伦理思想。

---

① 何谋军.透析人地关系思想的演进与生态环境[J].贵州师范大学学报(社会科学版),2002(3):3.

② 张世英.天人之际:中西哲学的困惑与选择[M].北京:人民出版社,2007.

③ 王爱民,缪磊磊.地理学人地关系研究的理论评述[J].地球科学进展,2000,14(4):415-420.

④ 道德经[M].张景,张松辉,译注.北京:中华书局,2021.

2. 农业生产阶段

随着生产力的发展和社会的进步,生产工具和农业技术不断改进,人类注重农业生产,逐步创造出伟大的农耕文明,从而使其生活有了基本保证,为人类的发展壮大提供了前提条件。在这个阶段,人类对于自然的认识有了一定程度的提高,对自然的适应和改造能力也在增强。法国地理学家维达尔·白兰士提出了或然论,其观点认为,自然为人类的生存提供了各类资源和可能性,但人类生存方式不尽相同,这源于人类对自然的适应性差异和多种因素综合影响①。因此,环境并不一定决定人类生活方式,而是提供了生活方式的选择可能,人类依据具体情境和自然条件,选择合适的生活方式。该观点在一定程度上发展了环境决定论,对人地关系的认识有了新的突破。随后,维达尔的学生白吕纳进一步完善了该观点,认为自然具有稳定性和固定性,但人类生存的文明则具有灵活性和适应性,由此,人地关系应该呈现一种动态变化的趋势。

3. 工业发展阶段

工业革命使得人类生产力得到了空前提升,人类文明也进入一个全新的阶段。然而,该阶段人类对于自然的利用方式发生转变,巨大的进步致使人类开始疯狂掠夺自然资源,以寻求更先进的技术和生产手段。此时期的人地关系呈现出一种不可持续的发展态势,人类以主体的姿态不断向环境索取,违反自然规律,持续推动人类工业发展并以环境破坏为代价。有学者在这个阶段提出"征服论",将人类置于自然环境之上,试图确立人类在自然界的主宰地位②。这类思想观点是时代的产物,同时也指导着特定时代人类的生产生活行为。然而,由于人类对于自然资源不合理地开发与利用,导致环境污染,引起了诸多环境问题,甚至危及人类生存,例如伦敦烟雾事件。在1952年,伦敦出现一次严重的大气污染事件,受反气旋影响,大量工厂生产和

---

① 王爱民,缪磊磊.地理学人地关系研究的理论评述[J].地球科学进展,2000,14(4):415-421.

② 何谋军.透析人地关系思想的演进与生态环境[J].贵州师范大学学报(社会科学版),2002(3):11-13.

居民燃煤取暖排出的废气积聚在城市上空,严重影响了居民的身心健康与正常生活。此外,生物多样性减少、土地沙漠化、耕地流失、海洋污染等环境问题使得人类不得不直面工业革命所产生的巨大后果与代价。

4.协调导向阶段

自 20 世纪中叶开始,人地关系受到新的时代背景影响,进入以可持续发展为核心理念的协调导向阶段。人类开始逐步关注到其行为活动导致的环境问题,例如生物多样性的减少、气候变化、生态系统的破坏等。伴随经济全球化趋势的不断深化,世界各国间的联系愈加紧密,命运共同体意识使得全人类都开始关注人地关系和环境问题。在这个阶段,人与环境的和谐共生成为新时代的发展主题,可持续发展成为人地关系的主导思想。人类加深了对自然宏大和慷慨的感恩,协调自身发展与生态系统之间的平衡关系,力求建立一个稳定、可持续、和谐共生的复杂系统。人类秉承这样的共识,优化了新的环境道德伦理,不同的意识形态和文明制度造就了具有不同侧重点的环境保护战略,也体现着人类的智慧。中国积极响应对人类环境的保护号召,将生态文明建设作为国家重要的发展战略,倡导绿色发展、循环发展、低碳发展和可持续发展。党的十八大以来,国家对于生态文明建设愈加重视。生态文明建设不仅是党的执政宗旨、执政纲领的重要组成部分,也是中国参与世界可持续发展的核心贡献之一,与中华民族永续发展息息相关,与构建人类命运共同体息息相关。"绿水青山就是金山银山"的科学论断,指导着中国产业发展方式的绿色转型与前行方向,也是可持续发展的有力支撑。同时,该论断也凸显了新时代人地关系的积极发展态势。

二、中国式现代化与人地关系表征

党的二十大报告明确提出,"从现在起,中国共产党的中心任务就是团结带领全国各族人民全面建成社会主义现代化强国、实现第二个百年奋斗目标,以中国式现代化全面推进中华民族伟大复兴",将中国式现代化的地位作用提升到前所未有的新高度。中国式现代化是中国特色社会主义建设过程中的优秀智慧结晶,也是我国未来建设与发展的重要导向和战略。区别于西方现代化,中国式现代化是中国共产党历经百年奋斗与实践所创造的新文明形态,为人类现代化进程贡献特有的中国经验与特色①。中国式现代化的本质要求是:坚持中国共产党领导,坚持中国特色社会主义,实现高质量发展,发展全过程人民民主,丰富人民精神世界,实现全体人民共同富裕,促进人与自然和谐共生,推动构建人类命运共同体,创造人类文明新形态。中国式现代化的本质特征(见图1-4)如下:中国式现代化是人口规模巨大的现代化,是全体人民共同富裕的现代化,是物质文明和精神文明相协调的现代化,是人与自然和谐共生的现代化,是走和平发展道路的现代化。上述特征体现了经济、政治、文化和社会现代化的共同导向,也从不同层面阐明了中国情境中人地关系的重要地位和特有表征。

图1-4 中国式现代化的背景与要求②

中国式现代化的理论内涵(见表1-2)为社会治理和建设提出了要求与指引。其中,"中国式现代化是人口规模巨大的现代化,是全体人民共同富裕的现代化,是人与自然和谐共生的现代化",这三个特征与人文地

---

① 孙浩进,杨佳钰,闫腾翔.论中国式现代化的理论内涵[J].经济研究导刊,2023,534(4):1-5.

② 黄震方,黄睿,葛军莲.中国式现代化理论视角的旅游地理研究:科学问题与学术使命[J].经济地理,2023,43(5):16-25.

理学发展紧密相关①,人类生态文明在其中扮演了不可或缺的角色。

表1-2 中国式现代化的科学内涵与理论体系②

体系构成	理论主题	理论内涵
科学内涵	基本概念	满足各国现代化共同特征,同时基于中国国情特色的中国共产党领导的社会主义现代化
	使命任务	全面建成社会主义现代化强国,全面推进中华民族伟大复兴
	重大原则	坚持和加强党的全面领导;坚持中国特色社会主义道路,坚持以人民为中心的发展思想,坚持深化改革开放,坚持发扬斗争精神
重要内容	中国特色	人口规模巨大的现代化,全体人民共同富裕的现代化,物质文明和精神文明相协调的现代化,人与自然和谐共生的现代化,走和平发展道路的现代化
世界意义	贡献价值	为人类实现现代化提供新选择,推动构建人类命运共同体,创造人类文明新形态

(一)中国式现代化中人地关系的内涵

1. 人口规模巨大的现代化

作为拥有14多亿人口的泱泱大国,人口规模巨大的现代化是扎根中国大地、切合中国国情的现代化。首先,现代化的本质是人的现代化③,因此人的主体性地位和能动性直接影响社会发展与环境变化。这是因为,发展最终要求人的素质的改变,这种改变是获得更大发展的先决条件和方式④。同时,基于我国社会主要矛盾,即人民日益增长的美好生活需要和不平衡不充分的发展之间的矛盾,其要求在社会发展进程中,注重人的主体性与能动

① 陆大道.人文与经济地理学如何响应"中国式现代化"的要求[J].经济地理,2023,43(3):1-5.
② 黄震方,黄睿,葛军莲.中国式现代化理论视角的旅游地理研究:科学问题与学术使命[J].经济地理,2023,43(5):16-25.
③ 刘兴盛.人的现代化的跃迁:中国式现代化的主体之维[J].哲学研究,2023,(4):14-22.
④ 英格尔斯.人的现代化[M].殷陆君,编译.成都:四川人民出版社,1985.

性,考虑人民群众的需求为先,一切以人民利益为中心。中国式现代化关注了特定国情下的人口特征与社会现实,从区域均衡发展、人民利益为先等政治和经济视角制定了政策导向。

2. 全体人民共同富裕的现代化

消除贫困是联合国可持续发展目标(Sustainable Development Goals, SDGs)的第一项议程,是人们面临的最严峻的全球挑战之一[①]。要实现更大的人类发展,就需要减少极端贫困,同时持续采取行动,在各方面减轻社会经济不平等。中国式经济现代化作为促进中国式现代化发展的物质基础,在一定程度上有助于推动中国式现代化发展。在社会建设方面,强调坚持在发展中保障和改善民生,增进民生福祉、提高人民生活品质,扎实推进共同富裕。

3. 物质文明和精神文明相协调的现代化

现代社会中,物质主义盛行可能是导致人们精神寄托缺失的原因之一[②][③]。高度城市化水平和脱离自然的生活模式也逐渐成为重要的引致因素[④][⑤]。这样的现象会表现出不和谐的人地关系。中华民族伟大复兴中国梦新篇章的书写与开启,要求以中华优秀传统文化、革命文化和社会主义先进文化的赓续、传承、弘扬为重点。在文化建设方面,强调坚持中国特色社会主义文化发展道路,推进文化自信自强,铸就社会主义文化新辉煌。社会主义核心价值观为引领,发展社会主义先进文化,弘扬革命文化,传承中华优秀传统文化,满足人民日益增长的精神文化需求,巩固全

---

① ZHANG D,WANG Q,YANG Y. Cure – all or curse? A meta-regression on the effect of tourism development on poverty alleviation[J]. Tourism Management,2023,94:104650.

② 辜美惜,邱龙虎,曾伟楠,等.大学生幸福感与物质主义的关系及社会支持的中介作用[J].中国心理卫生杂志,2016(3):237 – 240.

③ KASSER T. The high price of materialism[M]. Cambridge:MIT Press,2002.

④ HARVEY D J,MONTGOMERY L N,HARVEY H,et al. Psychological benefits of a biodiversity – focussed outdoor learning program for primary school children[J]. Journal of environmental psychology,2020,67:101381.

⑤ 高杨,白凯,马耀峰.旅游者幸福感对其环境责任行为影响的元分析[J].旅游科学,2020,34(6):16 – 31.

党全国各族人民团结奋斗的共同思想基础,不断提升国家文化软实力和中华文化影响力。

4.人与自然和谐共生的现代化

人与自然的和谐共生是可持续发展的核心导向,也是我国生态文明建设的重要目标。绿水青山是生态发展的支撑,也是绿色发展的象征。个体和环境系统的耦合,能够促进个人、社会和环境的可持续发展,基于主体的能动性,这种人地关系突出呈现在人类行为层面。帮助人们树立基本理念,包含资源节约理念、综合价值理念和战略思维理念等。

生态环境是旅游业和城市化发展的基础载体,为旅游业提供原始的自然、人文资源,为城市化提供发展依托,起到"母体"的核心作用①。旅游业发展建立在改造自然的基础上,依托生态资源和社会人文条件,规划开发景区,创造经济收益。与此同时,城市化进程的加快不断改变已有生态环境,例如,城市建筑垃圾、污水、工业粉尘对水文、空气等资源要素产生破坏性影响,这也会直接影响旅游环境。

5.和平发展的现代化

中国式现代化创造了人类文明新形态,打破了现代化就是西方化、遵循资本主义现代化模式才能实现现代化的观念,缔造了一种新的发展模式,适用于既希望加快发展,又希望保持自身独立性的国家。"一带一路"和合作倡议是和平发展现代化的有力体现,其致力于打造政治、经济、文化于一体的利益责任共同体②。具体而言:①在教育方面,"一带一路"倡议推动了中国大学的区域教育水平和教育公平建设,合作国家间互派留学生数量增加,有助于各国强化教育与文化交流③。②在旅游发展方面,"一带一路"倡议下的旅游机会更加丰富,国家间自然文化资源的相互吸引,使得旅游发展采取

---

① 高杨,马耀峰,刘军胜.旅游业-城市化-生态环境耦合协调及发展类型研究:以京津冀地区为例[J].陕西师范大学学报(自然科学版),2016,44(5):109-118.

② 刘壮,郑鹏,王洁洁,等."一带一路"倡议对中国出境旅游流的影响及作用机制[J].资源科学,2022,44(11):2356-2372.

③ 吕越,王梦圆."一带一路"倡议与海外留学生来华:因果识别与机制分析[J].教育与经济,2022,38(1):11-20.

整合、积极、构建的策略,为破解文化交流面临的困境等方面提供了启示①。③在医疗卫生方面,"一带一路"的倡议充分发挥人道主义互助精神,为世界提供了国际卫生援助制度、完善全球卫生法律制度、优化区域公共卫生资源配置等中国贡献②。

(二)中国式现代化中对生态思想的解读

1. 生态文明的核心战略

中国式现代化能够引领新时代的生态文明建设。其中,人与自然和谐共生的中国式现代化是中国共产党坚持马克思主义关于人与自然关系的哲学思想,同时反思西方工业发展经验,立足本土实践,充分吸收中华优秀传统生态文化及合理配置各类资源,走出创新之路。人与自然和谐共生的中国式现代化以建设美丽中国为目标导向,以生命共同体为理念指引,以实现碳达峰碳中和为战略方针,以持续推进绿色发展为基本路径,拓展了马克思主义关于人与自然关系的理论,提升了中国共产党推进生态治理现代化的能力,创造了人类生态文明新形态,贡献了推动全球生态现代化进程的中国力量③。

2. 推动人地和谐的生态使命

近代以来,现代化成为人类文明发展进步的显著标志。实现现代化,是各民族、各国家所追求的目标。中国式现代化,根本上有别于资本主义以资本为中心的现代化、两极分化的现代化、物质主义的现代化、对外扩张掠夺的现代化,可以实现持久、可持续的现代化,充分展示了优越性、先进性。其中,西方采取以"资本至上"为逻辑的现代化发展模式,这种理念割裂了人与自然的关系。与之相比,中国式现代化更注重"人民至上"的逻辑,其凸显了人与自然和谐共生的关系。该理念能够解决人与自然、人

---

① 邵华冬,陈凌云.中国传统文化跨文化传播的关系构建转向:以中医药"一带一路"传播为例[J].现代传播(中国传媒大学学报),2021,43(4):23-27.

② 敖双红,孙婵."一带一路"背景下中国参与全球卫生治理机制研究[J].法学论坛,2019,34(3):150-160.

③ 王玉婷.党的二十大以来国内学界关于中国式现代化研究的回顾与展望[J].社会科学动态,2023(7):57-64.

与人的矛盾,弱化了工业发展和生态消耗的冲突,为众多发展中国家走向现代化提供了新的方案。在人与自然和谐共生理念的指导下,只有树立"以人民为中心"的生态价值观、"人与自然生命共同体"的生态整体观、"绿水青山就是金山银山"的绿色发展观和"山水林田湖草沙冰是生命共同体"的系统治理观,才能真正克服资本主义逻辑的缺陷,完成人与自然的和解。

三、中国式现代化与旅游地理研究

党的二十大报告提出,以中国式现代化为导向全面推进中华民族伟大复兴,这是确立的中心任务①。作为五大幸福产业之首,旅游业不仅是重要的国民经济战略性支柱产业,能不断满足人民美好的物质和精神生活需求,还是国家经济发展与精神文明建设的重要组成部分。就地理研究而言,旅游地理学是研究地球表层人类旅游活动与地理环境关系并服务于人类生活和社会经济发展的一门科学②。就管理研究而言,旅游研究则能够从柔性视角参与国家和社会治理。旅游业的发展受到国家政策的影响,呈现出灵活而动态的行业特征;同时,旅游业涵盖了多种产业链,结合了住宿业、餐饮业、交通业、娱乐业等,具有综合性和较强的关联性。而中国式现代化本身就是具有较强整体性和系统性的现代化。由此,在中国式现代化导向下,旅游业的高质量发展对于充实人类精神文明建设、实现共同富裕目标、增强民族和国家文化认同与文化自信等都具有积极意义。有学者指出,旅游成为我国经济发展逆周期和跨周期的重要引擎,旅游为其他行业赋能成为推动经济社会发展的重要路径,旅游发展成为中国式现代化强国建设的重要力量③。

---

① 习近平.高举中国特色社会主义伟大旗帜为全面建设社会主义现代化国家而团结奋斗:在中国共产党第二十次全国代表大会上的报告[J].党建,2022(11):4-28.

② 黄震方,黄睿.基于人地关系的旅游地理学理论透视与学术创新[J].地理研究,2015,34(1):15-26.

③ 赵丽丽,徐宁宁.文旅高质量发展与中国式现代化:2023《旅游学刊》专题研讨会综述[J].旅游学刊,2023,38(4):161-164.

（一）旅游地理中的人地关系

旅游地理学在 20 世纪 20 年代起源于美国,而后在 70 年代传入中国大陆,90 年代以来才获得了更多关注,逐渐发展成为成熟的地理学科分析与完整研究体系①。旅游地理学融合了经济学、社会学、心理学等学科理论,聚焦于旅游情境中的人地关系和人人关系研究②。也有学者指出,旅游地理学应以人地关系地域系统为核心③。旅游地理学的研究应以地理学与旅游学的交叉融合为基础,兼顾其他学科在其中的现象解释。具体而言,旅游地理学既要关注个体的旅游活动本身,又要重视其与地理情境所产生的互动与联系,凸显区域性、人本性、综合性与应用性等特点(见图 1 - 5)④。综上,作为地理学的重要构成,旅游地理学也应重视旅游情境之中的人地关系实践。

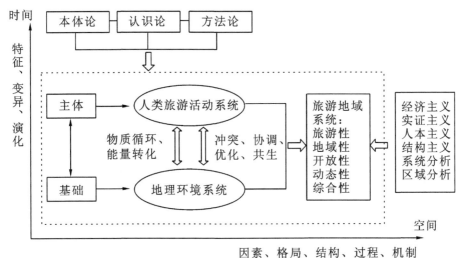

图 1 - 5　旅游人地关系的理论架构⑤

①　黄震方,黄睿.基于人地关系的旅游地理学理论透视与学术创新[J].地理研究,2015,34(1):15 - 26.

②　明庆忠.试论旅游学研究的理论基础[J].昆明大学学报,2006,17(2):7 - 9.

③　明庆忠,陈英.旅游产业地理:旅游地理学研究的核心与主题[J].云南师范大学学报(哲学社会科学版),2009,41(2):51 - 56.

④　同①.

⑤　黄震方,黄睿.基于人地关系的旅游地理学理论透视与学术创新[J].地理研究,2015,34(1):15 - 26.

1. 旅游人地关系的理论内涵①

根据吴传钧、黄震方等学者的研究,旅游人地关系是基于"人"和"地"互动作用的综合系统。"人"是指与旅游活动相关的主体,具备典型的社会属性,例如旅游者、旅游目的地居民、旅游从业者以及旅游管理者。旅游活动中的人具有积极的主观能动性,能够利用与开发自然资源,认识并改造地理环境。"地"是指与旅游活动相关的地理环境,涵盖自然、人文和社会属性,例如旅游目的地的自然要素、人文要素及综合情境等。旅游活动中的地是旅游活动及其人地关系的基础,包括客观物质实体和主客观空间。旅游人地关系可被理解为其二者间相互作用的动态关系,呈现为相互制约、相互依存、共同发展的综合复杂规律。

2. 旅游人地关系的基本框架

结合旅游人地关系的理论内涵,借鉴黄震方等人的研究成果,旅游人地关系的基本框架包含人、地和人地互动三个部分。在这个框架之下,涵盖了旅游地理研究中的诸多现象和话题,也为旅游实践提供了理论指导。

(1)"人"是能动主体。人具有主观能动性,其能够认识自然、适应自然、改造自然,也是旅游人地关系中的主导因素。在任何旅游现象的研究中,都需要考虑不同的利益相关主体及其行为过程。由此,旅游行为理论是旅游地理学的研究核心之一,其他与之相关的话题也逐步成为研究重点,如旅游人类学、旅游心理学、旅游市场营销、旅游感知与需求、旅游情感体验等。近年来,旅游地理学愈加注重旅游情境中人类行为及其演变和影响规律的研究。

(2)"地"是客观基础。地理环境是旅游人地关系的基础,其为旅游活动提供了资源禀赋与空间场所。建立在环境基础上的旅游资源能够创造旅游业发展的核心吸引力,具有丰富性、多样性;其他相关的旅游环境是人类活动的基础载体,承担着自然和社会双重价值与意义。由此,旅游资源开发

---

① 同①.

与建设是旅游地理学的研究核心之一,自然地理学、人文地理学、生态学、景观学等,都与旅游地理研究息息相关。

(3)"人地互动"是综合体。人地互动是旅游人地关系的突出表征,也是旅游地理学研究的重点和难点。诚然,旅游活动联结了自然环境、人文环境和社会环境等系统,呈现出高度综合的特性。由于人类行为的参与,原本的地理环境融合了更加复杂的社会规律,衍生出人类环境行为关系、旅游开发经营关系、主客互动关系、旅游空间生产关系、利益相关者间关系和目的地管理战略关系等研究现象。如何通过对"人地互动"的探讨,实现"人地协调"的目标,则成为新时期旅游地理研究的重要命题。

(二)中国式现代化导向的旅游研究内涵

党的二十大报告为我国各行各业的发展与建设提供了导向与战略。旅游业是国民经济的战略性支柱产业,同时,旅游已经成为现代人的重要生活方式,其能够满足人类物质和精神文明需要,具有重要的社会文化意义,与现代化建设紧密相关。在此背景下,旅游研究应明确党的二十大报告对于文旅深度融合发展的新要求,进一步把握中国式现代化与旅游研究的内在联系与规律。新时期的旅游业需要在高质量发展引领下,打造让人民生活更加幸福美好的中国式旅游现代化,更好地推进中国式现代化进程,为实现第二个百年奋斗目标而贡献力量。

1. 人口规模巨大的现代化——大众旅游高质量发展

党的十九大报告提出,当前我国经济已由高速增长阶段向高质量发展阶段过渡[1]。高质量发展是中国式现代化的本质要求,也是新时代赋予旅游业的要求与目标。高质量发展的大众旅游能有效助推实现人口规模巨大的中国式现代化[2]。2021 年,国务院印发的《"十四五"旅游业发展规划》提出,

---

① 吴开军.旅游业高质量发展推进中国式现代化的作用机理和实现路径[J].广西社会科学,2023,333(3):17-22.

② 吴开军.旅游业高质量发展推进中国式现代化的作用机理和实现路径[J].广西社会科学,2023,333(3):17-22.

我国将全面进入大众旅游时代,旅游业发展处于重要战略机遇期,高质量发展的大众旅游是实现人民生活更加幸福美好的有效途径。面对新阶段高质量发展的要求,坚持创新驱动、完善旅游产品供给体系、拓展大众旅游消费体系等成为旅游业未来的重点任务和发展方向。

一方面,大众旅游时代到来,旅游活动已经成为人们获取幸福感的重要生活方式。我国拥有 14 多亿人口,具备庞大规模化的旅游市场及消费潜力。同时,其内部客源市场结构丰富,拥有众多需求的细分市场。另一方面,旅游高质量发展能够满足人民群众更高层次的精神文化需求,增强人们对生活的满意度、幸福感和生命质量,有助于建构个体积极的生活态度与亲社会行为。同时,伴随旅游需求的多样化和定制化,旅游产品供给更加丰富,旅游基础设施愈加完善,旅游经营管理更加规范,综合促进了旅游业的繁荣。

2. 全体人民共同富裕的现代化——旅游业促进共同富裕

旅游业是现代服务业的核心组成部分,对经济发展起到了积极影响。据统计,2019 年,我国旅游业对国内生产总值(GDP)的综合贡献为 10.94 万亿元,占 GDP 总量的 11.05%,旅游业直接和间接就业人口为 7 987 万人,占全国就业总人口的 10.31%[①]。后疫情时代,旅游业得到迅速的恢复和反弹,据统计,2023 年"五一"黄金周,全国国内旅游出游合计 2.74 亿人次,同比增长 70.83%,按可比口径恢复至 2019 年同期的 119.09%;实现国内旅游收入 1 480.56 亿元,同比增长 128.90%,按可比口径恢复至 2019 年同期的 100.66%[②③]。

长期以来,旅游业发展都被认为是缩小社会经济不平等和减轻贫困的

---

① 同①

② 2019 年旅游市场基本情况[EB/OL].(2020 - 03 - 10)[2022 - 10 - 23]. https://www. mct. gov. cn/whzx/whyw/202003/t20200310_851786. htm.

③ 2023 年"五一"假期文化和旅游市场情况[EB/OL].(2023 - 05 - 93)[2023 - 05 - 10]https://www. mct. gov. cn/whzx/whyw/202305/t20230503_943504. htm.

一个潜在工具[①]。数据表明,旅游减贫占减贫总任务的 17% 至 20%[②]。许多国家均热衷于发展旅游业,特别是欠发达国家。在我国,旅游扶贫是实现全民致富、乡村振兴等层面的重要国家政策,受到了学界和社会各界的广泛关注。旅游业是促进地区经济发展、缓解贫困的政策工具,特别有助于一些拥有独特旅游资源的地区发展经济。随着旅游目的地整体经济水平的提升,该地区的贫困程度可能也会因此改善[③]。我国的旅游扶贫政策为贫困人口提供了一种有益选择,符合党的二十大报告中提出的区域均衡发展战略,具体表现为收入再分配、教育素质提升、基础设施完善等。收入再分配能够帮助低收入者,有助于缩小各收入阶层之间的收入不平等;旅游扶贫通过鼓励个体的就业参与,增强了贫困地区民众的社会交往互动,在一定程度上改善了教育系统;发展旅游业加强了目的地的道路基础设施,使贫困地区更容易获得经济增长所需的资源。

近年来,我国的乡村旅游蓬勃发展,在新农村建设、乡村振兴、区域均衡发展和脱贫攻坚等方面发挥着巨大作用。据统计,2019 年乡村旅游总人次达 30.9 亿,占国内旅游总人次的一半以上,乡村旅游总收入达 1.18 万亿元,2020 年从业人数达到 1061 万[④]。乡村旅游能够通过多种方式减少贫困,例如为村民提供就业机会,劳动力进入的低(技术)障碍,以及加强基础设施和其他综合素质。《阿者科计划》是我国旅游减贫实践的典型案例,入选了2022 年度"中国地理科学十大研究进展"成果。这是中山大学保继刚教授团队为阿者科村编制的乡村旅游发展规划,并进行了持续的在地实践。阿

---

① ZHANG D, WANG Q, YANG Y. Cure-all or curse? A meta-regression on the effect of tourism development on poverty alleviation[J]. Tourism Management,2023,94:104650.

② 文化和旅游部:旅游发展解决贫困户脱贫占整个扶贫总任务的 17% ~ 20%[EB/OL]. (2020 - 09 - 05)[2021 - 09 - 05] http://travel. people. com. cn/n1/2020/0509/c41570 - 31702885. html.

③ CROES R,VANEGAS M. Cointegration and causality between tourism and poverty reduction[J]. Journal of Travel Research,2008,47(1):94 - 103.

④ 文化和旅游部:乡村旅游正在快速恢复[EB/OL]. (2020 - 09 - 13)[2022 - 10 - 23]. http://www. gov. cn/xinwen/2020 - 09/13/content_5543050. htm.

者科村是红河哈尼梯田世界文化遗产区 5 个申遗重点村之一,拥有典型且稀缺的自然资源和人文资源。然而,空心化严重、可进入性限制、保护与发展的矛盾等因素制约着该地的经济发展,该地人均年总收入仅约 3000 元,属深度贫困型传统村落。通过将旅游发展、遗产保护与村民利益相结合,阿者科计划促进了村民就业增收,并带来了一系列社会价值,如帮助村民成立村集体旅游公司、发展乡村旅游经济、保护文化遗产、重塑文化认同等①。2022 年 5 月 4 日,阿者科举行了第六次旅游发展分红大会,六次分红累积 78.51 万元,带动全村 23 户建档立卡户精准脱贫。

3. 物质文明和精神文明相协调的现代化——文旅深度融合发展

旅游是现代社会人民群众实现美好休闲生活的刚性需求。高质量发展的旅游业焕发出新的趋势和特征:就需求角度而言,人民群众的旅游需求升级,向品质化、多样化和精细化转变,在传统的观光游的基础上更加注重参与和体验的休闲度假游;就供给角度而言,旅游业致力于多方位满足旅游者需求,旅游产品提质升级,不断创新,通过"旅游 + 文物""旅游 + 教育""旅游 + 体育"等新业态,打造符合人民群众审美和休闲要求的旅游产业链。近年来,"旅游 + 文化 + 文物"的内生性融合逐步完善,推出一批彰显文化特色、增强文化自信的旅游产品,如特色山水实景演出、典型文化艺术街区、智慧博物馆、数字化景区等。文化旅游、遗产旅游、研学旅游等丰富了人民群众的精神生活,使其在休闲放松之余亦心有所获,实现了物质文明和精神文明的双向提升。

文化和旅游深度融合发展是国家发展战略,也是中国式现代化引领下的旅游核心发展方向。党的二十大报告指出,坚持以文塑旅、以旅彰文,推进文化和旅游深度融合发展。文旅高质量融合是文化建设和旅游发展的内在要求和必然结果,是推进社会主义文化强国的重要手段和必要途径。在文旅深度融合过程中,创新"内生性融合 + 外生性融合""产业链 + 创新链"

---

① 保继刚,杨兵.旅游开发中旅游吸引物权的制度化路径与实践效应:以"阿者科计划"减贫试验为例[J].旅游学刊,2022,37(1):18 - 31.

以及"科技赋能＋改革赋能＋文化赋能"等具体路径,有效对接了人民需求和社会经济发展实践。具体而言,近年来国家大力建设文旅深度融合的特色小镇与乡村,开发出各类具有文化特色的文创产品,使其符合当下消费潮流。同时,旅游制度改革催化了产业创收活力。浙江省县级文旅机构改革以来,文化和旅游实现了"双向赋能",文旅治理结构转型为政府引导、社会组织、企业主体和公众参与的"钻石模式",文旅体制运行产生了"催化反应",同时,资源链、产品链和服务链"三链"叠加放大了融合效应,文旅项目共谋共划拓展了成长空间①。

随着新时代育人目标的明确与相关政策的推行,研学旅行受到社会与学界越来越多的关注。2016 年,教育部等 11 部门发布《关于推进中小学生研学旅行的意见》,明确研学旅行的重要意义及实施建议,包括"有利于推动全面实施素质教育""有利于从小培养学生文明旅游意识,养成文明旅游行为习惯"等②。研学旅行是实现生态育人的重要途径,学生在真实的自然世界和社会生活情境下进行探索性、体验性学习,在人地交互过程中树立人地协调观,领会生态文明精神内涵,在课程化研学旅行中实现全科育人、全程育人、全员育人、育全人的价值追求。作为一种突破传统课堂的创新综合实践活动课程,研学旅行契合新时代的教育目标,能够在多学科融合育人中实现学生核心素养的培育。研学旅行凸显了人与环境的积极互动,是人地关系地域系统构建的过程③。

4.促进人与自然和谐共生的现代化——可持续旅游的要求

旅游业产生的外部性可能会恶化社会经济和自然环境,例如旅游诱发的犯罪和污染等。由此,人类社会及其行为对于自然环境的保护尤为重要。近年来,国家大力倡导生态文明建设,在旅游发展层面亦有所体现。党的十

---

① 赵丽丽,徐宁宁.文旅高质量发展与中国式现代化:2023《旅游学刊》专题研讨会综述[J].旅游学刊,2023,38(4):161－164.

② 教育部等 11 部门.教育部等 11 部门关于推进中小学生研学旅行的意见[EB/OL](2016－11－30)[2018－10－21].http://www.gov.cn/xinwen/2016－12/19/content_514994 7.htm

③ 袁振杰,谢宇琳,何兆聪.主体、知识和地方:一个研学旅行研究的探索性理论框架[J].旅游学刊,2022,37(11):14－26.

九大报告提出,建立以国家公园为主体的自然保护地体系,其将特定区域的保护与开发并举,是生态文明建设的重要举措。就定义而言,国家公园是由国家批准设立并主导管理,边界清晰,以保护具有国家代表性的大面积自然生态系统为主要目的,实现自然资源科学保护和合理利用的特定陆地或海洋区域①。国家公园作为我国自然生态系统中最重要、自然景观最独特、自然遗产最精华、生物多样性最富集的区域,是国家和区域重要的生态安全屏障,能够提供丰富的调节服务和文化服务,在高质量生态产品的供给中发挥着重要作用②。国家公园的建设是人与自然和谐共生的典型案例之一,人类在亲近自然环境中返璞归真,产生良好的康复性效果;自然环境在开发利用过程中也得到了保护。

保护自然生态完整性和发展旅游业之间的紧张关系是一个古老的难题。近年来,生态旅游的出现似乎能够缓解上述困境,因为生态旅游既有利于生态,又能够产生经济效益。生态旅游是一个常用但定义不甚统一的学术概念,一般而言,生态旅游是指在自然景区开展负责任的旅行,包括保护环境并维持当地人民的福祉。也有其他学者给出侧重政策、行为、管理等方面的定义,这些概念均指出人类对于环境产生的积极保护意愿③。充分考虑环境、经济和社会后果,生态旅游涉及在人和环境之间、不同生活方式的人民之间,以及各种各样促进变革和稳定的力量之间建立新的关系④。例如,由于外界对其环境资产价值的认可,社区居民可能会体验到自尊和热情的

① 中共中央办公厅、国务院办公厅. 建立国家公园体制总体方案[EB/OL]. (2017 - 09 - 26)[2017 - 09 - 26]. http://www. gov. cn/zhengce/2017 - 09/26/content _5227713. htm

② 杜傲,沈钰仟,肖燊,等. 国家公园生态产品价值核算[J]. 生态学报,2023,43(1):208 - 218.

③ PRENTICE C,KUNDRA S,ALAM M,et al. Utopia or dystopia deterrents to ecotourism development in Fiji[J]. Tourism Geographies,2023,25(2):843 - 864.

④ Wall G. FORUM:Is ecotourism sustainable? [J]. Environmental Management,1997,21(4):483 - 491.

增强,这可以帮助他们重新评估其自然资源的价值,认为其更特殊或独特①。
该现象体现了积极的人地关系与认同表征,建构了人－自然间的耦合协调
过程。

5. 走和平发展道路的现代化——发挥旅游的桥梁和纽带作用

旅游是促进国际多样文化交流、互鉴、融通的重要路径,受到世界各国
的重视。旅游可被认为是一种低阶性政治活动,其能够柔化国家间关系结
构性矛盾的边界,衍生出政治、经济、社会及文化等层面连动的大格局②。例
如,我国重视与周边国家的旅游联动效应,共办旅游推介活动,成立旅游推
广联盟,完善旅游合作机制,推动了多边民间文化交流。文化交流有助于增
加中国对参与国的文化了解,建立民众间的情感连接,强化文化包容与认
同,提升中国居民对参与国的目的地的形象感知,激发潜在旅游动机,开展
国际旅游活动。跨文化情景能给中国出境旅游者带来新奇异域体验,同时
又在一定程度上增强了文化认同与文化包容。2023 年 1 月 8 日,出入境旅
游重新开放,国内旅游、出境旅游、入境旅游重归正常,旅游业必将在推进中
国式现代化进程中发挥其应有的作用。加强与"一带一路"国家、亚太经济
合作组织、上海合作组织、金砖国家和《区域全面经济伙伴关系协定》(Re-
gional Comprehensive Economic Partnership,RCEP) 成员国之间的客源互送、
市场共享。

"一带一路"是"丝绸之路经济带"和"21 世纪海上丝绸之路"的简称,由
中国国家主席习近平提出的国家级顶层合作倡议。"一带一路"倡议以共商
共建共享为原则,推动全球治理体系变革和经济全球化,致力于构建人类命
运共同体的中国贡献③。"一带一路"倡议促进了参与国与中国的文化交流,

① BOLEY B B,MCGEHEE N G,PERDUE R R,et al. Empowerment and resident attitudes to-
ward tourism:Strengthening the theoretical foundation through a Weberian lens[J]. Annals of
Tourism Research,2014,49:33 – 50.

② 吴乐杨,郑明霞.观光旅游在两岸关系和平发展中的角色功能[J].海南师范大学学
报(社会科学版),2013,26(9):40 – 44.

③ 朱晟君,杨博飞,刘逸.经济全球化变革下的世界经济地理与中国角色[J].地理学
报,2022,77(2):315 – 330.

并由此为参与国带来了更大中国出境旅游流。参与国与中国的贸易往来越密切，文化交流的中介效应就越大，文化交流越频繁，前往参与国的中国游客就越多；参与国与中国的文化交流越密切，国际贸易的中介效应就越大，由于贸易联系强化而前往参与国的中国游客就越多①。关注国家间的文化交流，开展多种形式的对外文化活动，如语言学习、音乐节、艺术、文物、电影、图书国际展览等，以发挥"寻文而至"的影响作用。

第二节　"人类世"背景下环境问题的紧迫性

一、"人类世"及其历史

地理学是"探索自然规律、昭示人文精华"的悠久学科，其中，人地关系演变的过程与机制是地理学研究的核心科学问题之一②。从古至今，人类对于地球的探索从未停止，随着地质学的发展与完善，地质、考古遗迹等刻画了不同时期的人地关系特征。对于该特征与规律的认识，有助于人类更好地适应自然，建立与自然间和谐稳定的共生关系，使人类文明持续繁荣。

人类文明发展与地球变迁密不可分。据统计，到 2059 年，世界人口预计将超过 100 亿，比 1987 年报告的 50 亿人口增加一倍。该数据意味着人类群体对于自然的影响与日俱增，地球已进入"人类世"时代（Anthropocene）③④。由此，人类活动成为生物圈变化的主要影响源，这给人地关系带来了新的时代挑战。近年来，伴随工业化进程的不断加快，现代性改变了人类社会，科技强化了人类行为的影响力；同时，人为足迹显著增加，再加上其

---

① 刘壮, 郑鹏, 王洁洁, 等. "一带一路"倡议对中国出境旅游流的影响及作用机制[J].
资源科学, 2022, 44(11): 2356 - 2372.

② 王成新. 新时代典型区域人地关系理论与实践的新思考: 兼评《黄河三角洲生态脆弱型人地系统研究》》[J]. 地理研究, 2020, 39(8): 1947 - 1948.

③ CRUTZEN P J. Geology of mankind[J]. Nature, 2002, 415(6867): 23.

④ WATERS C N, ZALASIEWICZ J, SUMMERHAYES C, et al. The anthropocene is functionally and stratigraphically distinct from the Holocene[J]. Science, 2016, 351(6269): 2622.

与气候变化相结合,进一步放大了人类世阶段地球系统的易扰动性和不稳定性[①]。

(一)人类世的概念

地球的年龄超过4.5亿年。这一巨大的时间跨度包括了地球及其海洋和大陆的形成、生命的起源以及生物圈演化到目前的复杂性。为了实际地处理如此大的地质时间范围,它被划分为更易于处理的时间包,从包含数亿年(甚至数十亿年)的亿万年阶段[②]。地质学上将不同的时间包以不同特征进行命名,以便探究地球的演化阶段与规律。例如,寒武纪和白垩纪,它们之中可能包括独特的、广泛的岩石单元,如白垩地层。

人类世长期以来被普遍定义为人类活动在地球系统中发挥重要作用的时期[③],这是一个以人类足迹和气候变化影响为特征的新地质时代倡议。诺贝尔奖得主、大气化学家保罗·克鲁岑(Paul Crutzen)在2002年提出此概念,用于表示目前地球上许多关键过程受到人类影响的时间间隔。人类世,也称为"人类纪""人类时代""人类兴盛期",是指人类通过其活动对地球环境进行的长期和广泛的影响,这种影响已经超越了人类历史上的任何时期,成为地球历史上的一个新的时代。人类世的特征包括全球范围内的大规模土地利用、化学、物理和生物的变化,以及全球气候变化、生物多样性丧失、水资源紧缺等问题。该概念迅速进入科学文献,作为人类对地球环境变化程度的生动表达,目前是地质时间尺度的潜在正式单位。

综上,人类世是一种地质现象,但它所带来的影响较大,并非局限在地质学内部,更多指向了现实层面中人与自然的关系。诸多研究开始着眼于探索人类世地球系统的演变规律,这将有助于将人地关系推向一个新的阶

---

① ROUNCE D R,HOCK R,MAUSSION F,et al.. Global glacier change in the 21st century: Every increase in temperature matters[J]. Science,2023,379(6627):78-83.

② ZALASIEWICZ J,WILLIAMS M,HAYWOOD A,et al. The Anthropocene:A new epoch of geological time? [J]. Philosophical Transactions,2011,369(1938):835-841.

③ CRUTZEN,PAUL J. Geology of mankind[J]. Nature,2002,415(6867):23-24.

段,尽力弱化潜在的破坏性后果,使其转变为一种可持续的宜居环境。这不仅是对于地球环境系统的认识,更是关乎人类福祉与发展的重要课题。

(二)人类世的历史

从 19 世纪后期开始,科学家们开始意识到人类对地球的影响程度。G. P. 马什的《人与自然》可能是第一部关注人为全球变化的重要著作。随着 19 世纪的临近,斯万特·阿伦尼乌斯(Svante Arrhenius)和托马斯·张伯伦(Thomas Chamberlain)正在探索大气中二氧化碳浓度与全球变暖之间的关系。阿伦尼乌斯提出,未来的人类需要提高地表温度,以提供新的农业用地,从而养活不断增长的人口。

工具的使用曾被认为是人类区别于其他动物的标志。从人类出现之日起,就逐步改变了地球环境,例如早期人类对于原始工具和火的使用。但在更新世的岩石记录中,人类的踪迹罕见,直到全新世都罕见。

从全新世(Holocene)开始,大约 11500 年前,人类活动的证据变得更加广泛。首先,农业的兴起,从中东的"肥沃的新月地带"开始,并逐渐延伸到 6000 年前的北欧。在这段时间内,保存在沉积序列中的花粉中留下了清晰的化石记录。其次,与农业的兴起有关的森林砍伐,其可能早在工业革命之前就已经开始提高大气中的二氧化碳水平了。

随着新石器时代的农业革命,人类开始居住在村庄和城镇,到公元前 3000 年,古美索不达米亚、尼罗河河谷和巴基斯坦的印度河盆地的城市已经建立起来,并具有一定的文化特色。随着时间的推移,城市化的速度不断加快,第一批百万城市可能出现在中世纪晚期。城市化与人口的增长密切相关,也是人类对地球影响的最明显的表现,人类改造城市环境、建造水坝和灌溉农业用地,致使土地利用发生变化。因此,城市的发展是人类世的一个特征①。扎拉谢维奇(Zalasiewicz)等人从地层的角度考虑了当代环境趋势,例如,将景观改造(城市的集聚和增长)作为新的岩石地层信号,将生物多样性变化作为

---

① ZALASIEWICZ J,WILLIAMS M,HAYWOOD A,et al. The anthropocene:A new epoch of geological time? [J]. Philosophical Transactions,2011,369(1938):835 – 841.

未来的化石记录①。

人类世彰显了人类活动对地球的显著影响。由人类驱动的全球地貌变化正在发生,这种变化自20世纪中期以来尤为强烈,因为人类活动正越来越多地影响地貌过程的运行,特别是侵蚀/沉积速率②。在日常生产生活中,人类活动会留下一系列的生物和化学信号,这是人类不易察觉且无形的,但其却会留下比世界大城市的建筑更深刻的信号。例如,人类活动排放了大量的二氧化碳,大气中增加的二氧化碳溶解到海洋中会增加海洋的酸度,海洋pH值随之显著下降。随后,其会对许多钙化的生物造成压力,如珊瑚或海洋浮游生物,它们构成许多食物链的基础。仅海洋酸化就可能在下个世纪极大地改变海洋生态系统,导致全球生物多样性下降,从而在未来的化石记录中产生一个独特的事件。

二、人类世与环境问题

在人类世中,大量的人类活动(如大坝建设、地下水开采、水的转移和收获等)是环境变化的主要驱动因素。这些人为足迹在过去几十年不断增加,与气候变化相结合,进一步放大了人类世地球系统的扰动和不稳定性③④。人类世的提出给了人类一个警示,也给了一个机会。过去人们在无知的状态下影响环境,未来人们将在清醒的状态下控制和引导自身行为,通过各类环境保护的措施,减缓地球继续变暖的速度,努力维系地球适宜的生存环境。然而,当代社会日益严峻的环境挑战令人担忧。从水资源短缺、严重的地下水流失、大型地表水的消失和森林砍伐,到全球平均海平面上升、频繁

① ZALASIEWICZ J. Stratigraphy of the anthropocene [J]. Philosophical Transactions of the Royal Society A – Mathematical Physical and Engineering Sciences,2011,369:1036 – 1055.

② CENDRERO A,FORTE L M,REMONDO J,et al. Anthropocene geomorphic change. Climate or human activities? [J]. Earth's Future,2020,8(5):1 – 13.

③ ROUNCE D R,HOCK R,MAUSSION F,et al. Global glacier change in the 21st century: Every increase in temperature matters[J]. Science,2023,379(6627):78 – 83.

④ STEFFEN W,ROCKSTRÖM J,RICHARDSON K,et al. Trajectories of the Earth system in the Anthropocene[J]. Proceedings of the National Academy of Sciences,2018,115(33):8252 – 8259.

的毁灭性洪水、干旱和野火事件,地球系统正在经历一系列转变。人类世有三大核心挑战:减缓并适应气候变化、保护生物多样性和确保人类福祉①。气候变化是指地球气候系统的长期变化,包括气温、降水、风、云等气象要素的变化以及海洋和陆地系统的变化。

(一)自然变化

人口的增长是引致自然环境改变的关键因素。到 2059 年,世界人口预计将超过 100 亿,比 1987 年报告的 50 亿人口增加一倍。庞大的人口基数使得自然环境压力不断增强,人地冲突与矛盾愈加严重。人类为了生存与发展,将不断向自然界获取资源,甚至以不可持续的方式进行资源掠夺,造成地球环境的改变并产生一系列负面后果。例如,人口极其聚集,使得城市中心不断增加,这将对生物多样性、森林生态系统、土地覆盖变化、沿海资源和总体环境都产生持续影响②。

1.气候变化

气候变化是自然和人为因素综合作用的结果,其中人类活动对气候变化的影响越来越大,尤其是工业革命以来的大量温室气体排放。气候变化是人类社会发展给自然界带来的显著变化之一,同时,气候变化对人类自身构成了最具威胁性的危机③。在过去 20 年里,由于气温升高,全球冰川的损失比格陵兰岛和南极冰盖的损失大 47%④,预计到 2100 年,全球冰川质量损失可能增加 2 倍⑤。气候变化对人类和自然界都产生了巨大的影响,如海平面上升、洪涝灾害、干旱、极端天气、自然生态系统的破坏等。气候变化已成

---

① SEDDON N.,CHAUSSON A.,BERRY P,et al.. Understanding the value and limits of nature – based solutions to climate change and other global challenges[J]. Philosophical Transactions of The Royal Society B Biological Sciences,2020,375(1794):20190120.

② LAURANCE W F,ENGERT J. Sprawling cities are rapidly encroaching on Earth's biodiversity[J]. Proceedings of the National Academy of Sciences,2022,119(16):2202244119.

③ RIPPLE W J,WOLF C,NEWSOME T M,et al. World Scientists' Warning of a Climate Emergency[J]. BioScience,2019,70:8 – 12.

④ HUGONNET R,MCNABB R,BERTHIER E,et al. Accelerated global glacier mass loss in the early twenty – first century[J]. Nature,592:726 – 731.

⑤ ROUNCE D R,HOCK R,MAUSSION F,et al. Global glacier change in the 21st century:Every increase in temperature matters[J]. Science,2023,379(6627):78 – 83.

为全球性问题,各国政府和国际组织都在采取行动应对气候变化,如签署《巴黎协定》、推广清洁能源、节能减排等措施。然而,人类愈发认识到,气候变化从最初的全球性宏观问题,日益演变为跨国界的、个体行为的、城市的、网络化、一体化与区域性的问题。人类在气候变化层面需要面对的困境在于,人类能够科学地预测未来几十年的环境后果,但是,人类认知在一定程度上受限,其在进化过程中更加倾向于做出对当下有利的决策。由此,人类对于未来几十年气候变化的担忧所带来的近期成本,低于当前人类破坏气候行为而带来的收益。此现象致使人类在气候变化方面需要做出更加科学合理的助推体系。

2. 自然灾害

气候变化加剧了全球气候变异性,导致极端气候事件频繁发生,如暴雨洪涝灾害、旱灾、台风、飓风等,灾害异常性和不可预见性越来越大,造成人员伤亡、财产损失、社会秩序紊乱等后果。自然灾害的发生是由于地球自然环境中的各种因素,如地质构造、气候变化、地形地貌、地球物理现象等。例如,气候变暖导致冰川融化和海平面上升,威胁到沿海城市和岛屿的安全;气候变暖导致干旱加剧,林区易发生林火,造成严重的生态破坏和财产损失。

自然灾害是威胁人类生存的首要因素,直接关乎人类生产和生活能否得以延续。例如,高温、干旱和洪水持续影响人类农业、畜牧业和养殖业。20 世纪 80 年代初,作为非洲最大的淡水湖之一,乍得湖的地表水因长期干旱而永久流失[1];2023 年,我国西南地区持续干旱,较往年而言,降水量偏少 8 成以上,导致 1－4 月长江流量偏低 2－3 成,部分中游站点来水偏少 3－5 成。近年来的极端高温和干旱事件对大型水文系统产生了一系列的复杂影响。

(二)农业、用水和能源需求改变

1. 农业和用水变化

人口的增长还将带来农业、用水和能源需求上升方面的挑战。随着人

---

① NDEHEDEHE C. Climate change and hydrological systems [M]. Springer International Publishing, Cham,2022.

口的增长,农业的面积和产量也需要随之增加,为了满足人们的需求,农业生产逐渐向规模化、集约化发展,农业技术的进步也使得农业生产更加高效。但是农业生产的过程中需要用到大量的水资源,造成了水资源的过度开发和利用,导致了水资源的短缺和水污染等问题。同时,在气候变化下增加粮食生产将需要更多的淡水(例如地表水和地下水)。

人口的增长带来了用水量的增加,用水的场所和方式也发生了变化。随着城市化进程的加快,城市的用水需求不断增加,如工业用水、生活用水、公共设施用水等。人口增长还导致了饮水安全和卫生环境问题,如地下水和河流污染,导致水源的短缺和供水质量的下降。目前,由于地下水储量的迅速下降,世界上最大的含水层中有 50% 以上正面临压力[1][2]。地下水的这些损失正在危及全球粮食和水安全以及生态系统的可持续性,限制了人类对气候变化的适应[3]。2018 年末至 2020 年年中,卫星对 227 386 个水体的测量结果显示,约 57% 的季节性地表水储存变化发生在人类管理的水库中[4]。气候变化直接影响农业生产,关乎人类粮食安全问题。2022 年,我国长江流域发生有完整实测资料以来最严重的气象水文干旱。此次极端干旱事件发生在"三峰"拉尼娜事件背景下,干旱持续期间,我国整体呈现"北涝南旱"状态。罕见的夏秋冬连旱,导致库塘干涸,电力不足,人畜饮水困难,农作物受灾严重。

2. 能源需求变化

工业革命之后,因人类社会发展导致的自然矛盾不断激化,人们开始面

---

① BIERKENS M F P, WADA Y. Non-renewable groundwater use and groundwater depletion: A review[J]. Environmental Research Letters, 2019, 14(6): 63002.

② SOLANDER K, REAGER J, WADA Y, et al. GRACE satellite observations reveal the severity of recent water over-consumption in the United States[J]. Scientific Reports, 2017(7): 8723.

③ NDEHEDEHE C E, FERREIRA V G, ADEYERI O E, et al. Global assessment of drought characteristics in the Anthropocene[J]. Resources, Environment and Sustainability, 2023(12): 100105.

④ COOLEY S W, RYAN J C, SMITH L C. Human alteration of global surface water storage variability[J]. Nature, 2021, 591(7848): 78 – 81.

临全球性的环境风险和资源短缺等问题①②。几十年来,人类社会的经济发展大量消耗自然资本,主要涉及全球范围内的自然、生产和人力等相关资本,资源供需的不均衡问题愈加严重。调查数据表明,从 1990 年以后,随着经济的快速发展与资本的迅速扩张,全球范围内的人均生产资本较以往提高了 2 倍,而人均自然资本却下降了近 40%,该对比数据强调了人类社会发展给环境带来的巨大压力。在几千年的时间里,大自然原本具有广泛的复原能力,但是目前人类对大自然的过度需求已经威胁到了这种自恢复能力。《生物多样性经济:达斯古普塔评论》统计了一系列数据指标,发现目前人类与自然间的矛盾不断激化,二者的互动方式是不可持续的。随着人口的增长,煤炭和石油等传统能源的需求也越来越大。这些能源的消耗和开采带来了环境污染和气候变化等问题。

近年来环境问题频发,环境保护的紧迫性愈加需要被重视。基于现有社会发展和生活标准,若坚持不可持续的生产和消费方式,人类大约还需要 1.7 个地球。特别是,新冠疫情使人类与大自然的失调关系成为关注焦点。全球能源支出在未来会增加,因为人类不会减少旅行、消费主义、商品的生产等。在全球,数十亿人想要提高他们的生活水平,这些都与能源消耗紧密相关。为了寻求解决之道,环境可持续发展逐步成为新时代的全球性主题,同时人与自然和谐关系的探讨也受到重视③。一方面,人口的增长也促进了能源转型的发展。随着技术的发展和环境保护的呼声,越来越多的国家正在加速向可再生能源和清洁能源转型。为了应对人口增长带来的能源需求变化,需要采取一些措施,如加强能源的节约和管理,推广可再生能源的开发和利用,促进能源转型等,这些措施有助于减轻能源压力,保护环境,促进可持续发展。另一方面,科学技术的升级使得人类关注于可再生能源,如太阳能、风

① NEWBOLD T,HUDSON L N,HILL S L,et al. Global effects of land use on local terrestrial biodiversity[J]. Nature,2015,520(7545):45 - 50.

② MORAN D D,WACKERNAGEL M,KITZES J A,et al. Measuring sustainable development - Nation by nation[J]. Ecological Economics,2008,64(3):470 - 474.

③ PEIJUN S,CHANGQING S,CHANGXIU C. Geographical synergetics:From understanding human - environment relationship to designing human - environment synergy[J]. Acta Geographica Sinica,2019,74(1):3 - 15.

能和水能等。这些能源的开发和利用具有环保和可持续性的特点。

（三）应对措施

尽管技术的改进对减缓全球变化至关重要，但仅靠技术是不够的。社会价值观和个人行为的改变是十分必要的。其中关键的问题在于，非物质化和社会观的转变，将直接影响全球社会能否向可持续过渡。据统计，大约60%的生态系统服务已经退化，并将持续退化，除非在社会价值观和人类行为管理方面产生重大变化①。在全球范围内，人类对环境危机及可持续需求的认识正在迅速提高。全球各个国家、各个行业都应积极响应可持续的发展需求，从行为层面予以积极回应。党的十八大以来，"人类命运共同体"理念已经逐渐成为习近平新时代中国特色社会主义思想及其建设的重要指导②。人类命运共同体的基础载体即为全球自然生态系统，这是因为环境资源的共通与相互依存是人类赖以合作和发展的基准所在。该理念在自然生态领域意味着创建人与自然和谐共生的美好世界，突出呈现为人与自然之间具有内在联系以及人地和谐的思想。人类在认识自然和改造自然的过程中，更应该充分考虑可持续的人地发展导向，在行为层面有序建立良好的人与环境互动关系。

---

① STEFFEN W, CRUTZEN P J, MCNEILL J R. The anthropocene: Are humans now overwhelming the great forces of nature[J]. Ambio – Journal of Human Environment Research and Management, 2007, 36(8): 614 – 621.

② 郇庆治. 人类命运共同体视野下的全球资源环境安全文化构建[J]. 太平洋学报, 2019, 27(1): 4 – 11.

第二章　旅游产业发展背景

　　旅游产业以旅游活动为核心，以旅游者为市场导向，包括旅游资源开发、旅游设施建设、旅游服务等多个方面的产业。旅游业是全球最快发展的产业之一，也是世界经济增长的重要动力之一。经济发展是旅游产业发展的前提，当经济水平提高时，人们对旅游的需求也会相应增加，旅游市场也会得到发展。各国政府越来越重视旅游产业的发展，制定了一系列的旅游产业政策，如减免税收、加强旅游基础设施建设等，为旅游业发展提供了支持。旅游业是我国"五大幸福产业"之首，其在国民经济社会发展中的作用日益凸显。

　　在新时代背景下，我国旅游业拥有得天独厚的发展机遇。首先，生活水平的提高使得人们更加注重休闲和娱乐，旅游成为人们生活中不可或缺的一部分，人们的出游欲望不断增长，旅游市场蓬勃发展。其次，人们对文化和自然环境的关注度提高，旅游成为人们学习和了解文化、历史、自然环境的一种重要方式，研学、度假、露营等多种形式层出不穷。同时，交通和通信技术的发展使得旅游更加便利，人们可以更加容易地到达各个旅游目的地，享受旅游带来的乐趣。由此，我国旅游业处于由高速增长迈向高质量发展的进程之中，其发展阶段应具备以人民为中心、强调全面提质、升级消费需求、突破时空壁垒、完善体制机制等特点。旅游业必将成为新发展阶段满足国民美好生活需要、促进国民幸福水平提升的重要途径①。诚然,人们在旅游情境中获得精神层面的慰藉,在自然活动中强化了景观的康复性。

旅游业发展同样面临巨大挑战,即来自社会环境和自然环境的双重不确定性。这种挑战主要表现为如何在高质量发展导向下兼顾可持续。一方面,旅游业的繁荣为目的地环境带来巨大压力,涉及资源开发、设施维护、日常管理等,节假日密集的客流量为景区环境承载力和科学管理带来严峻考验。另一方面,旅游产业综合性强、关联度高,旅游活动中所涉及的食、住、行、游、娱、购的消费使得旅游产业覆盖面广,各个环节都与自然环境、人文环境等息息相关。伴随大众旅游需求多样化,旅游开发逐渐包含了更多的自然资源与人文资源、社会资源,从第一产业的农林牧渔,到第二产业的工业制造和第三产业的服务资源,其不确定性、依赖性和脆弱性也随之上升。

第一节　政策导向下的旅游环境保护目标

一、旅游情境与人地关系

旅游情境包括旅游者在旅游活动中所处的环境和场景,包括旅游目的地、旅游景点、旅游设施等。旅游者和旅游环境之间的关系是人地关系的一种典型表现,具有多样性、动态性和综合性。旅游者可以选择不同的旅游情境,每个旅游情境都具有独特的特点和魅力,其使得人地关系更加复杂。人地关系可被理解为人类与地球环境之间的相互作用关系,包括人类对地球环境的影响和地球环境对人类的影响。相应的,在旅游情境中,人地关系表现为旅游者对旅游环境的感知、认知、评价和影响,反之也包括旅游环境对旅游者的影响和反馈。旅游情境与人地关系密切相关,需要通过科学合理的管理和策略来促进二者间的和谐发展。

(一)旅游情境中的"人"主导互动

在综合而复杂的旅游现象中,旅游者活动的特征与规律历来是旅游研

---

① 马勇,张瑞.旅游业高质量发展与国民幸福水平提升[J].旅游学刊,2023,38(6):12-13.

究,尤其是旅游地理与旅游管理等学科共同研究的重要议题①②。就主体性角度而言,旅游情境与人地关系的影响突出呈现在旅游者行为层面。旅游者的行为和态度会影响旅游环境的质量和可持续性,同时旅游环境的变化和演化也会影响旅游者的体验和态度。人们的文化、价值观和社会背景对旅游情境和人地关系产生着不同的影响,旅游者和旅游环境之间的互动也涉及文化、社会和人类行为等多个方面。个体的心理和行为是旅游情境下人地系统中的重要影响因素。旅游者心理与行为研究侧重于微观层面,典型代表即通过地方感、地方依恋等来研究人地互动③④。从个体感知的角度来探究人－环境互动,能够从本体论和认识论的层面给予人地关系深入理解。综上,行为范式成为人地关系研究的核心范式之一⑤。

在旅游者行为研究中,旅游地形象感知和特定旅游行为是重要的人地关系研究话题。旅游地形象感知指的是旅游者对旅游目的地的基本态度,其可分为认知形象、情感形象等维度,从多个方面表征旅游者是如何接受并反馈目的地的功能与属性⑥。环境行为则是旅游者与目的地的典型互动,承载着人－环境、人－旅游情境等多维度的综合关系⑦。

(二)旅游情境中的"地"随之变化

旅游情境中的"地"多指人类赖以生存的自然资源和生态环境,大多以

① 黄剑锋,陆林,宋玉. 微观视角下旅游情境人地关系的理论与经验[J]. 地理学报,2021,76(10):2360-2378.

② 黄震方,黄睿,葛军莲. 中国式现代化理论视角的旅游地理研究:科学问题与学术使命[J]. 经济地理,43(5):16-25.

③ JORGENSEN B S,STEDMAN R C. Sense of place as an attitude:Lakeshore owners attitudes toward their properties[J]. Journal of Environmental Psychology,2001,21(3):233-248.

④ LEWICKA M. Place attachment:How far have we come in the last 40 years? [J]. Journal of Environmental Psychology,2011,31(3):207-230.

⑤ 陆大道. 关于地理学的"人－地系统"理论研究[J]. 地理研究,2002,21(2):135-145.

⑥ KHANH C N T,PHONG L T. Impact of environmental belief and nature－based destination image on ecotourism attitude[J]. Journal of Hospitality and Tourism Insights,2020,3(4):489-505.

⑦ LIN M T,ZHU D,LIU C,KIM P B. A systematic review of empirical studies of Pro-environmental behavior in hospitality and tourism contexts[J]. International Journal of Contemporary Hospitality Management,2022,34(11),3982-4006.

景观形式进行表征。广义的"景观"概念包含自然形成与人为建设两种,但在旅游景观实践中,很少有完全未被人类行为干扰过的"自然景观"。景观的内涵一般可分为三种:作为客观实在的土地景观、作为主观建构的感知景观,以及呈现人地关系的互动景观①。现有研究大多关注物质环境的外在形态②、自然资源对旅游活动的影响③、自然要素在旅游开发中的限制④等。旅游地景观管理的价值逻辑包括人类中心主义与非人类中心主义的制衡、工具理性与价值理性的平衡⑤。旅游地域系统会随旅游活动的功能和空间的重构而发生变化,其内部的生态、经济、社会因素都呈现出特定规律。以下以山地旅游和乡村旅游为例进行阐述。

山地是人类文明的摇篮,也是我国具有国土空间生产和生态功能的特色地域类型。山地是人地关系的主要场域之一,具有发展旅游的天然优势⑥。山地生态系统的健康与可持续性直接影响到国家未来的经济和社会走向,以及生态环境安全的现在与未来⑦。山地旅游目的地是旅游驱动作用下形成的一类特殊的社会实践空间。和其他类型旅游地相比,山地景区环

---

① SWAFFIELD S R. Roles and meanings of "landscape" [D]. Christchurch:Lincoln University,1991.

② BEERY T H, WOLF W D. Nature to place:Rethinking the environmental connectedness perspective[J]. Journal of Environmental Psychology,2014,40:198 – 205.

③ TELBISZ T,IMECS Z,MARI L,et al. Changing human – environment interactions in medium mountains:The Apuseni Mts (Romania) as a case study[J]. Journal of Mountain Science,2016,13(9):1675 – 1687.

④ KIHIMA O,BONFACE. Limits and paradoxes in the development of ecotourim in Kenya: Implications on the sustainability of the natural environment[J]. Tourism Recreation Research,2016,41(1):80 – 88.

⑤ 薛芮,阎景娟.景观管理嵌入乡村旅游人地关系研究的应用框架建构[J].地理科学进展,2022,41(3):510 – 520.

⑥ 明庆忠,王娟.山地旅游目的地人地关系研究框架[J].山地学报,2022,40(4):485 – 490.

⑦ 邓伟,程根伟.建设一流山地研究所的战略构想:写在成都山地所成立 40 周年之际[J].山地学报,2006,24(5):513 – 517.

境更为脆弱,人地关系更为复杂①。

基于乡村振兴、旅游扶贫等政策的支持,乡村旅游成为近年来的学术热点。传统的乡土景观是旅游活动的重要吸引物,其是人类行为与旅游地生态环境相互作用的结果。乡村旅游涵盖了目的地的自然和人文因素,建立在已有乡村经济社会情况基础上,体现人－地综合因素的不断互动与变化。发展乡村旅游不仅有助于改善当地的基础设施,注重生态环境的保护,也有利于乡村经济与文化的可持续发展。"乡愁"凸显了人与地方的情感联系与互动。生态资源富集又邻近大城市的乡村地区可选择借助"乡愁"发展特色旅游小城镇。在乡村生态旅游目的地鼓励民众的环境责任行为,有助于乡村旅游目的地的转型与可持续发展。

二、旅游产业与环境保护政策目标

(一)宏观政策

中共十九届四中全会提出,坚持和完善共建共治共享的社会治理制度,保持社会稳定,维护国家安全;建立"人人有责、人人尽责、人人享有"的社会治理共同体;旅游发展逐步参与到国家的社会治理。政府在环境保护方面承担战略性引导与规制的重要角色。随着改革开放和经济快速发展,中国经济建设取得了巨大成就。与此同时,资源环境成本增加,经济发展与资源环境的供需矛盾日益突出。中国政府非常重视节能问题,从 2004 年开始,国家提出了建立节约型社会的基本政策,实施了各种节能法规和政策,政府的推动使得环境保护取得了显著成效。随着我国发展步入新时代,生态文明建设也被提到了更高的国家发展战略层面,而我国作为一个幅员辽阔、人口众多的超级大国,只有坚定不移地落实国家建设"人人有责、人人尽责、人人享有的社会治理共同体"的思想理念,才能更好地实现生态文明建设目标。

---

① 钟祥浩.加强人山关系地域系统为核心的山地科学研究[J].山地学报,2011,29(1):1-5.

美丽中国建设是关系中华民族永续发展的根本大计,也是落实到2030年联合国可持续发展议程的中国实践。该发展理念是党的十八大提出的,突出了生态文明与经济社会发展的相互协调关系,强调了在发展经济过程中不可忽视生态文明建设。美丽中国建设是落实中国生态文明长效目标,推进国家可持续发展,提升可持续发展能力和质量的阶段性战略部署,也是推动国家实现高质量发展的核心目标,该理念应被呈现在政治、经济、文化、环境和社会发展的全过程之中。

(二)旅游政策

旅游政策是指国家或地区针对旅游业发展所制定的规定、措施和策略。旅游政策的主要目的是促进旅游产业的发展,提高旅游产业的质量和水平,同时也要保护旅游资源和环境,维护旅游市场的秩序和消费者权益。旅游政策的目标是最大化从旅游中获得利益,同时试图最小化负面影响①。

近年来,政府为了治理环境并规范个体的环境行为,出台了各项具体管理条例,典型案例地即为上海。2019年6月,上海市政府颁布了《上海市生活垃圾管理条例》,其属于地方性法规,具有属地原则,外地游客、外籍游客进入上海旅游都要遵守该条例。同时,政府部门出台《关于在全国地级及以上城市全面开展生活垃圾分类工作的通知》,该法规要求全国46个重点城市依据地域实际,建立垃圾分类系统,重视资源的处理与回收。这些外部规制会对于公众环境行为产生一定约束效力。然而,政府通常基于宏观视角对环境建设与保护进行把控,其需要综合平衡经济、生态、社会等各个层面的相关关系,完全弱化经济发展目标来谋求环境保护是不够现实与科学的。综上,政府能够从外部规制层面呼吁和引导公众的环境责任行为,该路径会产生基本的行为作用力与约束力,但对于鼓励个体自发性的环境责任行为而言,其效度可能有限。

---

① VANHOVE N. Tourism policy: between competitiveness and sustainability: The case of Bruges[J]. Tourism Review, 2002, 57(3): 34 - 40.

三、政策目标支持下的旅游目的地保护与建设——国家文化公园

（一）国家文化公园的政策提出

建设国家文化公园，是深入贯彻落实习近平总书记关于发掘好、利用好丰富文物和文化资源，让文物说话、让历史说话、让文化说话，推动中华优秀传统文化创造性转化和创新性发展、弘扬革命文化、发展先进文化等一系列重要指示精神的重要举措，是《国民经济和社会发展第十三个五年规划纲要》《国家"十三五"时期文化发展改革规划纲要》确定的国家重大文化工程。

党的十八大以来，基于经济、环境和文化等的可持续发展诉求，党中央制定"建立国家公园体制"的重大战略决策，强化了遗产文化的保护、开发与传承。国家文化公园的建设全面体现了新时代我国进行社会文化传承的可持续发展理念，其综合了经济、绿色、开放、创新等内在价值导向。国家文化公园是我国在经济和文化领域的创新性文化战略与建设工程，"为我国首创，国际上并无先例可循，是对国家公园体系的创新""是中国遗产话语在国际化交往和本土化实践过程中的创新性成果，也是中国在遗产保护领域对国际社会做出的重要贡献"。国家文化公园的建设不仅是政治、经济和文化领域的综合战略，也是国家高质量发展的核心体现。

（二）长征国家文化公园的建设与保护

建设长征国家文化公园是党中央制定的重大战略决策，也是增强中华文化软实力，加强文化资源保护与利用的创新举措。作为中国共产党人红色基因和精神族谱的重要组成部分，长征精神也成为影响社会文化发展的重要精神力量，鼓励人民群众在中国特色社会主义建设实践中保持积极向上的价值观和坚定不移的信念。目前制定的《长征国家文化公园建设保护规划》，在传统红色遗址遗迹资源的基础上，从统筹视角整合了长征沿线 15 个省（自治区、直辖市）文物和文化资源，具有很大的规模和建设力度。根据红军长征历程和行军线路构建总体空间框架，加强管控保护、主题展示、文旅融合、传统利用四类主体功能区建设，实施保护传

承、研究发掘、环境配套、文旅融合、数字再现、教育培训工程,推进标志性项目建设,着力将长征国家文化公园建设成为呈现长征文化,弘扬长征精神,赓续红色血脉的精神家园。

国家文化公园建设是陕西省社会文化事业发展的重要工作。长征国家文化公园是国家推进实施的重大文化工程,陕西段是 5 个重点建设区之一,按照"齐抓大保护、不搞大开发"的建设保护思路,重点推动完成国家规划中所列的陕甘支队到达吴起等 5 个重点展示园,吴起 - 延安等 2 个集中展示带,甘泉红军长征历史步道示范段等 7 个重点建设项目。要充分挖掘陕西段长征国家文化公园建设的精神内涵和特色优势,在合理创新长征文化资源的基础上,着重于建设以文脉传承、文物保护和文化旅游发展为核心的新时代公共文化空间。

第二节 旅游目的地的可持续发展导向

一、旅游与可持续目标

政府在环境保护方面承担战略性引导与规制的重要角色。随着改革开放和经济快速发展,中国经济建设取得了巨大成就。与此同时,资源环境成本增加,经济发展与资源环境的供需矛盾日益突出。中国政府非常重视节能问题,从 2004 年开始,国家提出了建立节约型社会的基本政策,实施了各种节能法规和政策,政府的推动使得环境保护得到了更多公众参与。可持续性是一个主要的政策框架工具,可持续旅游在旅游政策中得到认可。

(一)可持续发展导向

就整体发展而言,可持续发展可以被视为一种哲学、一种过程、一种计划或一种产品。布伦特兰委员会将可持续发展定义为"既满足当代人的需要,又不损害后代人满足其自身需要的能力的发展"①。就概念而言,可持续发展涉及环境和经济两个方面,这涉及当代人与后代之间的自然资本与建设资本权衡。具体而言,可持续发展的特点表现在自然资本的存量不会随着时间的推移而下降,不论当代人如何利用和改造自然,都应该考虑到后代人也能够持有相同的自然资本。可持续发展的时代似乎已经到来,它反映了科学知识、经济学,将指导人类发展进入21世纪的社会政治活动和环境现实。

(二)旅游可持续发展

1. 必要性

作为人地关系的表现形式之一,旅游活动强化了人与自然的互动。随着大众旅游发展,人们的空间足迹范围逐步扩大,随之建立了人类与全球环境的一种联系与交流。自然环境是旅游业的基础组成部分,它提供了旅游资源本底和生态服务,也是旅游发展的一种核心吸引力。从行业收入和就业人数而言,旅游业逐步成为全球经济发展的核心产业之一。由于全球中产阶级不断壮大,预计在下一个十年,旅游业对全球GDP和就业的贡献将上升约50%,同时,旅游的年际客流量持续增加,预计旅游业的一般年增长率约为5%。由此,旅游产业的发展速度高于全球经济发展的平均水平,这意味着未来旅游业具有强大的增长潜力与提升空间。在这种增长潜力巨大、旅游基础设施和服务压力日益加大的背景下,旅游业良性发展能够成为强大的经济增长驱动力。反之,如果旅游业管理不当,将对产业本身、环境系统等层面的可持续发展产生威胁。

作为一种不可逆资源,旅游地环境与经济发展更需要考虑可持续问题。尤为重要的是,基于市场和经济需求,旅游业发展逐步呈现出一种不可持续的状态。在旅游业中,资源开发、目的地管理等方面都需要落实可持续这一理念。可持续旅游发展是一种既能解决旅游产业、旅游者和社区需求,又能

---

① WALL G. FORUM:Is ecotourism sustainable? [J]. Environmental Management,1997,21(4):483 – 491.

保护其赖以生存资源的发展方式,因此广受推崇。它被视为一个有益的框架,能够为资源基础比较脆弱的自然旅游提供指导①。例如,就"游客承载量"概念而言,究竟"多少游客是太多的?"或"游客的承载量是多少?",这是由特定目的地的环境特征和当地人的偏好决定的。然而,该观点亦存在争论,可持续旅游可能会损害旅游保护与发展之间的和谐关系,且旅游企业的可持续战略不甚完善,考虑到可持续转型需要付出的成本较高,其可能更倾向于选择经济利益。对旅游者自身来说,参与可持续旅游主要受到道德哲学的影响,聚焦于公正、责任和义务等亲社会属性。

2. 问题与现状

旅游业的蓬勃发展有赖于基础设施和旅游资源,旨在吸引更多客流从而提高经济效益,但也会消耗资源、产生垃圾、影响生态环境变化(如气候、植物多样性)。旅游业是全球污染最严重的行业之一,数据资料表明,它产生了大量温室气体,在全球所有温室气体排放中占比8%②,对全球变暖的贡献高达12.5%;旅游业每年产生的废水约3 500万吨。此外,鉴于优质环境能够成为旅游核心吸引力,旅游业常常依托地球上生态最脆弱、最原始的地区进行开发,带来经济效益的同时也破坏了地方原真性。在旅游业繁荣发展的背后,旅游目的地生态环境问题不断凸显,部分景区盲目追求经济效益而忽视了可持续发展目标,例如,过度开发资源等不合理景区建设对生态环境造成了威胁。若对旅游业发展过程中产生的环境问题不加以重视,最终会导致自然生态系统和旅游业的共同倒退。全球多数旅游地的生态系统较为脆弱,无法承受过量干扰与改变,在超过可承载的关键阈值之后,旅游业和环境均将走向迅速的衰落③。

面对产业发展中的资源与环境挑战,旅游业试图通过多种路径来推动

---

① MIDDEN C,KAISER F,MCCALLEY T. Technology's four roles in understanding individuals' conservation of natural resources[J]. Journal of Social Issues,2007,63(1):155 – 174.

② LENZEN M,SUN Y Y,FATURAY F,et al. The carbon footprint of global tourism[J]. Nature Climate Change,2018,8(6):522 – 528.

③ LOVELOCK B,LOVELOCK K. The ethics of tourism:Critical and applied perspectives [M]. London:Routledge,2013.

旅游地生态环境保护。其一,优化技术,针对减少资源使用或废物产生等方面,短期内的技术发展不太可能带来阶段性改变①;其二,利用旅游发展的经济收入支持景区资源环境保护;其三,通过严格的管理规制、环境监控、游客数量和行为限制等措施保护环境,促进生态保护与经济收益的平衡发展②。然而,就需求层面而言,旅游者不合理的旅游行为依旧会造成目的地巨大的环境负担。例如,旅游者在游览时投喂动物,采摘花草,随意踩踏③。这类不当行为加剧了空间或地方的自然、社会功能改变,违反了可持续发展准则,有可能导致生态环境的不可逆后果,最终造成公地悲剧。公地悲剧(Tragedy of the commons)由美国学者哈定(Hardin)于1968年提出,受到了诸多探讨与应用,属于环境心理学的经典理论之一。该模型通过模拟草地羊群饲养,说明理性的行为主体在追逐个体利益最大化的时候,如果不加约束,势必损害整体利益④。公地悲剧被概念化为一种社会陷阱,或个人对于良好集体的破坏。这意味着,如果一个团体竞争一个有价值的资源,但是其中的一个人从事破坏性行为,它将对整体产生轻微影响;但如果所有人都采取相同类型的行为,其会对公地造成灾难性影响。旅游者行为可被视为在公共领域中消费旅游产品,作为消费者身份,旅游者一般会在旅游过程中首先考虑自身感受和行为,其次才会考虑自身行为对景区环境的影响。依据公地悲剧理论,若每个旅游者都不顾及目的地环境效益而只顾自身享乐,则会对目的地环境造成严重破坏与威胁。

旅游业的迅速发展使其成为大规模的核心产业之一,它对生态环境系

---

① MIDDEN C,KAISER F,MCCALLEY T. Technology's four roles in understanding individuals' conservation of natural resources[J]. Journal of Social Issues,2007,63(1):155 – 174.

② DOLNICAR S,GRÜN B. Environmentally friendly behaviour:Can heterogeneity among individuals and contexts/environments be harvested for improved sustainable management[J]. Environment and Behavior,2009,41(5):693 – 714.

③ ALESSA L,BENNETT S M,KLISKEY A D. Effects of knowledge, personal attribution and perception of ecosystem health on depreciative behaviors in the intertidal zone of Pacific Rim National Park and Reserve[J]. Journal of Environmental Management,2003,68(2):207 – 218.

④ HARDIN G. The Tragedy of the commons[J]. Science,1968,162(3859):1243.

统的影响也在直线上升,这种现象引发了未来旅游和生态环境能否协调发展的问题①。典型的应对方法即发展可持续旅游、绿色旅游等,其兼顾了旅游经济目标与环境保护目标,在一定程度上实现了旅游发展与生态保护间的平衡。马克思环境意识与可持续发展观具有重要联系,该观点强调了人类并非土地资源的所有者,其更应注重如何将土地科学化利用并传承后世②。可持续旅游借鉴了这种发展观,在过去的二十年,可持续旅游业受到学界和政策制定领域的广泛关注。与主流旅游产品和服务不同,典型的可持续旅游产品可能需要更多资源投入③。一些传统大众旅游业朝着提高可持续性方向发展,这可能会对可持续资源的使用和管理产生重大影响④⑤。

二、低碳旅游发展导向

(一)低碳政策背景

随着全球化环境问题的凸显以及人类命运共同体意识的觉醒,各个国家都在为气候变化与环境问题而努力。《巴黎协定》框架强调了全球国家对于气候变化与绿色发展的一致性目标。即使在如此严重的气候问题下,经济增长仍然是许多国家优先考虑的发展战略,一般认为,更高的经济增长导致更多的二氧化碳排放。因此,通过技术路径降低碳排放则成为很多发达国家的减碳实践。作为最大的发展中国家,中国积极响应全球的可持续目标,承担在气候变化和环境保护方面应尽的责任,明确提出了中国绿色发展

① MIDDEN C, KAISER F, MCCALLEY T. Technology's four roles in understanding individuals' conservation of natural resources[J]. Journal of Social Issues,2007,63(1):155–174.

② 方世南.美丽中国生态梦:一个学者的生态情怀[M].上海:上海三联书店,2014.

③ DOLNICAR S,GRÜN B. Environmentally friendly behaviour:Can heterogeneity among individuals and contexts/environments be harvested for improved sustainable management[J]. Environment and Behavior,2009,41(5):693–714.

④ FARRELL B,TWINING–WARD L. Reconceptualizing tourism[J]. Annals of Tourism Research,2004,31(2):274–295.

⑤ WEAVER D. Organic,incremental and induced paths to sustainable mass tourism convergence[J]. Tourism Management,2012(33):1030–1037.

战略转型政策。绿色低碳是我国实现可持续发展目标的重要战略和必由之路。

2021年9月,中国国家主席习近平在第76届联合国大会一般性辩论上提出:"中国将力争2030年前实现碳达峰、2060年前实现碳中和,这需要付出艰苦努力,但我们会全力以赴。"实现碳达峰与碳中和,是立足新发展阶段贯彻新发展理念、构建新发展格局、推动国家高质量发展的内在要求,是党中央统筹国内国际两个大局作出的重大战略决策。《中共中央　国务院关于完整准确全面贯彻新发展理念做好碳达峰碳中和工作的意见》中提出了绿色发展的目标,包括到2060年,绿色低碳循环发展的经济体系和清洁低碳安全高效的能源体系全面建立。一系列政策与目标强化了社会发展中的可持续导向,推动各行各业战略转型后持续改善生态环境,有序推进碳达峰碳中和进程。低碳和绿色发展的核心彰显了人与自然的和谐关系,旨在寻求人类社会发展与自然资源均衡协调的可持续模式。

在该背景下,低碳不仅表现在各类产业向绿色发展转型,公众参与也是重要的低碳构成之一。如何有效助推公众行为是发扬中国智慧的重点所在,也是体现"社会治理共同体"这一中国之治优越性的关键所在。作为一个幅员辽阔、人口众多的超级大国,我国只有坚定不移地落实建设"人人有责、人人尽责、人人享有的社会治理共同体"的思想理念,才能更高效地实现生态文明建设。国家和各级政府逐步推行绿色低碳的生活方式。2022年的国家政府工作报告强调,要加快形成绿色低碳的生产和生活方式。"双碳"问题不仅是一个技术问题,更是一个管理学问题。研究表明,我国家庭消费占整个二氧化碳排放的65%以上,故民众的生活方式是决定"双碳"目标能否实现的重要基础①。

(二)低碳与旅游活动

低碳旅游发展可被认为是一个由旅游、经济、资源、环境,特别是二氧化

---

① 刘俏.碳中和与中国经济增长逻辑[J].中国经济评论,2021(Z1):18-23.

碳排放和技术创新组成的有机系统①。在低碳发展导向下，公众参与是重要的实现路径。同时，人是旅游活动的主体，只有充分激发个体的主观能动性，才能更好地实现旅游赋能国家社会治理的积极效果。

1. 低碳旅游的现实争论

人们经常将旅游业发展与二氧化碳排放、能源消耗等相联系。旅游能够显著影响多类产业中的可持续发展目标，特别是全球的低碳转型②。诸多学者关注旅游能否成为低碳经济的重要因素或者低碳转型的推动力。部分研究认为旅游业发展并不利于低碳目标的实现，甚至产生许多负面影响，例如，旅游者乘坐飞机出行会增加碳排放③。据联合国世界旅游组织（World Tourism Organization, UNWTO）和联合国环境规划署发布的报告指出，旅游业的碳排放占全球碳排放总量的 5%，由旅游业碳排放所形成的温室效应约占全球总效应的 14%。其中，酒店业是公认的耗费能源最大的行业之一。有研究显示，平均每人每天会使用多达 100 升的水，而在外的酒店用水则可能更多。若不采取措施加以引导，预计到 2035 年，旅游业的碳排放将增加 152%，其形成的温室效应贡献率将增加 188%④。也有研究认为，选择可持续的旅游方式会减少碳排放⑤，旅游收入的增加对减缓碳排放具有积极的影响⑥。进入数智化时代，新兴技术的使用为绿色决策、低碳出行提供了有效

---

① ZHANG J, ZHANG Y. Low-carbon tourism system in an urban destination [J]. Current Issues in Tourism, 2020, 23(13):1688 – 1704.

② ULUCAK R, YÜCEL A G, ILKAY S Ç. Dynamics of tourism demand in Turkey: Panel data analysis using gravity model. Tourism Economics, 2020, 26(8):1394 – 1414.

③ DANISH, WANG Z H. Dynamic relationship between tourism, economic growth, and environmental quality. Journal of Sustainable Tourism, 2018, 26(11):1928 – 1943.

④ 李姝晓，程锦红，程占红. 全球气候变化背景下低碳旅游研究进展及可视化分析[J]. 中国生态旅游，2021, 11(1):141 – 158.

⑤ SHARIF A, AFSHAN S, CHREA S, et al. The role of tourism, transportation and globalization in testing environmental Kuznets curve in Malaysia: New insights from quantile ARDL approach [J]. Environmental Science and Pollution Research, 2020, 27(20):25494 – 25509.

⑥ GAO J, ZHANG L. Exploring the dynamic linkages between tourism growth and environmental pollution: New evidence from the Mediterranean countries [J]. Current Issues in Tourism, 2021, 24(1):49 – 65.

工具,例如电子化的登机牌、AI 机器服务等。

2. 低碳旅游的概念与展望

鉴于旅游业的无烟经济特性,其一般会被视为天然的低碳产业,然而,传统的旅游业中也存在很多不低碳之处。为了推进国家的"双碳"目标,旅游产业的低碳发展是必由之路,低碳旅游由此获得广泛关注。低碳旅游与低碳经济、可持续发展和旅游业高度相关,它们是旅游可持续发展的重要路径和形式。具体而言,低碳旅游是指将低碳概念和措施融入旅游活动的各个环节,包括旅游产业和旅游者行为[①]。就旅游企业而言,低碳旅游要求其在资源开发、环境管理、产业技术革新等方面兼顾环境保护的目标,转向绿色发展方式,从供给层面来综合经济 – 环境的双向效益,注重生态环境质量的同时也提高游客体验感。就旅游者而言,低碳旅游要求个体在旅游的各个环节中都秉持低碳方式,尽量保证低能耗并减少碳排放,例如,增强环境保护意识,选择较为低碳的交通工具;在酒店住宿时注意节约与节能;在景区游览时减少环境污染等。

围绕旅游业增长、气候变化或可持续发展的讨论是集体构建的,而不是个人构建的。因此,社会表征理论能够为研究旅游业利益相关者对塑造当前和未来行业的关键现象的看法提供了一个合适的框架[②]。就研究主题而言,国外更加重点关注旅游业对气候变化的影响,在碳中和的理念下,试图建立测算 – 减排 – 补偿机制,探寻低碳旅游发展路径和方法,强调了低碳旅游的基础和应用研究;国内多侧重于对低碳消费方式的探讨,以定性和定量的方法来探究其影响因素[③]。此外,作为旅游的重要载体,低碳城市建设也逐步引起大众关注,几乎所有的城市旅游目的地都设置了低碳发展目标,涉

---

① 马华燕. 新时期低碳旅游发展研究[J]. 中国管理信息化,2023,26(4):177 – 179.

② MOSCOVICI S. Toward a theory of conversion behavior[M]. New York:Academic Press,1980.

③ 李姝晓,程锦红,程占红. 全球气候变化背景下低碳旅游研究进展及可视化分析[J]. 中国生态旅游,2021,11(1):141 – 158.

及经济增长、水质、废物管理、技术和政策等经济、环境和社会方面①。作为旅游主体,旅游者行为在碳排放中占有重要角色。识别能够激发消费者低碳旅游行为意愿的关键要素至关重要,其已经逐渐成为学术界的一个重要课题。多数研究从认知或情感的角度探讨消费者低碳旅游行为意愿的形成过程及影响因素。未来该方面的研究将更为注重与其他学科间的交叉,从综合视角解读旅游者低碳行为。

---

① ZHANG J , ZHANG Y. Assessing the low – carbon tourism in the tourism – based urban destinations[J]. Journal of Cleaner Production,2020,276(2):124303.

第三章 社会治理背景

自"双碳"理念提出以来,如何优化人与环境关系成为学术界的热点问题。实现"双碳"目标仅靠国际各方达成共识或制定协议是远远不够的,最终需要的是每个国家的政府、企业、学校、家庭和个人都认识到环境问题的严峻性并在日常生活中践行环保行为。对企业来说,对节能环保的投资绝不等同于经济利益的亏损,如果环境问题继续恶化,社会秩序最终也会崩溃,企业也不会得到长远稳定的发展。相反,世界经济论坛(World Economic Forum,WEF)提出企业及经济发展应贯彻"自然优先"的理念,WEF 报告表示,将自然置于企业发展战略首位,有助于加强企业与经济的韧性。自然友好型经济将在 2030 年前创造出每年超 10 万亿美元的全新商业价值,同时在世界范围内增加 3.95 亿个就业机会。世界经济论坛执行董事梁锦慧(Gim Huay Neo)也表示:"企业可以在人、地球、商业利润之间建立起良性循环。投资于自然并与自然和谐相处将更好地确保可持续的业绩和繁荣。"如何促进企业向生态友好型经济转型,提升企业践行生态环保理念,鼓励企业使用清洁能源,都是落实节能减排中需要考虑的问题。

为了解决环境问题,一方面依靠技术,一方面引导人类行为。环境问题产生的根本原因是人们缺乏必要的环境道德意识[①]。基于此,引导人们建立正确的环境价值观则具有核心价值与意义,这是社会治理的着眼点之一。

---

① 黄震方.关于旅游业可持续发展的环境伦理学思考[J].旅游学刊,2001,16(2):68-71.

第一节　新时代文明旅游的发展要求

一、新时代不文明旅游的现象屡见不鲜

全球范围内,旅游者破坏目的地环境的相关案例越来越多。特别是随着各类社交媒体的兴起,不文明旅游现象更易被记录并传播,受到社会的广泛关注同时引发舆论。同时,人们对于精神层面的素质要求不断提升,自我规范和社会规范意识在逐步统一,但是实践层面的行为表达仍旧存在冲突,造成不良后果。具体而言,2016 年,泰国官方决定关闭达差岛,因为游客过多,已经超过环境最大承载力,对当地自然资源和环境产生了破坏。无独有偶,世界自然遗产地科科斯群岛是世界上公认的观看远洋生物最好的地方,它由 27 个小岛组成。2019 年一项数据报告指出,科科斯群岛的环境受到了塑料垃圾的威胁,海滩上的垃圾总重可达 238 吨,主要包括旅游者丢弃的塑料袋、牙刷、拖鞋等,这种塑料污染还会威胁海洋生物的健康。过度旅游可能会激化旅游产业发展与目的地环境保护间的矛盾,这是目的地旅游容量过载的结果。在该背景下,旅游者消极的环境行为也会呈现更大的集聚效应,造成不可逆的环境后果。

除了过度旅游产生的目的地生态系统失衡,旅游者的不文明行为也会对旅游目的地环境造成不可逆的影响。2018 年,在张掖丹霞地质公园中,某游客无视景区规定,违规进入保护区,该行为破坏了丹霞地貌表面,可能需要数年时间进行恢复。同样,2020 年,在四川省的亚拢沟钙化滩,几名游客执意进入禁止驾驶车辆或者步行的钙化滩保护区,不仅拍照留念,还在保护区地表漂移。更有甚者无视法律,在旅游目的地实施偷盗行为。2019 年,山东某景区内,几名游客掰断并偷走了百万年才得以形成的钟乳石。此外,在城墙等文物上乱刻乱画、乱踩草坪等现象更为常见。针对此类旅游者行为,外在规制产生的行为约束力极其有限。

二、新时代文明旅游理念的提出

近年来,旅游业繁荣发展的同时也为社会带来了一些负面效应,其中最严重的即为环境破坏。中国旅游产业发展规模不断扩大,庞大的客源市场为其提供源源不断的动力,突出呈现在产业效能提高、潜在市场扩大、消费升级等层面。旅游业的繁荣促进了国民经济社会的进步,使大众旅游得以实现,提高了人民生活质量。然而,随着旅游客源市场不断扩展,旅游者的综合素质良莠不齐,部分旅游者在行程中的不文明行为会对景区自然和人文环境产生威胁,也会造成不良社会影响,不利于旅游业长足稳定发展①。

在外部规制效力有限的条件下,政府和景区出台了更加细化的规范制度,试图通过奖惩等方式引导与规劝旅游者的文明行为。政府从立法角度建立了严格的旅游行为标准,如 2013 年出台的《中华人民共和国旅游法》,其中包括了文明旅游的内容。另外,政府相关部门制定专门针对文明旅游的管理条例和办法,包括《中国公民出境旅游文明行为指南》《中国公民国内旅游文明行为公约》《游客不文明行为记录管理暂行办法》等,尽可能为各类旅游行为提供标准与规范参考。这些条例与办法明确了个体破坏环境的具体惩戒措施,如罚款、环境义工等。由此可见,政府和旅游企业从公共政策层面制定了一系列法律法规,目的在于引导旅游者可持续行为,但其实际引导作用的有效性仍需进一步探讨。

三、新时代文明旅游的概念与实现路径

(一)文明旅游的概念

文明是宏大而广泛的叙事话语,自古以来,人们就在探索"文明"的意义。在中国古代的《尚书》《易经》中,已经出现了"文明"的表述,但其指光

---

① 拓倩,李创新.国内文明旅游的研究进展、理论述评与学术批判[J].旅游学刊,2018,33(4):90－102.

明之意;在 19 世纪古典进化论出现之后,西方的"Civiliz(s)ation"逐步演化发展出系统的文明理论①。就生存方式而言,文明是人类在满足自己物质和精神需求的过程中,呈现出的态度、方式和行为;就文化本质而言,文明凸显了社会存在形态和主流价值观;就伦理层面而言,文明是在人类、自然与社会互动中不断深化的②。

文明旅游的概念内涵较为广泛,学者们倾向于从不同视角对其进行解读。一般而言,文明旅游是指在旅游过程中个体所做的一切符合文明规范的行为。从现象学视角,文明旅游的概念更为广义,其指在旅游发展过程中所有利益相关者所产生的符合文明旅游规范的群体行为特征和结果。从发展视角而言,文明旅游是指能够促进并反映社会文明进程的旅游发展理念与实践表现③。也有学者认为,文明旅游是旅游主体在参与旅游过程中,具备文明感知、情感、知识、责任的文明行为的综合,其本质是人类文明和社会文明在旅游活动和经营中的体现,是旅游者和利益相关者作为主体表现出的人-人、人-物、人-地和谐关系④。文明旅游的概念体系较为广泛,包含旅游文明、不文明旅游、旅游不文明行为。此外,还有针对特定行为的具体概念,如环境保护行为、环境责任行为、遗产保护行为等。

国内学术界对文明旅游问题的关注始于 20 世纪八九十年代,而后基本可划分为两个阶段,第一是基本的学术积累阶段,大致从 1985 年至 2000 年,这个阶段主要是进行不文明旅游现象背后的概念体系建立与基本框架探索,但是研究进程较为缓慢;第二是问题讨论阶段,从 2000 年至今,这个阶段伴随社会各界对于文明旅游的关注,特别是相关政策的颁布,使得文明旅游获得了更多学术探讨,从其影响因素、行为特征、形成机制等话题入手,结

---

① 易建平.文明:定义、标志与标准[J].中国史研究动态,2022(1):28-35.

② 黄细嘉,李凉.全域旅游背景下的文明旅游路径依赖[J].旅游学刊,2016,31(8):13-15.

③ 拓倩,李创新.国内文明旅游的研究进展、理论述评与学术批判[J].旅游学刊,2018,33(4):90-102.

④ 黄细嘉,李凉.全域旅游背景下的文明旅游路径依赖[J].旅游学刊,2016,31(8):13-15.

合了心理学、社会学、管理学等多学科视角①。

(二)文明旅游的实现路径

鉴于旅游产业的广泛性和综合性,对于文明旅游的建设与实现需要多利益主体的共同参与,目前核心群体包括政府、目的地管理者与旅游者本身。虽然文明旅游的结果有赖于旅游者主体行为,但这种行为与政策、目的地居民互动与管理紧密相关。基于此,要实现文明旅游建设,每个利益相关群体均需要从不同视角制定切实可行的措施。

1. 政府倡导

政府在文明旅游建设过程中应起到倡导和引领的作用。一方面,在社会治理过程中,制定政策法律法规,以此约束社会大众的旅游行为。《中华人民共和国旅游法》即为典型代表,然而,其中对于文明旅游的提及篇章有限,难以精准发力,较难用硬性手段提升文明旅游发展。其更需要针对社会实际,细化不文明旅游现象的内涵、外延和操作性惩罚手段,以便更好落实文明旅游的路径。另一方面,政府应进行社会风气的引领,在主流媒体上强化民众的文明意识,把文明行为的理念推行到日常生活中,以此鼓励各个利益主体的文明旅游参与程度。

2. 目的地管理

目的地承担着文明旅游的管理与引导职责,其职责重点在于如何制定标准、如何落实实施步骤以及达到文明旅游的要求。旅游业目的地管理方应该为景区环境制定标准化的保护规范,构建完备的景区服务体系,建立完善的惩处办法和旅游综合执法机制保障,以理性、情感和道德等不同路径唤醒游客的文明旅游意识,促进旅游者的文明旅游行为。

3. 个体主动意识与行为

旅游者是文明旅游的核心与主体,同时,其行为也是文明旅游的重要展

---

① 拓倩,李创新.国内文明旅游的研究进展、理论述评与学术批判[J].旅游学刊,2018,33(4):90–102.

示与体现。如何提升旅游者的主动文明意识和行为则是增强文明旅游建设的关键。一般而言,道德因素是影响旅游者文明旅游行为的核心,包括社会公德心的培养、精神文明素质的培养以及道德价值观的塑造。此外,情感因素近年来受到越来越多的研究,其被认为能够更好地促进个体的文明旅游意识,包括敬畏感、道德感和地方依恋等。

第二节　旅游者道德提升的行为导向

一、可持续发展的环境伦理与道德基准

(一)环境伦理

伦理是指人们在各种社会关系中应该遵守的规则和应尽的义务[①]。基于此概念,伦理体现了人作为主体的存在,核心指向个体的社会行为。伴随人类的工业化进程,环境问题逐步危及人类自身,二者间的矛盾愈发紧张。人类开始从多维度寻求人与自然的可持续之路。作为一种可持续发展的理念,环境伦理观是人与环境和谐发展的道德价值导向。其是指以人类社会为中介的人与自然关系的限度内,人类行为及其相关关系的价值理论、伦理规范和道德精神的总和。环境伦理观将道德视野由人与人之间的关系扩展到自然界,研究"人与自然"及"人与自然关系影响下的人与人"的道德关系[②]。与既往人类中心主义和非人类中心主义不同,可持续环境伦理观更加注重二者的兼收并蓄,以人 – 自然系统为中心[③]。这种价值观强调了人与自然的和谐共生,关注其中的辩证关系,通过人类行为实践达到积极的环境保护结果。

---

① 李淑文.环境伦理:对人与自然和谐发展的伦理观照[J].中国人口·资源与环境,2014,24(S2):169 – 171.

② 徐海静.可持续发展环境伦理的认同与构建[J].理论与改革,2016(3):113 – 117.

③ 余谋昌.创造美好生态环境[M].北京:中国社会科学出版社,1997.

　　如何建立正确的旅游环境伦理观成为一大研究话题,其主要着眼于如何解决人与自然和谐共生的终极课题,建构良性关系和原则。以国家公园建设为例,环境伦理观建立的实质在于人类解决自身与大自然中的动物、植物、绿水、青山等自然生态环境关系的各种伦理道德规范①。旅游环境伦理的建立,很大程度上是如何处理旅游情境中人类与环境、其他物种、社会关系等方面的综合体。就旅游者主体而言,人类作为道德能动者,不仅应对自己负责,更应该对环境负责。当人们旅游需求的增长依赖于日益减少的自然资源时,从行为视角鼓励主体的积极环境意识与行为尤为重要。基于此,政府和旅游企业致力于从意识形态层面促进与引导旅游者可持续行为,例如,通过奖励、宣传、提高环境认识和教育等不同方式干预旅游者的环境意识。与政府和企业的努力相比,旅游者对选择可持续的旅行方式或支持绿色旅游产品的兴趣并不强烈,在行为表现上也不突出,无法与旅游业内整体的可持续目标达成一致。据估算,尽管人们公开表示对可持续旅游持有积极态度,但仅有极少数的旅游者会采取实际行动,包括购买绿色的可持续旅游产品、采取环境友好的出行方式等,其主动性的环境责任行为意识较为缺乏。

(二)道德人格

　　提升公众的道德水平,有助于塑造良好和谐的人人关系与人地关系。道德人格是社会对于公众道德水平的一种引领方向,也是社会治理的一个重要环节。作为人格概念的一个子集,道德人格反映了个体行为层面的道德结构和道德特质。就定义而言,道德人格是指个体做人的尊严、价值和品质的总和,是人的主体性、目的性和社会性的集结,换言之,道德人格是人的品格与品行的统一②。道德人格是个体内在的道德修养、道德品质与外在的

---

① 周国文,孙叶林.国家公园,环境伦理与生态公民[J].北京林业大学学报:社会科学版,2020,19(3):14-18.

② 魏英敏.新伦理学教程[M].北京:北京大学出版社,1993.

道德行为、道德实践的统一,也是社会道德价值观的集中体现①。道德人格具有四种研究范式,包括道德原型、道德榜样、民众概念和信息加工。道德原型和道德榜样更关注人格结构,后两者则主要探讨了道德人格的形成过程②。稳固的道德价值观能够促进公众道德观念的普及,有助于引导个体在社会治理中承担积极的角色。

旅游逐步成为人们的一种生活方式,大规模、大范围的旅游现象对社会环境产生了重要影响。这种影响不仅表现在经济和文化层面,还体现在环境层面。旅游活动的异地和匿名属性塑造了旅游者的"另一个自我",这种自我可能受到较少的外在道德约束。因此个体的内在道德水平至关重要。道德人格并非先天形成,而是在后天的道德实践中被一步步塑造,涉及道德知识、道德素养和道德形态等。正向的道德人格能够增强旅游者的亲社会属性,有利于积极旅游行为的产生,同时也有助于可持续旅游的实现。就具体路径而言,第一,主体认同是道德人格培养的关键因素,例如,对自然和人类关系的认同程度会直接影响旅游者的环境保护行为,其中包括生物圈价值观、环境意识、环境态度、环境教育等价值取向。第二,诚然,在旅游情境中的道德人格表现存在侧重,有些人秉承"顺物自然",强调遵循自然规律,着眼于符合地球集体利益的思维格局;也有人尊崇"身心和谐",强调了自然对人类的一种恢复性,着眼于自身利益的思维模式。不论从哪个视角出发,其均属于积极的道德人格,在旅游环境保护过程中产生积极的引导效应。

二、旅游者享乐需求与道德融合导向

在旅游过程中,享乐与休闲体验是旅游者的核心目标,这也是旅游活动的基本动机。尽管多数旅游者知晓旅游业可能会带来的环境和社会问题,也声称以可持续发展为目标,但多数人仍不愿改变自身行为,因为这可能需

① 向红. 道德人格生成逻辑探析[J]. 广西社会科学,2009(6):39-43.
② 喻丰,彭凯平,董蕊,等.道德人格研究:范式与分歧[J].心理科学进展,2013,21(12):2235-2244.

要他们牺牲一定自我利益[1][2][3],特别是可能并不利于自己的享乐需求。当下人们的旅游目标已经不再满足于简单观光,而更加注重一种内在体验,其依赖于自我表达与享受。在以自我意愿与休闲放松为先的前提下,人们可能会为了自身利益而做出一些有碍于环境保护的行为。例如,在九寨沟,不管政府和景区制定多少政策法规、管理制度,效果却不甚乐观,景区依旧存在很多不可降解的垃圾,随手丢弃垃圾的现象屡禁不止。相对而言,休闲背景下的个体环境付出可能需要更高的心理成本,旅游者一般不倾向于参与需要付出较多努力的环境责任行为。不可否认,在技术无法解决问题的情况下(例如处理乱扔垃圾),改变旅游者行为始终是应对目的地环境问题的有效方法之一[4]。

改变旅游者环境责任行为的方式多样,其中,鼓励旅游者主动性环境责任行为可能最为乐观,因为该方式基于主体内在的诉求出发。一般而言,旅游者环境责任行为的干预形式可被分为被动和主动两种路径。被动方式旨在通过外在规制约束旅游者环境行为,具有较强的外部效力。这种方式主要依赖于政府和旅游企业,然而,政府和企业可能会将更多注意力放在平衡宏观经济、环境与社会的综合效益之上,特定情境中,外在规制无法完全对旅游者行为产生实际约束力。鉴于内驱力对行为产生的强大效用,其能够权衡旅游者享乐需求与环境付出间的心理过程,对于个体主动性环境责任行为的转化具有更积极的意义。鉴于此,从情感层面引导旅游者的道德行为就显得尤为重要,旅游体验的情感属性使得个体对于情绪因素更加易感。注重旅游者的享乐或者情感需求,在一定程度上能够增强其旅游质量。当

① BUDEANU A. Sustainable tourist behavior – A discussion of opportunities for change[J]. International Journal of Consumer Studies,2007,31(5):499 – 508.

② GRANKVIST G. Determinants of choice of eco – labeled products[D]. Sweden:Goteborg University,2002.

③ CUI G,ERRMANN A,KIM J,et al. Moral Effects of Physical Cleansing and Pro-environmental Hotel Choices[J]. Journal of Travel Research,2020,59(6):1105 – 1118.

④ 邱宏亮,范钧,赵磊.旅游者环境责任行为研究述评与展望[J].旅游学刊,2018,33(11):122 – 138.

其获得较好的旅游质量时,个体在道德层面更容易接受积极的引导。这是一种结合了个人利益和公众利益的双赢路径。

综上,从宏观政策到微观个人需求,旅游者环境责任行为研究尤为重要,特别是对于环境保护、国家战略实施、文明旅游推广、旅游者素质提升等方面,均具有理论价值和实践意义。可持续旅游的实现需要从政府主体、旅游行业主体到旅游者行为主体共同协作。相较而言,政府和旅游企业更需要平衡政治、经济、环境与社会的成本与综合效益,其对纯粹环境保护的投入是有限的;作为旅游活动的行为主体,旅游者会对旅游目的地生态环境产生深远的影响,且其行为规律能够被引导与改变,这种自发的环境保护行为具有更加积极的文化与社会意义。因此,本书从旅游者主体视角出发,探索其主动性环境责任行为的内在规律,解析其中所蕴含的人地关系表征,为可持续旅游发展提供有益尝试。

第二篇

❖ ❖ 理论的演进 ❖ ❖

第四章　人－地关系中的
旅游者行为内涵

　　在 21 世纪,地理流动性逐渐改变着我们的世界,也逐步成为塑造人地关系的核心因素。这种流动性指征着旅游活动的本质,在旅游者行为研究中尤其重要。人地关系涵盖了一种人与社会的互动,人类社会化的行为越来越受到关注。人类的社会行为是其社会化意志的体现,同样是个体社会需求的外化表现。一切社会行为串联了人类历史的演化进程,因此,人的社会会行为及其相互关系和变化规律是科学研究的永恒主题。

　　数字化转向(digital turn)为人文地理研究提供了新的场域①。传统旅游活动基于日常空间与旅游空间发生,而信息和通信技术(information and communication technology,ICT)的介入使得原有的"日常－旅游"空间边界得以拓展,在人地关系中呈现新的内容。在深度数字化背景下,人文地理学积极探索多元化的空间知识和经验,理解个体的情感与行为是如何通过数字环境建构的②。数字技术正在产生新的社会和文化话语、时间和空间特征、

---

① ASH J,KITCHIN R,LESZCZYNSKI A. Digital turn,digital geographies?［J］. Progress in Human Geography,2018,42(1):25 － 43.

② LIU C. Imaging place:reframing photography practices and affective social media platforms［J］. Geoforum,2022(129):172 － 180.

情感和行为等,这也为旅游者行为研究带来了新的机遇和挑战。

在人地系统研究中,情境性是行为特性之一,即行为会随着情境的不同加以表征,呈现出同化或者异化的规律。在旅游情境下,旅游者行为会表现出与一般行为不同的特征,这源于非惯常环境的主导作用。由此,本章厘清了旅游者行为及旅游者社会责任行为的基础概念,为后续章节奠定理论基础。

第一节　旅游者行为

一、基本概念

(一)旅游者

人是旅游活动的主体,由此产生了旅游研究的所有现象。旅游者(tourist)是旅游学研究中的基本概念。19世纪近代旅游兴起之后,英国学者派格(S. Pegge)提出了"旅游者"这一概念①。由于其具有较强的实践属性,故它的定义所指相当宽泛。旅游者本身既可以作为一类研究对象,被理解为旅游活动这一社会现象的直接参与者,也可以作为一类统计对象,被理解为国民经济运行体系中的一类特殊消费群体。在实践中,不同机构、不同产业和不同团队出于不同目的、不同利益关系,会使得其看待旅游的认知存在一定分歧,故而学界在对旅游者等基础概念进行界定时各有侧重②。例如,表4-1列举了各国官方机构给出的旅游相关概念,这些概念表述一般先界定旅游者,后从旅游者的类型和活动方式角度再界定旅游。但这类定义大多属于技术性定义,很难在旅游研究中达成一致。

旅游和旅游者的概念相互依存。旅游活动产生的本质在于地理流动性,从现象和概念产生规律看,应该先有"旅游"这种行为活动,然后才有被称为"旅游者"的一类特定人群。在学术研究中,一般认为,旅游的概念为:

---

① STEPHEN L. SMITH. Tourism Analysis[M]. London:Longman Group,1989.

② COHEN E. Who is a Tourist? A Conceptual Clarification[J]. The Sociological Review, 1974,22(4):527-555.

利用个人可自由支配的时间在非惯常环境进行的一种以获得愉悦为目的的体验活动[1]。由此,旅游者可定义为利用可自由支配的时间在非惯常环境进行以获得愉悦为目的的体验活动的个体或群体。

表 4-1　官方机构从统计角度给出的旅游相关概念界定[2]

时间与机构	概念界定与规定	备注
国际联盟(联合国前身)统计理事会1937 年提出	国际旅游者是指离开其惯常居住地到其他国家访问至少24 小时的人	仅界定国际旅游者;设定停留时间下限为24 小时,未设停留时间上限;不包含膳宿在校的留学生
联合国国际官方旅行组织联盟(世界旅游组织前身)国际旅行与旅游1963年会议(罗马会议)	凡纳入旅游统计中的国际到访人员统称为访客(visitor),而访客分为旅游者(tourist)与短途游客(excursionist)两类。旅游者是指到某一不是自己惯常居住的国家作短期访问,至少停留24 小时的访问者;短途游客是指在异国造访短暂停留不超过24 小时的访问者(包括海上巡游者)	取消了时间下限,规定了时间上限为1 年;仍限于统计国际到访者,但包含了留学生;规定用"访客"概念统筹旅游者统计。访客包括休闲型和事务型两类,同时包含过夜旅游者和不过夜者
世界旅游组织国际旅行和旅游统计1991 年会议(渥太华会议)	旅游指人们由于休闲、商务和其他目的而到惯常环境之外的地方旅行,其连续停留时间不超过一年的活动。国际访客(international visitor)指到一个不是自己惯常居住的国家去旅行,连续停留时间不超过一年,主要目的不是为了从访问地获取经济效益的人。短途游客(excursionist)改称为一日游者(same day visitor)	首次定义旅游,将游客统计对象和名称适用范围从国际旅游推广到国内旅游,出行目的增加一类"其他"项

---

① 白凯.旅游消费者行为学[M].北京:高等教育出版社,2020.

② 同①

续表

时间与机构	概念界定与规定	备注
联合国社会和经济事务部统计司《2008 年国际旅游统计建议(IRTS)》	旅游(tourism)是一种社会、文化和经济现象,涉及人员向其惯常居住地以外的地方移动,通常以娱乐为动机。旅游指游客(访客)的活动。游客(visitor),指出于任何主要目的(商务、休闲或其他个人目的,而非在被访问国家或地点受聘于某个居民实体),在不足一年的时间内,出行到其惯常环境之外某个主要目的地的旅行者	明确旅游通常是以娱乐为动机的活动;阐明旅游与旅行的边界关系,旅行者与游客(访客)的关系
《2001 年中国旅游统计年鉴》	游客(visitor)指任何为休闲、娱乐、观光、度假、探亲访友、就医疗养、购物,参加会议或从事经济、文化、体育、宗教活动,离开常住地,并且在其他地方的主要目的不是通过所从事的活动获取报酬的人	按照国际旅游统计定义做出的游客定义
国家旅游局《地方接待国内游客抽样调查实施方案》(2013)	国内游客是指不以谋求职业、获取报酬为目的,离开惯常居住环境,到国内其他地方从事参观、游览、度假等旅游活动(包括外出探亲、疗养、考察、参加会议和从事商务、科技、文化、教育、宗教活动过程中的旅游活动),出行距离超过 10 千米,出游时间超过 6 小时,但不超过一年的我国大陆居民	符合常识认知的游客定义和旅游概念认知

（二）旅游者的行为

行为集合了个体内在的思维活动和外在的行为表现。这体现了一种人与环境的互动结果。就这个理论角度而言，行为被定义为，以环境知觉为基础的人的内在生理和心理变化的外在反映①。此处的行为在一定程度上是人地关系的显化表现，也联结了个体的生理与社会属性。在生理层面，人类行为是人脑神经系统的综合结果，是一种生存本能。在社会层面，人类行为具有后天习得性，受到原生家庭、社会环境等诸多因素影响，是一种高等心智活动。行为具有一般特点，第一，行为的产生有其特定原因，即动机。这种原因可能来源于内在，也可能受到外界情境的引发。第二，行为的产生都具有一定目的性。第三，行为能够被引导继而发生变化，即个体行为具备可塑性。人们受生理、心理支配和外界环境影响所表现出的各种反应、动作与活动的总和，其会对自然环境和社会环境（包括经济、政治、文化等方面）产生重要的影响②。

旅游者行为是旅游学研究中的核心命题与方向之一，也是管理学、心理学、社会学、人类学等学科的交叉研究内容。多样化的理论背景致使旅游者行为的概念同样各有侧重，常见的相似概念为游客行为、旅游消费行为、旅游者消费行为等。本书沿用旅游者行为这一表述，将其定义为，旅游者行为是个体或群体在现实或虚拟旅游情境中的思维、情感及活动的总和，其范畴包括了旅游者的内在心路历程和外显行为表现、过程及结果。结合这一概念，旅游者行为更多体现了行为的社会属性，是个体在综合的旅游情境中所体现的诸多产物和表现。这同样体现了旅游者行为的综合性、复杂性与情境性。

二、基本特点

在旅游者行为研究中，多学科的理论视角显化了旅游者主体的研究内

---

① WALMSLEY D J，LEWIS G J. People and environment：behavioral approaches in human geography［M］. London：Routledge，1984.

② 黑格尔.法哲学原理［M］.范扬，张企泰，译.北京：商务印书馆，1961.

容。在新时代,旅游者行为受到了更多时代背景的影响,呈现出源源不断的研究活力。通常而言,旅游者行为具有如下特点:

1. 旅游者行为具有情境性

个体所处的外部环境是影响或决定旅游者行为的关键因素。非惯常环境是旅游活动的本质所在,故个体在惯常环境中的行为特点,可能会因为情境的改变而发生变化,这种变化正是旅游者行为研究关注的重点。影响旅游者行为的因素很多,其并非单个因素作用,而是由内部和外部情境因素共同作用,产生一种非线性的交互关系。这种行为即为特定情境中的某种活动过程,具有时空特性。

2. 旅游者行为属于情感体验的一种

旅游活动的核心是个体离开惯常环境,在目的地产生食、住、行、游、购、娱等一系列放松身心的活动,这是一种追求情感体验的过程。由此,旅游者行为的目的以获取快乐与享受为主,情感体验是个体在旅游过程中的核心。满意度、愉悦度成为衡量旅游质量的常用指标,也成为评价旅游成效的重要尺度。旅游者的个性、经验、知识结构、态度、价值观、所处的外在环境等都会对旅游者的情感体验产生直接或间接的影响。

3. 旅游者行为涵盖了各类社会互动

就旅游利益相关者而言,旅游者、目的地居民、旅游从业人员都是旅游活动的重要构成。旅游活动的顺利开展,得益于各个群体合作。在这个过程中,人际互动显然是重要环节,其会受到所处社会文化环境的制约和影响。具体而言,在旅游活动中,旅游者通常会与旅游目的地的原住民、其他旅游者、政府相关部门工作人员发生互动关系。在这个互动过程中会衍生出多样化的旅游者行为。

4. 旅游者行为具有综合性

旅游本身是一项复杂的社会活动,宏观层面涵盖了多种业态,微观层面串联了各个行为。在实践层面,旅游者活动的发生与结束包含了各类时空行为,例如旅游者从客源地出发,通过交通方式到达目的地,并在目的地产生一系列放松与游览行为。在这个过程中,旅游者的各项需求都需要对应行业予以满足。在学术研究方面,旅游者的信息搜寻行为、决策行为、分享行为获得了诸多关注,心理学、管理学、社会学等诸多学科范式与理论都能用于解释这些行为现象与规律。旅游心理、行为变化与旅游经济、文化、环境之间的相互联系和关系,揭示旅游者心理活动的一般规律和特殊规律。

三、影响因素

旅游者行为在范围、内容等层面具有多样性,其影响因素依据不同的旅游类别、行为类别而各有特点。一般而言,在既有研究成果基础上,本书中将旅游者行为划分为内部影响因素和外部情境因素两类。

(一)内在影响因素

内在因素与旅游者个体紧密相关,包含了认知、情绪、人格、动机等,这些因素都是个体自身决定的,由生理基因主导。例如,认知能够解释行为决策背后的心理机制,它是旅游者选择、组织和解释各类信息,用以创造一个有意义世界意象的过程。人格具有稳定性,它是旅游者表现出来的特有行为模式,是其将阅历和行为有机系统整理之后的心理结构。情绪是个体对外界刺激的一种综合反馈,它体现了旅游者体验的核心。动机是旅游活动发生的前提,引导个人去实现目标的一种内在动力。内在影响因素是个体自发而稳定产生的,在旅游过程中,这些影响因素会随外部情境因素刺激而影响旅游者行为决策与行为倾向。

(二)外在情境因素

空间与行为存在一种复杂的交互,旅游活动的"一步一景",大大凸显了空间与情境变化对个体心理和行为带来的外部影响。旅游目的地是旅游活动的空间载体,它记录了旅游活动中人们的行为过程,反映了旅游活动与空间环境之间的互动关系,并从一个侧面呈现了人类生活方式的变化及其与特殊指向空间的相互影响。

一方面,社会背景赋予了较为宏观的外部影响因素,包括文化、家庭、社会群体等。首先,文化背景是融入行为表现中的重要因素,文化是社会成员共同拥有的规范、传统、道德、习俗、行为模式等方面的综合反映,不同文化背景的旅游者会表现出不同的行为方式与特征,不同国家在价值观、行为规范、感知、社会交往等方面的文化差异都会对旅游者的行为与偏好产生影响①。在中国传统文化影响下,家庭旅游显化了各类情感联结,近年来获得了诸多关注。其对于居民生活质量、个体幸福感等均产生了明显的提升效用。社会群体对于旅游群体的划分具有重要意义,同时也能凸显旅游者行为的社会影响。

另一方面,在具体的旅游情境中,旅游目的地的各类因素也能够影响旅游者行为。就物理环境而言,旅游目的地的环境状况直接影响旅游者体验与行为决策,如空气质量、水环境、声环境、动植物的多样性等。例如,在目的地选择中,雾霾天气会直接影响旅游者的选择。就人际环境而言,目的地居民会影响旅游者的社会交往,特定的文化氛围、生活习惯等都有可能导致旅游者决策发生改变。例如,个体在西藏旅游前,要进行更多准备工作。特定空间及旅游者与东道主这两个特定群体之间的文化交往,在地理空间、社会关系以及交往目的上有一定的特殊性。

第二节　旅游者社会责任行为

在人地关系研究中,个体的社会行为占有重要地位。旅游者行为本身属于社会行为的一种,它强化了人和环境的互动。旅游者通过对环境的感知,结合自身偏好与既有经验,形成行为意图。其过程无法脱离社会而存在,作为社会成员,旅游者同样具有社会责任。旅游者社会责任行为既是对外界情境因素的一种反馈,也是社会环境影响下的必然结果。

---

① REISINGER Y,TURNER L. Cultural differences between Mandarin – speaking tourists and Australian hosts and their impact on cross – cultural tourist – host interaction[J]. Journal of Business Research,1998,42(2):175 – 187.

一、基本概念

（一）社会行为

社会行为是构成社会及其现象的最基本单位。德国社会学家马克斯·韦伯（Max Weber）认为，社会行为是指依据行为者意向做出的并与他人的举止相关联的行为[①]。依据该定义，社会行为发生于群体之中，群体成员受到外部环境影响而与其他个体产生一定互动与联系。行为强调个体的内部外部因素，更加注重主体性。基于此，社会行为则更多地将视角聚焦于个体外部性，强调人－人互动与人－地互动。社会情境使得人类行为受到文化背景、人际交往、社会风气等因素带来的综合影响。

社会行为具有复杂性和多样性，依据学科视角和研究对象的不同，其分类亦有所区别。例如，以行为的性质为标准，社会行为能够被分为理性行为与非理性行为。理性是人类决策的基础，体现出个体对社会的一种理解与反思。理性人是经济学中的经典理论，其认为个体在行为决策过程中会权衡利弊，做出成本最小化的行为。与之相对，在实践过程中，个体行为时常会受到很多非理性因素影响，产生非理性行为，如冲动消费、犯罪行为等。此外，社会行为也可以分为个体行为和集体行为。按照研究领域的不同，还有特定的社会行为类型，如经济行为、管理行为等。

（二）亲社会行为

社会责任行为的突出表现即亲社会行为（prosocial behavior）。人类究竟是倾向于帮助他人和奉献自己，还是生而自私？关于这个人性的问题，哲学家们已经争论了几个世纪，并且通常会通过提出一些无私行为的事迹引起大众的注意，诸如消防员在熊熊烈火中挺身而出、医务人员在急诊室里救死扶伤，甚至普通人的见义勇为。考虑到理解这些行为是可取的，

[①] 韦伯.经济与社会（上卷）[M].林荣远，译.北京：商务印书馆，1997.

并且有益于个人、社会、国家,甚至整个世界的重要性,长期以来开展了大量关于这些行为的原因和理解的研究。而这种旨在造福他人的行为广受社会学家、心理学家的青睐,研究成果也涉及管理学、社会学、心理学的各个分支,包括发展与教育心理学、社会心理学、组织心理学和临床心理学等诸多领域。

亲社会是指有利于他人的态度或行为,在各种情况下,一个人的行为有增加他人利益、造福他人的意图,并减少对他人的攻击性,这种行为被称为亲社会行为。在我们的日常生活中,亲社会行为常常出现,例如帮助老人过马路、向慈善机构捐款等行为。基于前文中提到的亲环境行为,从本质上来看,环境问题源于人类行为的改变是改善环境状况的必要条件,而亲环境行为作为一种直接指向他人福祉、群体利益或者组织利益的行为,也是亲社会行为概念表征体系向"亲群体"概念的延伸,亲社会行为的含义囊括了亲环境行为。

美国学者威斯伯(Weisberg)在1972年首先提出"亲社会行为"一词,他在《社会行为的积极形式考察》一书中首次探讨"亲社会"一词的历史,并指出"亲社会行为"表示与伤害、欺骗等否定性行为相对立的行为,如慈善捐赠、合作、信任、利他惩罚和公平,亲社会行为是有益于他人的自愿和有意行为。邓菲尔德(Dunfield)将亲社会行为分为帮助(helping)、分享(share)和安慰(comfort),它们是对工具需求、未满足的物质欲望和情感痛苦的反应①。亲社会行为的定义通常通过双重趋势出现:一种是亲社会行为定义为一般概念的框架,另一种则是从亲社会行为的各个子维度去考虑的方法。根据卡罗(Carlo)和兰德尔(Randall)的研究,亲社会行为可被分为四个不同的维度,分别是:利他型亲社会行为,顺从型亲社会行为,情绪性亲社会行为,公

---

① DUNFIELD K A. A construct divided:Prosocial behavior as helping,sharing,and comforting subtypes[J]. Frontiers in Psychology,2014(5):89451.

共性亲社会行为①。利他型亲社会行为通常是为了真正的造福他人和对他人需求的关心而产生的自愿帮助。顺从的亲社会行为被定义为帮助他人回应口头或非口头的请求,这种帮助比自发的帮助更常见。情绪性亲社会行为定义为在情感唤起的环境下帮助他人的倾向。一些帮助的情况可以被描述为高度情绪化。公共亲社会行为可以细分为公开亲社会行为和匿名亲社会行为两个不同的因子。

亲社会行为通常伴随着对其执行者的心理和社会物质奖励。亲社会行为包括利他行为和助人行为。

(1)利他行为。亲社会行为可能是由利他行为引起的,利他行为(altruism)强调助人的动机并不是期望回报,而是纯粹为了帮助他人。行为的背后往往伴随着个人利益的损失或者面临危险,为集体利益冒生命危险是利他主义的最高境界。但亲社会行为不仅仅包含了利他行为的动机,也会包含期望回报目的的行为。例如,向地震灾区捐款的人可能并不总是无私的。在捐赠是为了免除部分增值税的情况下,其动机将不再被视为利他主义。利他主义和亲社会行为的主要区别在于利他主义不涉及自利因素。亲社会行为的定义更广,涵盖了利他行为,旨在使他人或群体乃至社会受益的行为都属于亲社会行为。合作、互助主义、利他主义和帮助是亲社会行为的子组成部分。

(2)助人行为。助人行为指一切有利于他人的行为,包括期待回报的行为,助人的目的是帮助他人摆脱困境,这也是亲社会行为的典型表现之一。助人分为有偿助人行为和无偿助人行为。有偿助人行为指个体期待从受助者获得回报的行为,而这个回报不仅仅包含物质方面的,也包含精神的满足,无偿助人行为则是并不期待从帮助受助者这个过程中获得利益,例如我们生活中经常听到的一些无名英雄救死扶伤却默默离场的伟大事迹。

---

① CARLO G,RANDALL B A. The development of a measure of prosocial behaviors for late adolescents[J]. Journal of Youth & Adolescence,2002,31(1):31－44.

二、基本特点

1. 高社会赞许性

亲社会行为是一种积极的社会行为,其会产生正向的行为风气与效应,有助于构筑良好的社会氛围。在一定程度上,亲社会行为需要个体更多考虑集体利益并有所付出,可能会损失部分个人利益。鉴于这种道德属性,亲社会行为通常会被特定社会或群体所认同并给予很高的评价。

2. 行为性质的亲社会性

亲社会行为是一种符合社会期望的行为,它不仅有利于个体的健康,还能促进社会的稳定和发展,因此社会理应大力提倡和鼓励。亲社会性是一切亲社会行为和助人行为的关键前提,不具有亲社会性的助人行为不属于亲社会行为。

3. 行为主体的自觉自愿性

亲社会行为的发生必须是自觉自愿的。无论是为了得到物质或精神上的回报,还是完全利他的舍己行为,都必须是行为主体自觉自愿进行的;如果是在他人胁迫下进行,即便其结果是利他的,也不能称其为亲社会行为。

4. 行为结果的利他性和互惠性

亲社会行为会产生正向的社会效应,突出呈现为利他性。当个体产生亲社会行为,其行为结果更多是有利于他人或者集体的,这是亲社会的本质所在。同时,亲社会在一定程度上也是双方都受益的,受益结果可能是物质的,也可能是精神层面的。

三、影响因素

亲社会行为不仅可以帮助个体在面临危机时摆脱困境,促进个人的成长与发展,而且对于构建和谐社会也起着至关重要的作用。个体因素和环境因素都会影响个体的亲社会行为,本文将影响因素分为内在因素和外在因素。

(一)内在因素

在同样的外部环境下,不同的人可能会产生截然不同的行为。很多时候,助人者选择帮助他人,通常会对自己造成损失,可见个体的内在因素在很大程度上会影响其做出亲社会行为。

1. 性别、年龄

大量的研究表明,性别和年龄都会影响人们的亲社会行为,一般来说女性比男性更容易得到帮助,老人和儿童相较于青年人更容易得到帮助。且相比于男性,女性参与亲社会行为的情况更为常见。此外,观察性研究表明,在互动时,女性比男性更倾向于分享和合作。但在某些紧急情况下,男性提供帮助的可能性更大。

2. 人格特征

具有利他特征的个体通常社会赞许需求高、社会责任感强且信守价值规范,更容易做出亲社会性行为,而性格开朗、友善的个体也更容易得到别人的帮助。亲社会性的个体差异与社交性、低害羞性、外向性和亲和性有关。性格和环境变量可能是相互影响共同在决定亲社会行为方面起作用。例如,随和的个体比不随和的个体更有可能帮助外群体成员,但随和与帮助内群体成员无关。

3. 同理心

同理心使人能站在他人立场,感知他人情绪,从而影响亲社会行为。同理心可以积极预测亲社会行为,同理心水平越高,对他人感受和需求的关注就越多,对亲社会行为的参与度就越高。同理心的不同组成部分(观点采择、幻想、移情关注和个人困扰)对亲社会行为有不同的影响,观点采择可以积极预测个体的亲社会行为。

4. 情绪

积极情绪被普遍认为会引起促进有利的行为(如建立物质、认知和社会资源来应对未来的威胁)。具体而言,积极的情绪调整了人们的心态,拓宽了视野,他们更倾向于关注别的个体,当人们体验到积极的感觉时更有可能做出善行①。例如,报告幸福感较高的成年人会花更多的时间从事志愿服务,或一个人认识到自己从别人的善举中受益后感受到的感恩的情绪、促进了亲社会行为等。

5. 个人经历

个人经历会对个体的亲社会行为产生影响,对于经历过痛苦事件的个体,会对正在经历同样事件的个体表现出同理心,且更容易做出亲社会行为。灾难、痛苦、被害事件或者恶性事件发生的频率并不低,尽管大多数研究都考察了对受害者本身的影响,但也有少数研究将了解受害者作为一种个人经历的影响进行了评估②。

(二)外在因素

同一个人在不同情境下发生的亲社会行为关联性较低,这意味着外界因素对亲社会行为存在影响。

1. 文化背景

不同社会文化背景包括不同的社会文化、宗教文化、网络文化等。在集体主义文化背景下,人们通常会将亲社会行为视为一种社会责任,而在个人主义文化背景下,人们倾向于将它视为自己所做的一种选择。同时在宗教文化中,虔诚的宗教性人格,即认为宗教在人们的社会生活中很重要的群体,更易做出亲社会行为。宗教文化也是亲社会行为表现的重要因素之一。研究者发现,人道主义价值观和宗教信仰与亲社会行为密切相关③。

2. 家庭环境

家庭的物质环境和精神环境。与家庭条件差的孩子相比,家庭物质条件丰富的儿童,心理健康状况更好,表现出更多的亲社会行为。除了经济压

---

① 马丽云,莫文.自我损耗下积极情绪对亲社会行为的影响[J].心理与行为研究,2022,20(5):684-691.

② 梁斌,闫鹏.巨灾经历对亲社会行为的影响:来自地震经历的经验证据[J].经济学报,2021,8(4):235-262.

③ PESSEMIER E A,BEMMAOR A C,HANSSENS D M. Willingness to supply human body parts:Some empirical results[J]. Journal of Consumer Research,1977,4(3),131-140.

力外,来自低收入家庭的青少年还可能遇到其他负面事件,比如家庭其他成员,尤其是父母的情绪失控、消极的养育方式、父母无休止的争吵等。家长的支持,和善的家庭氛围,积极的教养方式都能促进个体亲社会行为的形成和发展,有利于个体的成长与发展①。

3.旁观者效应

社会心理学家认为,处于困境中的个体没有得到帮助,其中一个重要原因是旁观者的数量,这会导致责任分散。具体来说,现场的旁观者数量影响了突发事件中亲社会反应的可能性,随着旁观者数量的增加,分散到每个人的责任感就越弱,被困个体被救助的可能性就越小。

4.权力

权力作为一种不对等的资源掌控,对亲社会行为的影响是复杂的。它会随着个体当前目标而有所变化,对亲社会行为的产生影响是双向的,即既能正向地促进,也能负向地抑制。一种研究发现,高权力的个体通常更看重自己的利益、更少地考虑他人、依赖他人,并且不信任他人,进而抑制亲社会行为;但同时在某些情境下,权力可以通过促进个体的自我表达,对于具有亲社会特质的人来说,高权力会促进他们的亲社会行为②。

四、相关理论

随着研究者们深入探索亲社会行为,发现影响亲社会行为产生的因素是复杂多样的,国内外不同学者试图从不同视角解释和分析亲社会行为的产生机制,并提出了不同的见解和理论,主要有进化理论、社会学习理论、动机理论、社会规范理论、社会交换理论、移情—利他假说等。

---

① GUO J,CHEN S,XU Y. Influence of parental imprisonment on children's prosocial behavior:The mediating role of family environment [J]. Children and Youth Services Review,2022 (136):106393.

② 蔡颖,吴嵩,寇彧,等.权力对亲社会行为的影响:机制及相关因素[J].心理科学进展,2016,24(1):120-131.

（一）进化理论

根据达尔文的进化论，"物竞天择，适者生存"。自然选择更倾向于有助于个体生存的基因，有助于生存和繁殖的基因将会世代相传。这就是人类认同的物种起源学说，地球上的一切生物都是进化来的，是大自然选择的结果。社会进化论从人类文化、文明的历史发展为亲社会行为提供了较合理的解释。人类会选择性地进化自身的技能和行为，一般来说，亲社会行为促进社会的发展和进步，且遍布整个社会，因此亲社会行为内化，进而成为社会规则、道德法律中的内容。诺瓦克（Nowak）认为亲社会行为的五种进化机制分别是[1]：亲缘选择（kin selection）、直接互惠（direct reciprocity）、间接互惠（indirect reciprocity）、网络互惠（network reciprocity）和群体选择（group selection）。人类社会都是建立在合作的基础上的。合作意味着放弃一些自私的行为，转而做出利他行为，互相帮助。亲缘选择和群体选择是基于人类个体和群体基因繁衍的目的。

根据亲缘选择理论（Kin Selection Theory），由于要延续个体的基因，个体在帮助他人时就会权衡利弊，比如将自己的血缘亲属作为首选，这样的话，自己的基因就得以繁衍，且与血缘关系是正相关的，具体来说，对血缘至亲更倾向于展现亲社会倾向[2]。因此个体的亲社会行为是有选择性的，在陌生人和有血缘关系的亲人之间会优先选择血缘亲人，当二者皆为血缘亲属时则会根据血缘关系的亲近程度选择更近的亲属。

（二）社会学习理论

社会学习理论主要探讨亲社会行为如何习得，该理论关注的是个体后天学习对促进亲社会行为的产生和发展的重要影响。研究表明，亲社会行为的获得通过与其他行为相同的机制完成，即直接强化和间接观察学习。

---

① NOWAK M A. Five rules for the evolution of cooperation[J]. Science,2006,314(5805)：1560－1563.

② HAMILTON W D. The genetical evolution of social behaviour[J]. Journal of Theoretical Biology,1964,7(1)：17－52.

观察学习是指个体会观察、模仿和学习他人的行为,榜样模仿、观察学习和替代性强化在获得亲社会行为的过程中起重要作用。

榜样的行为具有引导作用以及示范作用,这对个体提升亲社会性,促进亲社会行为具有重要影响。人类的大部分学习来自向他人学习。亲社会行为在一定程度上受到亲社会模型启发。事实上,在探究亲社会目标传染的研究中发现,观察亲社会行为不仅使被观察者展现出更多亲社会行为,还会使观察者同样也表现出更多的亲社会行为①。榜样也有助于利他行为的产生,且在群体环境中,社会认可,而不仅仅是私人奖励,会增加亲社会行为。由于亲社会行为似乎具有传染性,接触亲社会模式是鼓励积极社交的有效方法。

(三)动机理论

人们在发展的进程中形成了各种动机,行为是目的导向的,行为的目的在于追求某种期望。理论家根据助人者的动机将利他型亲社会行为与利己型亲社会行为区分开来,利他的亲社会行为纯粹是出于增加他人福利的愿望;自私自利的亲社会行为的动机是希望通过帮助他人来增加自己或团体的福利。亲社会行为必须以另一个人的幸福为首要考虑。一般认为,亲社会行为是为了给他人带来积极的后果②,但也可能有其他原因产生个体的亲社会行为。

亲社会行为产生主要的三种动机源:第一种是以他人为中心,即做出亲社会行为完全是为了帮助别人,是无私的利他主义。第二种是以社会规则和道德为中心的,目的在于遵守社会规则或行为原则。因此,两种亲社会行为目的和取向不同,对行为产生的影响也不同。除了这两种动机源之外,社会行为理论指出第三种动机源是移情(empathy)。移情取决于三个条件:

---

① MER H,FAULER A,FLOTO C,et al. Inspired to lend a hand? Attempts to elicit prosocial behavior through goal contagion[J]. Frontiers in Psychology,2019(10):414891.

② JACKSON M,TISAK M S. Is prosocial behaviour a good thing? Developmental changes in children's evaluations of helping,sharing,cooperating,and comforting[J]. British Journal of Developmental Psychology,2001,19(3):349－367.

①初级移情。移情的雏形,是由于他人的不安引起的最初的情绪反应;②他人的积极评价,亲社会的价值取向是导致移情的一个动机因素,而对他人的积极评价恰是亲社会价值取向的重要成分;③自我概念,是移情产生的影响因素,在某种情况下,移情是自己向他人的扩展和蔓延,因此,比起与自己完全不相似的人来说,更容易对像自己的人做出反应。无法以帮助为导向的方式扩展自己的边界是缺乏自我概念的表现①。总而言之,动机理论为解释亲社会行为提供了一种思路,要综合且全面地考虑各种动机的因素才能更好地解释和预测亲社会行为。

(四)社会规范理论

传统的研究强调重复的互动对于维持亲社会行为的重要性,但新的理论在更广泛的互动类别中解释了亲社会行为。其中就有一种理论将亲社会性建立在遵循社会规范的倾向之上。越来越多的研究表明,社会规范对个体亲社会行为有重要影响,各种亲社会行为源于遵循社会规范的愿望,至少部分取决于遵循社会规范的意愿②。

社会规范与亲社会行为是密切相关的。互惠规范(reciprocity norm):社会中的个体是相互依赖的,人们的社会关系应该保持予取平衡,对他人给予的帮助应该予以偿还,也就是说,如果他人给了我们一些帮助和好处,那相应地我们也要回馈给对方一些好处。中国传统文化中"来而不往,非礼也""投木报琼"都是互惠规范的典型体现,同时这种规范对维持人际关系的和谐也有着深远意义。社会责任规范(social responsibility norm):无论是否能从中获益,人们都有义务和责任去帮助他人摆脱困境,特别是一些迫切需要帮助或者无力偿还帮助的人们,比如人们帮扶行动不便的人过马路、为陌生人捐献眼角膜等。社会责任规范强调人的责任感,提倡帮助人的义务。社

---

① 秦文,郭强."美丽中国"语境下"旁观者"现象透析[J].学术交流,2015(2):160 – 166.

② KESSLER J B, LEIDER S. Norms and contracting[J]. Management Science,2012,58(1): 62 – 77.

会公平规范(Social justice norm)：日常生活中，人们总是将自己的付出与回报与其他人对比，通常同等的付出要求有同等的回报，即将社会规范与评价相联系。在日常生活中，人们会倾向于帮助受到不公正对待的个体，表现出亲社会行为。

(五)社会交换理论

社会交换理论(Social Exchange Theory)，美国社会学家霍曼斯首次在文献中提出了"社会行为作为交换"的概念。且给出了社会行为公式：行为＝价值×可能性，即当该行为本身的价值越大，做出该行为产生价值的可能性越大，那么行为就越容易发生。社会交换理论的基本观点是：人类的所有行为都是由交换决定的，而这种交换可以使个体获得某种奖励。亲社会行为之所以发生，是因为个体所得到的报偿超过了所要付出的成本和代价。助人的代价可能是两方面的，除了在助人过程中要付出的财物、精力，还有可能使自己以身涉险、陷入困境。同样的，报偿不仅包括物质钱财的回馈，还包括社会性物质，如喜爱、赞赏、自我满足等。虽然代价与报偿的权衡会直接影响助人行为发生的可能性，但由于个人价值观和具体情境因素的差异，是否作出助人行为的决策也存在差异。一般来说，助人代价提高，助人行为的发生率就会降低；助人报偿提高，助人行为的发生率就会提高。

社会交换理论与进化论不同的点在于，这一理论认为真正的助人行为是不存在的，可以用经济学中人们所追求的获利/损失比最大化来解释社会生活中人与人之间的关系。人们在社会交往的过程中，总想要以最少的付出和成本得到最高昂的回报，这是因为人是利益驱动的，这点也是解释亲社会行为的理论根据。社会交换解释行为的出发点是从个体行为本身的成本与报酬去考虑的。当人们做出亲社会决策时，会立刻在心里权衡自身能得到的回报，而且交换的对象不仅仅是金钱、商品这类实际性物质，还包括社会性的物质①。在社会交换理论中,利他者看似只是一味地付出而没有收到回报,但实际上他收获了内在的奖励,利他者在做出亲社会行为之后,内心会产生肯定和愉悦感。通过帮助别人,可以获得一些回报,比如自我价值感增强、得到他人的社会赞许。

---

① 赵华丽,徐凤娇,郭永玉,等.亲社会行为的阶层差异:施与受的双重视角[J].中国临床心理学杂志,2018,26(5):841－846.

第五章　旅游者的环境责任行为

环境责任行为(environmentally responsible behavior)是一种典型的旅游者在场行为,与特定的旅游情境息息相关,它也逐渐成为旅游者行为研究中的重要与热点话题之一。近年来,旅游者环境责任行为研究受到了国内外旅游学界的诸多关注与探讨。该研究话题的国际化水平较高,国外的相关研究具有更完善的理论基础与实践价值。同时,国内旅游学界关于环境责任行为的高水平研究成果日益丰富,该研究话题也得到了相关基金支持,如《旅游地社会责任对旅游者环境责任行为影响的传导机制研究》。尽管取得了一定进展,但旅游领域的环境责任行为仍具有较大研究空间,尚待更加多元的认识论和方法论层面的探索。本章节介绍环境责任行为及其概念体系,如亲环境行为;同时,厘清旅游者环境责任行为的情境性特征,为深入理解旅游者环境责任行为研究的重要性和特殊性提供基础。

第一节　环境责任行为的概念体系

人类社会的高速工业化发展对自然环境造成的负面影响愈加严重,甚至已经影响到人类自身。环境保护问题始终是诸多学科研究的重点,如环境科学、地理学、社会学、经济学等。学界对环境责任行为的实证研究开始于20世纪70年代,起源于人类对环境问题的逐步重视,它也属于持续性的热点问题①。由于学科、视角的不同,研究者们对"环境责任行为"的概念界定亦有区别,因此目前研究中出现了一些关联概念。一般来说,常见的相似概念包括亲环境行为、生态行为、环境友好行为、环境行为、环境保护行为。在已有研究中,至今尚未形成一个被研究者们广泛接受与应用的统一概念,他们会根据研究需要而使用不同概念,但这些相关概念的理论核心是相似的,多数学者认为以上概念能够互换使用②。

就其社会属性而言,亲环境行为这一概念源于社会心理学中的"亲社会行为",其隐含着社会因素对个体行为的驱动假设③。基于此,环境责任行为也属于一种特定的亲社会行为。环境责任行为要求个体牺牲一部分自我利益,尽可能为公共环境做出积极贡献④。同时,在社会心理学研究中,各类保护环境的行为均有利于他人与集体福利,因此,公共领域的环境责任行为可以看作是利他主义下亲社会行为的形态之一。综上,本研究选取库尔摩斯(Kollmuss)和盖曼(Agyman)两位研究者的观点,将环境责任行为定义为个人或群体有意识降低环境负面影响的行为⑤。

本书对关联概念的梳理如下:

① MARKLE G L. Pro-environmental behavior: Does it matter how it's measured? Development and validation of the Pro-environmental behavior scale (PEBS)[J]. Human ecology: An Interdisciplinary Journal, 2013, 41(6): 905 –914.

② MOBLEY C, VAGIAS W, DEWARD S. Exploring additional determinants of environmentally responsible behaviour: The influence of environmental literature and environmental attitudes[J]. Environment and Behavior, 2010, 42(4): 420 –447.

③ RIPER C J V, KYLE G T. Understanding the internal processes of behavioral engagement in a national park: A latent variable path analysis of the value –belief –norm theory[J]. Journal of Environmental Psychology, 2014, 38(3): 288 –297.

④ 邓雅丹, 郭蕾, 路红, 等. 决策双系统视角下的亲环境行为述评[J]. 心理研究, 2019, 12(2): 154 –161.

⑤ KOLLMUSS A, AGYEMAN J. Mind the Gap: Why do people act environmentally and what are the barriers to Pro-environmental behavior[J]. Environmental Education Research, 2002, 8(3): 239 –260.

一、环境责任行为

环境责任行为一般被应用于社会学领域,目前旅游领域的研究者使用该表述较多。波登(Borden)等学者首次提出环境责任行为,将其定义为个人和群体为补救环境问题而实施的一切行动①。韩(Han)等学者在对概念进行定义时采用了更加宏观的视角,立足于整个生物圈系统,其认为环境责任行为是个体致力于改变生态系统或生物圈中物质和能量的利用程度而付诸的实际行为②。西韦克(Sivek)和亨格福德(Hungerford)对于该概念的界定如下:为了减少自然资源浪费或促进自然资源可持续利用,个体或群体主动采取的行为③。某种程度上,环境责任行为与社会责任行为的概念有所关联,二者强化了个体在保护环境层面的道德责任和义务。

二、亲环境行为

亲环境行为(Pro-environmental behavior,PEB)这一概念源于社会心理学和环境心理学,其在相关研究中使用最为普遍。在旅游领域的研究中,亲环境行为和环境责任行为一般可互换使用。亲环境研究始于19世纪六七十年代,它得到诸多研究者的持续探讨。就其概念界定而言,已有学术观点有所不同,但其核心均聚焦在个体对环境产生的积极意义。库尔摩斯(Kollmuss)和盖曼(Agyman)认为,亲环境行为是个人或群体有意识降低环境负

---

① BORDEN R J,SCHETTINO A P. Determinants of environmentally responsible behavior [J]. The Journal of Environmental Education,1979,10(4):35 – 39.

② HAN J H,LEE M J,HWANG Y S. Tourists' environmentally responsible behavior in response to climate change and tourist experiences in nature-based tourism[J]. Sustainability, 2016,8(7):644.

③ SIVEK D J,HUNGERFORD H. Predictors of responsible behavior in members of three wisconsin conservation organizations[J]. Journal of Environmental Education,1990,21(2): 35 – 40.

面影响的行为①。斯特恩(Stern)认为,亲环境行为是人们以主动保护环境或阻止环境恶化为基本意图,由此产生的一系列具体行为②。斯特格(Steg)和沃莱克(Vlek)认为,个体行为应该尽可能地减少对环境的伤害,甚至应该有益于环境③。李(Lee)等学者认为,亲环境是个体或群体为促进自然资源的可持续利用,或减少自然资源浪费而采取的行为④。通过以上概念梳理可见,亲环境的标准是不尽相同的,有的概念认为其应在已有基础上不产生破坏,有的概念强调其应主动保护环境。这些概念侧重有所不同,但其核心均指向个体对环境的积极贡献。

三、其他相关概念

除了环境责任行为和亲环境行为两个常见概念外,不同环境行为研究主题中也会出现其他关联概念,如环境友好行为、生态友好行为、环境关怀行为和绿色行为等⑤。阿克塞尔罗德(Axelrod)等人认为环境关怀行为是指个人为推动环境维护和环境保护而付出的努力⑥。廷达尔德(Tindalld)等人认为,环境友好行为就是通过各种途径保护环境的实践生活行为⑦。环境友

---

① KOLLMUSS A,AGYEMAN J. Mind the Gap:Why do people act environmentally and what are the barriers to Pro-environmental behavior[J]. Environmental Education Research,2002,8(3):239 – 260.

② 李文明,殷程强,唐文跃,等.观鸟旅游游客地方依恋与亲环境行为:以自然共情与环境教育感知为中介变量[J].经济地理,2019,39(1):218 – 227.

③ STEG L,VLEK C,2009. Encouraging Pro-environmental behaviour:An integrative review and research agenda[J]. Journal of Environmental Psychology,29(3):309 – 317.

④ LEE T H. How recreation involvement,place attachment and conservation commitment affect environmentally responsible behavior[J]. Journal of Sustainable Tourism,2011,19(7):895 – 915.

⑤ SONG H J,CHOONGKI L,KANG S K,et al. The effect of environmentally friendly percep-tions on festival visitors decision – making process using an extended model of goal – directed be-havior[J]. Tourism Management,2012,33(6):1417 – 1428.

⑥ AXELROD L J,LEHMAN D R. Responding to environmental concerns:What factors guide individual action[J]. Journal of Environmental Psychology,1993,13(2):149 – 159.

⑦ TINDALLD B,DAVIES M. Activism and conservation behavior in an environmental move-ment:The contradictory effects of gender[J]. Society and Natural Resources,2003,16:19 – 32.

好行为是指人们所做出的对环境有利的行为,表现为个人主动参与并以实际行动来应对生态及资源环境问题①。绿色行为的目标是通过一系列措施降低个体或群体活动对自然环境的消极影响,是个体主动产生的保护环境行为②。不论采用何种定义表述,这些概念的理论核心一致,它们均指向人类利用自然时的行为方式,即以一种可持续的观点判断其行为效用。

特定情境中,心理学研究可将"行为意愿"等同于"行为"③。故对于环境责任行为的测量中,有的研究将其表述为"环境责任行为",亦有研究将其表述为"环境责任行为意愿"。本书依托心理学相关理论,认为其理论内核是一致的,故将二者一并纳入研究。综上,本书选取环境责任行为和亲环境行为的相关文献进行深度研究(如表5-1),将二者概念等同,均以环境责任行为来表述。

表5-1　环境责任行为及其相关概念的界定(笔者整理)

研究	概念	定义
库尔摩斯(Kollmuss)和盖曼(Agyman)(2002)	亲环境行为	个人或群体有意识降低环境负面影响的行为
斯特格(Steg)和沃莱克(Vlek)(2009)	亲环境行为	个体行为尽可能地减少对环境的伤害,甚至应该有益于环境
科特雷尔(Cottrell)(2003)	亲环境行为	亲环境行为包括在日常活动或特定户外环境中保护环境或尽量减少人类活动对环境的负面影响的任何行动
波登(Borden)和斯凯蒂诺(Schettino)(1979)	亲环境行为	个人和群体为补救环境问题而实施的一切行动

① 罗艳菊,黄宇,毕华,等.基于环境态度的城市居民环境友好行为意向及认知差异:以海口市为例[J].人文地理,2012(5):69-75.

② 邢璐,林钰莹,何欣露,等.理性与感性的较量:责任型领导影响下属绿色行为的双路径探讨[J].中国人力资源开发,2017(1):31-40,51.

③ ARMITAGE C J,CONNER M. Social cognition models and health behaviour:A structured review[J]. Psychology & Health,2000,15(2):173-189.

研究	概念	定义
李(Lee)(2011)	环境责任行为	个体或群体为促进自然资源的可持续利用,或减少自然资源浪费而采取的行为
韩(Han)et al.(2016)	环境责任行为	个体尽可能改变环境中物质/能量的可用性,或改变生态系统/生物圈的结构与动态
廷达尔德(Tindalld)et al.(2003)	环境友好行为	通过各种途径保护环境的实践生活行为
罗艳菊,等(2012)	环境友好行为	人们所做出的对环境有利的行为,是个人主动参与、付诸行动来解决或防范生态环境问题
阿克塞尔罗德(Axelrod)	环境关怀行为	个人为推动环境维护和环境保护而付出的努力
金姆(Kim)和雷曼(Lehman)	绿色行为	个体自愿展现的一系列保护生态环境的行为,目的是降低个人活动对自然环境的负面影响
张萍 & 丁倩倩(2015)	环境行为	对环境有利的、正面的、保护性的行为

第二节　旅游情境与旅游者环境责任行为

一、基础概念

21 世纪以来,旅游业的繁荣发展为全球经济和社会作出了巨大贡献,但在一定程度上,其可能引发诸多环境问题,如部分资源枯竭、环境管理难度加大等。旅游者是旅游活动的主体,其庞大的群体数量对生态系统产生的影响不可忽视。负责任的旅游行为与其目的地可持续发展存在共生关系,因此旅游者环境责任行为可被视为环境保护的有力倡导。研究者们还认为,吸引具有较强亲环境意识的消费者是解决旅游可持续－营利性权衡的有效手段①。旅游情境中个体的环境责任行为不同于公众等行为主体在惯常环境中实施的环境责任行为,其具有特定的情境文化特征。研究者们在环境责任行为的概念基础上,结合旅游情境特征,细化了具有旅游学研究色彩的具体定义。

旅游者环境责任行为的概念可被分为狭义概念与广义概念。从狭义的概念视角看,部分研究者认为旅游者环境责任行为仅针对旅游目的地的自然环境保护,例如,多尔尼卡尔(Dolnicar)等研究者认为,环境责任行为是关心维护和保护旅游目的地的自然环境②;邱(Chiu)等人认为,环境责任行为的实质在于避免或限制对生态环境的破坏③;尤万(Juvan)等研究者认为,旅游者环境责任行为是个体在目的地做出的与旅游有关的环境决策或行为,这不同于他们出于环境可持续性等原因而做出的决定或行为④。从广义的概念视角看,部分研究者认为,旅游者环境责任行为的内涵应该更加宽泛,不应仅限于目的地的自然环境。根据台湾生态旅游协会的定义,旅游者在目的地的责任行为应该包括欣赏当地居民的生活方式和文化,提高居民的福利,保护自然环境并对目的地环境负责。李(Lee)和林(Lin)提出,对于特定的目的地,环境责任行为应该包括尊重当地的文化,保护自然环境,减少对当地环境的干扰,这也是特定目的地中旅游者的可持续行为⑤。由此可见,旅游者环境责任行为的概念涵盖了更广泛的文化意义,其不单单局限于

---

① LI Q,WU M. Rationality or morality? A comparative study of pro-environmental intentions of local and nonlocal visitors in nature-based destinations[J]. Journal of Destination Marketing & Management,2019,11:130 – 139.

② DOLNICAR S. Insights into sustainable tourists in Austria:A data – based a priori segmentation approach[J]. Journal of Sustainable Tourism,2004,12(3):209 – 218.

③ CHIU Y T H,LEE W I,CHEN T H. Environmentally responsible behavior in ecotourism: Antecedents and implications[J]. Tourism Management,2014(40):321 – 329.

④ JUVAN E,DOLNICAN S. Measuring environmentally sustainable tourist behaviour[J]. Annals of Tourism Research,2016,59(7):30 – 44.

⑤ LEE S P,LIN Y J. The relationship between environmental attitudes and behavior of ecotourism:a case study of Guandu Natural Park[J]. Journal of Outdoor Recreation Study,2001,14(3):15 – 36.

对目的地自然生态环境的保护,也包括尊重目的地文化习惯。该观点结合了旅游文化属性,具有典型的社会文化意义。除了旅游者环境责任行为、亲环境行为等表述,也有研究者将其定义为旅游者可持续行为,即不会对全球和目的地的自然环境产生负面影响(或甚至可能有益于环境)的旅游者行为①。

虽然表述有所不同,但其理论核心是相似且相通的。鉴于旅游活动的自然和人文综合属性,本研究选取中国台湾生态旅游协会给出的旅游者环境责任行为定义,即旅游者环境责任行为包括欣赏当地居民的生活方式和文化,提高居民的福利,保护自然环境并对目的地环境负责。

旅游者环境责任行为的操作性定义涉及具体的概念维度划分,目前关于旅游者环境责任行为维度划分的研究观点有所不同,国内外研究均存在单维度与多维度衡量方式并存的现象(如表 5 - 2)。部分研究者采用单维度概念,该维度源自一般情境的环境责任行为,同时结合了旅游情境特征,例如,史密斯 - 塞巴斯托(Smith - Sebasto)和迪·科斯塔(D'Costa)开发的环境责任行为量表②。部分研究更倾向于将环境责任行为视为多维度概念,其从情境差异、行为成本、类型差异等条件对行为予以细化。在情境差异方面,程(Cheng)等人将情境加以区分,以一般地点和特定地点来划分旅游者环境责任行为;根据行为成本的付出程度,吴(Wu)等研究者将旅游者环境责任行为划分为高努力和低努力两类③;李(Lee)等人将旅游者环境责任行为划分为 7 个维度,包括财务行为、说服行为、公民行为等,这些维度可被归

① JUVAN E,DOLNICAN S. Measuring environmentally sustainable tourist behaviour[J]. Annals of Tourism Research,2016,59(7):30 - 44.

② SMITH - SEBASTO N J,D'COSTA A. Designing a Likert - type scale to predict environmentally responsible behavior in undergraduate students:A multistep process[J]. The Journal of Environmental Education,1995,27(1):14 - 20.

③ WU J,FONT X,LIU J. Tourists' Pro-environmental behaviors:Moral obligation or disengagement? [J]. Journal of Travel Research,2021,60(4):735 - 748.

类为日常情境中的环境责任行为和旅游情境中的环境责任行为①；祁潇潇等研究者将生态旅游者环境责任行为划分为知识支持、一般负责等 4 个维度②；米勒(Miller)等人对澳大利亚的旅游者进行在线调查,将旅游者环境责任行为划分为以下四类:资源回收、绿色交通工具使用、可持续能源/材料使用(照明/用水)和绿色食品消费③。由此可见,旅游者环境责任行为可被分解为诸多具体行为,涉及旅游消费的各个层面。

表 5 - 2　旅游者环境责任行为及其相关概念的界定(笔者整理)

研究	定义
中国台湾生态旅游协会(2011)	旅游者在目的地的责任行为应该包括欣赏当地居民的生活方式和文化,提高居民的福利,保护自然环境,对目的地环境负责
李(Lee)和林(Lin)(2001)	对于特定的目的地,环境责任行为应该包括尊重当地的文化,保护自然环境,减少对当地环境的干扰,这也是特定目的地旅游者的可持续行为
李,等(Lee,et al.)(2013)	旅游者环境责任行为划分为财务行为、公民行为、可持续行为、身体力行行为、环境友好行为、说服行为、环境责任行为等 7 个维度,可归类为日常情境中的环境责任行为和旅游情境中的环境责任行为
多尔尼卡尔(Dolnicar)(2004)	旅游者关心维护并保护旅游目的地的自然环境的行为

---

① LEE T H,JAN F H,YANG C C. Conceptualizing and measuring environmentally responsible behaviors from the perspective of community – based tourists[J]. Tourism Management,2013,36(3):454 – 468.

② 祁潇潇,赵亮,胡迎春. 敬畏情绪对旅游者实施环境责任行为的影响:以地方依恋为中介[J]. 旅游学刊,2018,33(11):113 – 124.

③ MILLER D,MERRILEES B,COGHLAN A. Sustainable urban tourism:Understanding and developing visitor Pro-environmental behaviours[J]. Journal of Sustainable Tourism,2015,23(1):26 – 46.

续表

研究	定义
尤万（Juvan）和多尔尼坎（Dolnican）（2016）	旅游者环境可持续行为是指个体在目的地做出与旅游有关的积极环境决策或行为
邱，等（Chiu, et al.）（2014）	有助于避免或限制对生态环境破坏的旅游者行为

二、旅游情境与环境责任行为

环境责任行为是个体与自然环境、社会环境的互动。作为在地实践的方式之一，它是行动者作用于目的地环境的社会行为，呈现了一种最为基本的人地互动关系①。旅游业的繁荣发展产生了大量客流，该现象也对旅游目的地环境增加了巨大压力。旅游者不当行为不仅影响了目的地的生态环境，而且助长了不良社会风气。个体负责任的旅游行为与目的地可持续发展存在共生关系，因此旅游情境中个体的环境责任行为具有重要的理论与实践意义。

在旅游研究视域下，旅游者环境责任行为是个体在公共空间的行为表现，它不仅涉及个体自身的享乐与获得利益权衡，也会涉及旅游目的地公共环境的可持续性管理②。由此，旅游者环境责任行为被认为是其在特定空间环境内社会关系的一种呈现。科勒在解析个体行为意义时强调，个体行为意义需要结合具体的情境背景加以理解，该观点一方面强调了行为动机的主体意义，另一方面强调了情境背景的客体作用③。通常而言，情境建构应

① AGOVINO M, CROCIATA A, SACCO P L. Location matters for Pro-environmental behavior: A spatial markov chains approach to proximity effects in differentiated waste collection[J]. The Annals of Regional Science, 2016, 56(1): 295 – 315.

② KLANIECKI K, LEVENTON J, ABSON D J. Human – nature connectedness as a 'treatment' for pro-environmental behavior: Making the case for spatial considerations[J]. Sustainability Science, 2018, 13: 1375 – 1388.

③ 谢彦君. 旅游体验研究[M]. 北京: 中国旅游出版社, 2005.

包含以下元素：人、情境、行为①。为了有效驱动旅游者环境责任行为，当前研究应该首先了解行为与情境的特殊性与复杂性，研究者需要厘清旅游情境与环境责任行为间的内在逻辑联系。

(一)旅游情境性表征

就定义而言，情境是在某一特定时间或空间中产生现象的各种刺激因素之和，它可被认为是具体场景，也可被认为是社会场合的特性集合，其一般包含主体、情境和行为三个部分②。个体对于情境的认知会直接影响其行为表征。心理学视域下，行为可被认为是人与情境之间相互作用的一种表现，更多研究者肯定了情境对于个体行为的重要意义③。米歇尔(Mischel)指出，情境中任何给定的、客观的条件刺激都可能对个体行为决策产生影响，这关键取决于个体如何建构和转化它④。鉴于情境对个体行为产生的重要影响，本研究需要对旅游情境的特殊性和典型性加以剖析。具体而言，旅游情境中的个体行为具有异地性、综合性以及特有的消费属性。

1.异地性

旅游情境的首要表征即为空间维度上的异地性。对旅游者而言，旅游活动是典型的在时空交错中建构行为意义的过程。旅游活动具有完整的空间路径，具体表现在，旅游者从客源地流向特定目的地，短暂停留之后重新返回客源地，这种完整的路径关系突出呈现在空间和时间的变化层面。旅游目的地是旅游者日常居住和工作环境之外的地方，从这个意义看，旅游活动实质上是个体对生活情境的一种出离。个体在旅游过程中体现的物理空间的流动性可能会改变其心理距离。当个体身处旅游情境，这种异地体验可能会消解其在日常生活中的行为延续性，呈现不同往常的行为规律。此

---

① FUNDER D C,FURR R M,COLVIN C R. The Riverside Behavioral Q – sort：A tool for the description of social behavior[J]. Journal of Personality,2000(68)：451 – 489.

② 同①.

③ ROSS L,NISBETT R E. The person and the situation：Perspectives of social psychology[M]. New York：McGraw-Hill,2011.

④ MISCHEL W. On the future of personality measurement[J]. American Psychologist,1977 (32)：246 – 254.

外,异地性隐含着一种匿名属性,不论旅游者在日常情境是何种社会角色,在旅游情境中,其主要呈现出旅游者这一种显化身份,因此,旅游者本身的社会约束可能会因此而有所下降。

2. 综合性

旅游情境的综合性表征呈现在诸多层面。就空间维度而言,旅游者在地理上的流动涵盖了从"客源地–通道–目的地"这样一个完整的综合路径关系,也构成了一个闭合的旅游世界。就产业维度而言,旅游活动是一项复杂的社会活动,它会涉及诸多产业间的共同协调作用,如交通业、餐饮业和住宿业等。就旅游者自身维度而言,个体身处旅游情境中的活动周期是相对短暂的,异地体验产生的心理和行为会随着旅游活动的始终而变化。在旅游情境中,个体行为会受到诸多类别情境因素的共同作用。当旅游者身处陌生情境之中,会对周遭事物产生新鲜的生理感知与情感体验。此外,决定旅游者行为表现的是其内在动力,该力量源于行为主体所处的整体主观环境,这也是个体心理经验的综合①。这种内心的主观环境可能会受到外界不同情境因素的刺激而产生综合的心理体验。从关系视角来看,旅游者与特定情境间的互动包括目的地环境(如景区内部的植物、核心旅游吸引物)和人物(如旅游目的地居民、旅游同伴)。就社会宏观环境层面而言,社会经济的发展水平、政治环境与文化氛围决定着旅游活动的规模、内容、方式和范围,也会塑造出文化风格差异较大的旅游情境。综上,旅游情境因素会对旅游者产生直接或间接的交互作用,并且呈现出复杂性、多样性与综合性。

3. 特有的消费属性

从本质上讲,旅游活动仍被认为是一种经济活动,其核心在于生产与消费的一致性。旅游者通过在食、住、行、游、购、娱等方面消费,以此满足其综合化的旅游体验并完成其消费过程。在目前社会化分工已经高度细化的情况下,旅游者几乎不可能完全脱离消费属性,其旅游行为或多或少都要涉及

---

① 谢彦君. 旅游体验研究[M]. 北京:中国旅游出版社,2005.

一定的消费支出。在时间维度上,到了近代旅游阶段,旅游者才具有了建立在市场获取途径基础上的消费性。随着大众旅游的普及和人们消费水平的提升,大众旅游者的消费属性逐步增强,其用于旅游方面的支出随之增长。基于此,旅游者同样是消费者,其可能更倾向于享受而非保护,因此其行为决策一般会衡量经济成本。同时,由于旅游体验的无形性,个体对于经济成本的考量并非完全理性,可能会受到更多非理性因素的影响。

(二)环境责任行为在旅游情境中的复杂性

旅游情境具有异地性、综合性与消费属性,这些特性均可能影响旅游者行为规律。社会心理学认为,情境因素会对个体行为产生重要影响[1],诸多实证研究发现,情境能够成为道德行为的决定因素[2]。例如,达利(Darley)和巴特森(Batson)研究发现,时间情境压力会限制学生的亲社会行为[3]。情境因素能够唤起个体的道德意识,当情境因素激活一个人的道德自我图式时,其更倾向于产生亲社会行为;反之,如果情境因素刺激了个体的自我利己价值观,那么其产生亲社会行为的动机会随之大大降低[4]。环境责任行为也属于道德行为,它在面对特定的旅游情境时可能会呈现出具体的道德与利他特质。基于上述的旅游情境性特征,旅游者自身的环境责任行为亦呈现出复杂性,而这种复杂性尚未得到深入探讨,甚至很大程度上被忽视了[5]。这种复杂性主要表现在如下层面:

---

① AQUINO K,FREEMAN D,REED A,et al. Testing a social – cognitive model of moral behavior:The interactive influence of situations and moral identity centrality[J]. Journal of Personality & Social Psychology,2009,97(1):123 – 141.

② MISCHEL W. On the future of personality measurement[J]. American Psychologist,1977(32):246 – 254.

③ DARLEY J M,BATSON C D. From Jerusalem to Jericho:A study of situational and dispositional variables in helping behavior[J]. Journal of Personality and Social Psychology,1973(27):100 – 119.

④ 同①.

⑤ OLYA H G,AKHSHIK A. Tackling the complexity of the Pro-environmental behavior intentions of visitors to turtle sites[J]. Journal of Travel Research,2019,58(2):313 – 332.

1. 自我利益与环境付出之间的矛盾

旅游者环境责任行为有益于目的地生态系统,但它不太可能获得经济或其他显化的积极价值反馈,有形和无形的行为奖励在旅游情境中都比较模糊。因此,为了保持良好的环境责任行为表现,个体在旅游情境中需要平衡自我利益和环境付出之间的关系,这种关系在一定程度上凸显了利己主义和利他主义之间的矛盾。多尔尼卡尔(Dolnicar)等研究者发现,人们在度假过程中,大多考虑的是自我利益,他们并不倾向于进行环境责任行为①。具体而言,旅游者前往度假目的地的旅行方式会导致不同程度的碳排放;旅游者住在酒店里享受空调、热水器等一些会对环境产生影响的设施设备;旅游者在自助早餐中根据自身偏好选择尽可能多的食物,而这会造成食物浪费②。为了抑制自身行为对环境产生的消极影响,旅游者需要改变度假过程中的休闲或享乐途径,尽可能选择耗能较低、对环境负面影响最小化的消费方式。在此过程中,旅游者需要权衡自我利益与环境付出之间的相对难易程度。史密斯(Smith)等研究者认为,旅游者不太可能参加那些需要耗费更多行为成本的环境保护活动,当环境保护行为越容易,对旅游者的自身利益需求度越低,他们参与该环境保护活动的可能性就越大③。

旅游者自我利益与环境付出之间的矛盾突出表现在个体的目标(动机)冲突。目标框架理论认为,环境责任行为通常涉及一个人追求不同目标之间的冲突④。依据该理论,在旅游情境中,旅游者通常持有享乐目标和获得目标,这与他们的个人规范目标是存在一定冲突的。更具体而言,人们参与

---

① DOLNICAR S, GRüN B. Environmentally friendly behaviour: Can heterogeneity among individuals and contexts/environments be harvested for improved sustainable management[J]. Environment and Behavior, 2009, 41(5): 693 - 714.

② DOLNICAR S. Designing for more environmentally friendly tourism[J]. Annals of Tourism Research, 2020(84): 102933.

③ SMITH L, BROAD S, WEILER B. A closer examination of the impact of zoo visits on visitor behaviour[J]. Journal of Sustainable Tourism, 2008, 16(5): 544 - 562.

④ STEG L, BOLDERDIJK J W, KEIZER K, et al. An integrated framework for encouraging Pro-environmental behaviour: The role of values, situational factors and goals[J]. Journal of Environmental Psychology, 2014, 38: 104 - 115.

旅游活动,他们的核心动机是追求愉悦,因此享乐目标和获得目标成为人们外出旅游的主要目的。与之相对,环境责任行为的核心是一种利他主义,该行为需要个体牺牲一些自我利益,其本质和旅游中的享乐在一定程度上是矛盾的。从享乐维度来看,个体的环境责任行为和旅游动机存在一定互斥性。艾伦(Ellen)等研究者佐证了该观点,他们发现基于义务的内在动机和基于享受的内在动机间存在矛盾,这一结论也能够解释为什么旅游情境中个体的环境责任行为不同于日常情境①。

2. 情境性带来的行为异化

目前旅游学界对于环境责任行为的相关研究尚不完善,未形成系统而综合的理论体系,更多研究者倾向于从实践层面出发,关注如何鼓励旅游者环境责任行为。在旅游情境中,环境责任行为呈现出特殊性与复杂性。已有研究者关注到这种特性,她将环境责任行为进行二维划分,包括一般情境和特定情境,而且一般情境和特定情境中个体的环境责任行为具有不同的心理表征②。奥利弗(Oliver)等人通过实证测量发现,即使人们在日常情境中拥有良好的环境责任行为习惯,但他们在度假过程中的心理活动会发生变化,不再倾向于延续原本的环境责任行为,并且会产生一种心理与行为上的短暂放纵③。

旅游情境属于一种非惯常环境,受到新鲜情境因素的刺激,旅游者环境责任行为会呈现出不同于惯常环境的规律与表现。受非惯常环境影响,旅游者环境责任行为可能不会如同公众环境责任行为那样稳定,其更容易受

① ELLEN V D W, STEG L, KEIZER K. It is a moral issue: The relationship between environmental self-identity, obligation – based intrinsic motivation and Pro-environmental behaviour [J]. Global Environmental Change,2013,23(5):1258 – 1265.

② ELLEN V D W,STEG L,KEIZER K. It is a moral issue:The relationship between environmental self-identity, obligation – based intrinsic motivation and Pro-environmental behaviour[J]. Global Environmental Change,2013,23(5):1258 – 1265.

③ OLIVER J, BENJAMIN S, LEONARD H. Recycling on vacation:Does pro-environmental behavior change when consumers travel[J]. Journal of Global Scholars of Marketing Science,2019, 29(2):266 – 280.

到具体情境因素的影响。此外,旅游活动的匿名属性、对日常环境的抽离、特定情境中的个人状态改变,这些特质都使得旅游者在异地的行为表现会发生较大不同。具体而言,旅游活动发生在非惯常环境中,旅游者会与熟悉的物理和社会环境产生短暂隔离。在陌生的新环境中,人们社会身份的匿名化使得他们的心理约束减弱。同时,受到旅游情境因素的刺激,个体行为可能会因为享乐目标而变得更加随意。在旅游情境中,环境责任行为与个人的利益后果直接相关,该行为决策更易受非惯常环境中情境因素的影响①。

3. 研究中的线性衡量

作为重要的在地实践方式之一,环境责任行为连接了个体与群体、自然与社会、空间与地方、资源与产业,其行为作用过程具有综合性,行为机制非常复杂。在回顾相关文献的基础上,以往研究大多集中于具体变量对环境责任行为的单一影响效应,而未能解释该行为在旅游情境中的复杂性和综合性②。与现实世界的实际效应不同,研究人员多倾向于从单一维度分解影响人们行为的具体因素,该方式以一种线性的结果来衡量个体环境责任行为。尽管这种方法有利于独立的影响因素研究,但是人类行为本身充满了非线性的反馈结果,而非"单独因素影响效应的总和或叠加"③。因此,旅游者环境责任行为研究应考虑其情境性,从系统而综合的视角解析旅游者心理动因的作用。

---

① LI Q C,WU M Y. Rationality or morality? A comparative study of Pro-environmental intentions of local and nonlocal visitors in nature-based destinations[J]. Journal of Destination Marketing & Management,2019(11):130 - 139.

② OLYA H G,AKHSHIK A. Tackling the complexity of the Pro-environmental behavior intentions of visitors to turtle sites[J]. Journal of Travel Research,2019,58(2):313 - 332.

③ AKHSHIK A,ALIZTUREN R H. A passionate travel to mind green turtles - unpacking the complexity of visitors' green behaviour[J]. International Journal of Tourism Research,2021,23 (3):301 - 318.

第六章 旅游者环境责任行为的
影响因素

多数研究者致力于解释如何引发个体的环境责任行为,相关的影响因素研究成为持续探讨的热点。目前,理解个体环境责任行为的影响因素仍然是一个有争议的问题,而且是一个复杂的领域,涉及诸多层面,划分维度亦有区别。综合来看,斯特恩认为环境责任行为的影响因素可分为以下几种:背景因素、习惯、态度因素和外部因素(如政治和社会因素)[①]。已有研究指出社会学人口变量(如种族、性别等)和个体的心理因素(如价值、态度等)与环境责任行为之间存在相关关系[②]。吉福德(Gifford)等研究者对环境责任行为的影响因素进行了综述,他认为影响因素较为广泛,具体包含如下变量:童年经验、知识与教育、人格与自我构造、自我控制感、价值观、政治态度与世界观、目标、感觉责任、认知偏差、地域依恋、年龄、性别与地域差异、宗教、城乡差异、社会规范、社会阶层、周围环境、文化及种族差异[③]。班贝格(Bamberg)等研究者认为,环境责任行为变量包括知识、行为约束机会、个人

---

① STERN P. New environmental theories:Toward a coherent theory of environmentally signifi-cant behavior[J]. Journal of Social Issues,2000(56):407 – 424.

② 余真真,田浩. 亲环境行为研究的新路径:情理合一[J]. 心理研究,2017,10(3):41 – 47.

③ GIFFORD R,NILSSON A. Personal and social factors that influence Pro-environmental con-cern and behaviour:A review[J]. International Journal of Psychology,2014,49(3):141 – 157.

价值观和动机,代表了社会结构变量和心理社会变量①。

综上,已有研究中对于环境责任行为影响因素的罗列较为繁杂,缺乏重点,仍不清楚何种因素在何种情境中更具适用性。因此,本研究按照情境的不同,梳理日常情境与旅游情境中个体环境责任行为的核心影响因素。此外,鉴于内驱力能够对个体行为产生直接影响,故本部分着重梳理与个体内在心理相关的因素。

第一节　日常情境中的影响因素

日常情境中个体的环境责任行为与其生活紧密相关,它是一种自我导向更为明显的行为表现,属于私人领域的行为选择。现有研究在探讨环境责任行为影响因素时,大多忽略了行为的长期稳定性和短期易变性②。长期行为具有相对稳定性,其发生改变的可能性较小,且需满足一定的刺激条件,例如吸引力变化、意识和规范信息刺激等。而当行为受到多因素综合作用时,其前提条件的组合达到某个临界点,长期行为的改变则能够实现。特定情境中个体环境责任行为的形成非常复杂,仅关注当前情境无法全面解释该行为过程,还需要考虑长期与日常行为的影响③。此处着重梳理生活环境、社会人口学变量、价值观和日常习惯因素。

一、生活环境

生活环境影响因素的综述能够支持情境因素对于个体环境责任行为的

① BAMBERG S,MOSER G. Twenty years after Hines,Hungerford and Tomera:A new meta - analysis of psycho - social determinants of Pro-environmental behaviour[J]. Journal of Environmental Psychology,2007,27(1):14 - 25.

② WU J,HUANG D,LIU J, et al. Which factors help visitors convert their short - term Pro-environmental intentions to long - term behaviors[J]. International Journal of Tourism Sciences,2013,13(2):33 - 56.

③ LIU A,MA E,QU H,et al. Daily green behavior as an antecedent and a moderator for visitors' Pro-environmental behaviors[J]. Journal of sustainable Tourism,2020,28(9):1390 - 1408.

影响。该因素突出呈现在个体生活居住地差异,即城市和农村。科拉多(Collado)等研究表明,个体环境责任行为水平的差异取决于他们在城市的成长经历和对自然的接触程度[①]。与城市居民相比,农村居民与自然联系度更高,这种差异可能会导致二者环境责任行为的不同。有研究者基于CGSS2013大数据,分析了中国公众环境保护行为的城乡差异[②]。除了城乡差异,不同国家背景对个体环境责任行为的影响亦存在不同。中国研究者发现,生活在大城市的人比生活在小城市的人具有更强的亲环境意图[③]。而在英国,农村长大的学生比城市学生具有更高的亲环境意图,更容易产生环境责任行为[④]。斯坎内尔(Scannell)等人认为,在控制城镇、居住时间、性别、教育程度和年龄的情况下,自然而非城市环境能够预测居民的环境责任行为[⑤]。

二、人口学变量

(一)年龄

在不同年龄阶段,个体的环境责任行为意向明显不同。有研究指出,个体在4—18岁的环境责任行为趋势逐步递增,这源于其认知能力的提升,继而对环境责任行为的掌控度有所增加[⑥]。另有研究表明,老年人比年轻人更

① COLLADO S,CORRALIZA J A,STAATS H R M. Effect of frequency and mode of contact with nature on children's Self-reported ecological behaviors[J]. Journal of Environmental Psychology,2015,41(3):65 – 73.

② 李国柱,袁先平. 公众环保行为的城乡差异及其影响因素:基于CGSS2013数据的分析[J]. 环境保护科学,2018,44(3):20 – 25.

③ CHEN X,PETERSON M N,HULL V,et al. Effects of attitudinal and sociodemographic factors on Pro-environmental behavior in urban China[J]. Environmental Conservation,2011(38):45 – 52.

④ HINDS J,SPARKS P. Engaging with the natural environment:The role of affective connection and identity[J]. Journal of Environmental Psychology,2008,28(2):109 – 120.

⑤ SCANNELL L,GIFFORD R. The relations between natural and civic place attachment and Pro-environmental behavior[J]. Journal of Environmental Psychology,2010,30(3):289 – 297.

⑥ GIFFORD R. Children and the commons dilemma[J]. Journal of Applied Social Psychology,1982(12):269 – 280.

倾向于产生环境责任行为①，该现象可能与个人经历及心态有关。但是，此现象在不同情境中并没有得到重复性印证，阿可瑞（Arcury）等人通过自我报告方法，发现一般日常情境中的年轻人比老年人更为环保②。西尔维亚（Silvia）等人认为，父母和同伴所产生的行为示范，以及禁令规范对青少年环境保护行为具有直接影响③。尽管研究结果存在差异性，但不可否认，年龄仍是影响个体环境责任行为的重要因素，不同年龄群体具有不同的环境责任行为特征。

（二）性别

早期的研究并没有发现性别对环境责任行为的明显影响。随着研究深入，目前已有研究证明女性比男性具有更高的亲环境意图④。这种环境态度和行为的性别差异在很多国家进行了实证⑤。卢克斯（Luchs）等人解释了这一现象，性别能够调节个体的环境责任行为，这可能源于个体的人格特质⑥。也有研究认为，环境责任行为属于一种利他行为，相比之下，女性可能具有更高同理心，更容易产生利他可能性，从而更加关注环境责任行为，特别是有孩子的女性⑦。

① LG A，BARR S，FORD N. Green consumption or sustainable lifestyles？ Identifying the sustainable consumer[J]. Futures，2005（37）：481 - 504.

② ARCURY T A，CHRISTIANSON E H. Rural-urban differences in environmental knowledge and actions[J]. Journal of Environmental Education，1993（25）：19 - 25.

③ COLLADO S，STAATS H，SANCHO P. Normative influences on adolescents' Self-reported Pro-environmental behaviors：The role of parents and friends[J]. Environment and Behavior，2019，51（3）：288 - 314.

④ SCANNELL L，GIFFORD R. The role of place attachment in receptivity to local and global climate change messages[J]. Environment and Behavior，2013，45：60 - 85.

⑤ ZELEZNY L C，CHUA P P，ALDRICH C. Elaborating on gender differences in environmentalism[J]. Journal of Social Issues，2000（56）：443 - 457.

⑥ LUCHS M，MOORADIAN T. Sex，personality，and sustainable consumer behaviour：Elucidating the gender effect[J]. Journal of Consumer Policy，2012（35）：127 - 144.

⑦ DIETZ T，KALOF L，STERN P C. Gender，values，and environmentalism[J]. Social Science Quarterly，2002，83：353 - 364.

(三)受教育程度

既有研究指出,个体的受教育程度与其环境保护行为紧密相关①。受教育水平对个体环境责任行为的影响作用主要体现在如下方面:其一,个体本身拥有更高的学历,高学历可能有助于提升个体的基本道德与环境素质②;其二,受教育水平较高的人可能具有更多的环境关心或环境知识③。环境知识与受教育程度可能存在相关关系,一般和特定的环境知识对于个体行为的预测是重要的④,金姆(Kim)和斯特普琴科娃(Stepchenkova)通过实证数据验证了知识与教育对旅游者环境责任行为的影响⑤。

三、价值观

价值观是影响个体环境责任行为的核心心理因素之一,二者之间的关系受到诸多研究者关注。价值观是指个体的跨情境目标,是个体在日常生活中的行为指导原则⑥。关于价值观对环境责任行为的影响作用已得到诸多分析,典型理论代表即斯特恩提出的价值 - 信念 - 规范理论。该理论假设个体对自然的行为友好程度取决于其价值观,这些价值观影响其对行为结果的意识,从而影响个体对环境负责的行为。相较而言,价值观比消费者

---

① 张萍,丁倩倩. 我国城乡居民的环境行为及其影响因素探究:基于 2010 年中国综合社会调查数据的分析[J]. 南京工业大学学报(社会科学版),2015,14(3):83 - 90,98.

② POWDTHAVEE N. Education and Pro-environmental attitudes and behaviours:A nonparametric regression discontinuity analysis of a major schooling reform in England and Wales[J]. Ecological Economics,2021(181):106931.

③ LEE T M,MARKOWITZ E M,HOWE P D,et al. Predictors of public climate change awareness and risk perception around the world[J]. Nature Climate Change,2015,5(11):1014 - 1020.

④ GEIGER S M,GEIGER M,WILHELM O. Environment - specific vs. general knowledge and their role in Pro-environmental behavior[J]. Frontiers in Psychology,2019(10):405705.

⑤ KIM M S,STEPCHENKOVA S. Altruistic values and environmental knowledge as triggers of Pro-environmental behavior among tourists[J]. Current Issues in Tourism,2019,23(13):1575 - 1580.

⑥ SCHWARTZ S H. Normative influences on altruism[M]. New York:Academic Press,1977.

的态度更稳定,其决定了个体的特定态度,有助于理解个体对自然的行为①。通常情况下,个体越是认同超出自身直接利益的价值观,其就会越容易产生环境责任行为。

既有研究中,与环境责任行为相关的价值观主要包括亲社会价值观、利他主义价值观、利己主义价值观和生物圈价值观等。其中,最典型的即为生物圈价值观。生物圈价值观指个体对生物圈及其定位的理解,它更能有效预测亲环境信念、规范、行动等②。阮(Nguyen)等研究者分析了消费者的生物圈价值观对其购买节能家用电器行为的影响,因此生物圈价值观对个体环境责任行为具有显著促进作用③。与之相对,享乐主义价值观、自我中心价值观则被认为是环境责任行为的抑制因素④。有研究将价值观、景区政策纳入旅游者环境责任行为理论模型,运用结构方程模型对该理论模型进行了实证检验⑤。朱迪恩(Judith)等人提出了两种关于价值观的行为路径:第一种是增加利他主义和生物圈价值观在特定情况下的显著性,降低利己主义价值观的相对强度;第二种是使通常"反环境"的利己主义价值观与"亲环境"的利他主义价值观和生物圈价值观相容⑥。

---

① BRODBACK D, GUENSTER N, MEZGER D. Altruism and egoism in investment decisions [J]. Review of Financial Economics, 2019, 37(1):118 - 148.

② DE GROOT J I M, STEG L. Value orientations and environmental beliefs in five countries: Validity of an instrument to measure egoistic, altruistic and biospheric value orientations[J]. Journal of Cross - Cultural Psychology, 2007, 38(3):318 - 332.

③ NGUYEN T N, LOBO A, GREENLAND S. Pro-environmental purchase behaviour: The role of consumers' biospheric values[J]. Journal of Retailing and Consumer Services, 2016, 33:98 - 108.

④ DITTMAR H. Perceived material wealth and first impressions[J]. British Journal of Social Psychology, 1992, 31(4):379 - 391.

⑤ 黄涛, 刘晶岚, 唐宁, 等. 价值观、景区政策对游客环境责任行为的影响:基于 TPB 的拓展模型[J]. 干旱区资源与环境, 2018, 32(10):91 - 97.

⑥ DE GROOT J I M, STEG L. Mean or green: which values can promote stable Pro-environmental behavior[J]. Conservation Letters, 2010, 2(2):61 - 66.

四、日常习惯

通常情况下，人们认为并非所有的行为都需要深思熟虑和理性思考，某些特定行为会以习惯性的方式产生。习惯被认为是一种自动启动的行为，它介于情境线索与行为模式之间，而这种联系是通过在相同的环境下不断重复相同的行为来习得的①。已有习惯仅是过去行为的一部分，其对于现在和未来的行为会产生影响，也被认为是一种调节变量的基础。然而，旅行本身脱离了日常生活情境，人们在旅行时并不清楚，日常习惯在多大程度上能够影响他们的环境决策和行为②。目前大多数研究支持习惯的行为效用，例如，米勒（Miller）和刘（Liu）等学者利用实证分析验证了习惯作为环境责任行为意图和实际行为的先决条件③。

第二节　旅游情境中的影响因素

本书更加关注旅游情境中个体环境责任行为的直接影响因素。既有研究对于旅游者环境责任行为影响因素的探讨，亦呈现出分散化、片段化特征，需要对其进行系统的逻辑划分与串联，明确主要心理线索。从分类维度看，有研究指出环境责任行为研究中的心理变量可被划分为两大类：一是认知层面的心理变量，一般基于理性人假设提出④；二是情感层面上的心理变量，大体可以被分为三类：道德情感、自然亲近感以及环境恐惧感，它们被认

---

① 黄涛，刘晶岚，唐宁，等.价值观、景区政策对游客环境责任行为的影响：基于 TPB 的拓展模型[J].干旱区资源与环境，2018，32（10）：91－97.

② KLÖCKNER C A，MATTHIES E. How habits interfere with norm－directed behaviour：A normative decision－making model for travel mode choice[J]. Journal of environmental psychology，2004，24（3）：319－327.

③ LIU A，MA E，QU H，et al. Daily green behavior as an antecedent and a moderator for visitors' Pro-environmental behaviors[J]. Journal of sustainable Tourism，2020，28（9）：1390－1408.

④ 王建明，吴龙昌.亲环境行为研究中情感的类别、维度及其作用机理[J].心理科学进展，2015，23（12）：2153－2166.

为是预测环境责任行为的有利因素①。然而,以上两种分类标准是基于"理性－情感"的二维划分,环境责任行为自身属于一种亲社会行为,其具有极强的道德主义属性,道德因素具有更加重要与典型的影响作用。综上,已有研究将环境责任行为的心理动因分为理性、情感与道德三个维度。下文将对这三个维度的影响因素进行逐一梳理。

一、理性动因视角下的环境责任行为理论基础与影响因素

(一)理论基础——理性与有限理性

1. 理性

理性是人类社会化的产物,也被认为是人类进行行为决策的基本参照准则之一。该术语被广泛应用于各个学科,尤其是经济学、心理学和哲学等。不同学科视角下,理性的内涵所指亦有不同。例如,哲学视角下,理性是人类的认识能力;心理学对于理性的定义更为宽泛,侧重于其思维能力的总和,包括基本认知和判断推理;在经济学研究中,理性是依据决策过程遴选出来的行动方案的属性②。广义而言,理性是指一种行为方式,其存在需要满足两个条件:第一,个体旨在追求与实现既定目标。第二,已有一定的条件和约束限度③。具体而言,理性的解释包含两层意思,一指判断、推理等活动,二指从理智上控制行为的能力④。在 *The Concise American Heritage Dictionary* 词典中,"rational"(理性)表示证明的或基于某种原因的、有逻辑的⑤。理性的具体含义及使用主要依赖于学科领域、研究主题等。

---

① 余真真,田浩.亲环境行为研究的新路径:情理合一[J].心理研究,2017,10(3):41－47.

② 邓汉慧,张子刚.西蒙的有限理性研究综述[J].中国地质大学学报(社会科学版),2004,4(6):37－41.

③ 徐明圣,王晓枫.经济主体"完全理性"与"有限理性"的历史纷争[J].重庆社会科学,2003,13(2):50－54.

④ 中国社会科学院语言研究所词典室.现代汉语词典[M].北京:商务印书馆国际有限公司,2018.

⑤ BORENSTEIN M,HEDGES L V,HIGGINS J P T,et al. Introduction to meta－analysis [M].Chichester:Wiley and Sons,Ltd,2009.

在行为经济学视域中,研究者多依赖理性原则来模拟人类行为。理性选择论认为,个体在进行行为决策时均是依靠理性的,其倾向于通过一系列权衡而形成最优决策。理性人假设是亚当·斯密在《国富论》中提出的,它是经济学中非常重要的理论前提。该假设认为个体本质是理性与自利的,同时精于计算。当社会中的个体都理性地追逐自我利益时,社会整体福利也会随之提升①。理性人假设在经济学中获得了诸多关注与探究,其中,一个经典的争论为纳什均衡(Nash equilibrium),也被称为非合作均衡。该理论着重关注了个体与集体行为利益的均衡和冲突。由于每个人都是充分理性的经济人,其在进行决策时可能优先考虑自我而非集体利益。当每个人都理性地追逐个人利益时,社会整体福利则无法达到最优,从而产生"公地困境"②。由此,研究者们开始运用其他理性范式解释个体的行为规律,其中,有限理性尤为重要。

2. 有限理性

有限理性(bounded rationality)是西蒙(Simon)在《人类模型》一书中首次提及的概念③。该概念强调个体在进行行为决策时不会完全依照理性准则,其是对认知理性的一种补充与拓展。在实际的社会情境中,当个体进行决策时,既不会完全遵循其理性假设,精确地算计自身利弊得失,也不会忽视自身需求,完全考虑社会和集体利益。换言之,个体的社会行为会受到多层面因素的综合影响,不会完全受自我理性认知的引导。例如,即使无法从中获益,旅游者仍旧愿意为保护公共的生态资源而捐款。

有限理性在经济学理论中占有重要地位,与此主题相关的研究产生了四个诺贝尔经济学奖,其从不同视角强调了个体行为决策的属性与过程。西蒙建立了有限理性的基础理论体系;而后,泽尔腾(Reinhard Selten)将有

---

① 斯密.国民财富的性质和原因的研究[M].郭大力,王亚南,译.北京:商务印书馆,1972.

② 刘永芳,王修欣.有限理性合作观:破解人类合作之谜[J].南京师大学报(社会科学版),2019(6):60-70.

③ GRÜNE-YANOFF T. Bounded Rationality[J]. Philosophy Compass,2007,2(3):534-563.

限理性应用于博弈论;卡尼曼(Daniel Kahneman)据此提出了预期理论;塞勒运用有限理性解释了经济活动中的异常行为,形成了"理论－研究－应用"的逻辑体系。在此,本文着重介绍西蒙与塞勒两位学者的观点。

(1)西蒙与有限理性。有限理性的概念由西蒙提出,其动摇了传统经济学中关于理性经济人假设的根基,该观点结合了认知心理学与经济学理论,为理解个体的经济行为决策提供了新的理论范式。有限理性原则是指,当个人做决策时,其理性受到决策问题的可处理性、个体头脑的认知局限性和决策时间的限制。人们的理性资源是有限的,在现实生活中还会受到外部情境因素的影响,在此条件下,个体决策显现出更为综合的特性,其不会耗费全部认知资源来寻求复杂问题的最优解决方案,并将期望效用最大化①。基于此,行为决策者实质上是在寻求一个适合当下实际情境的、令人满意的方案,而非权衡利弊后的最优方案。

西蒙关注了情境对于个体行为决策的重要性。在《人类模型》一书中,西蒙指出多数人的理性是有限的,其在具体行为中可能表现出非理性特征。在特定情境中,个体没有能力在短时间内处理和计算每个备选决策的预期效用,进而通过比较产生最优决策。西蒙认为人类理性和环境之间的关系就如同"一把剪刀"。剪刀一侧代表个体在现实中的"认知能力",另一侧代表"环境结构",只有两侧共同作用时,才能发挥理性应有的功效②。该观点也说明了大脑是如何利用环境中已知的结构规律来补充有限的认知资源。换言之,个体理性需要与环境结构相匹配,二者达到一定耦合关系,其理性才是合理的。

西蒙认为有限理性能够作为决策数学建模的替代基础,可被用于经济学、政治学和相关学科。它是对"理性即优化"理论的补充,该观点认为,决策是在已知信息的情况下寻找最优选择的完全理性过程。有限理性概念自

①刘永芳,范雯健,侯日霞.从理论到研究,再到应用:塞勒及其贡献[J].心理科学进展,2019,27(3):381－392.

②SIMON H A. Rational choice and the structure of the environment[J]. Psychological Review,1956,63(2):129－138.

提出以来便受到诸多探讨,经济学家们对"完全理性"和"有限理性"观点仍在不断争论。

(2)塞勒与有限理性。塞勒(Richard Thaler)沿袭了前人提出的有限理性概念,在此基础上进行补充与深化,同时凭借该成果获得了诺贝尔经济学奖。塞勒的学术观点是:传统经济学中提出的完全理性的经济人并不存在,在现实生活中,人们在进行经济行为决策时通常受到一些非理性因素影响,很多被忽视的情境因素会导致最优决策的失效。

塞勒提出了人的有限性主要体现在三个方面,即"有限理性"(bounded rationality)、"有限意志力"(bounded willpower)和"有限自利"(bounded self-ishness),这构成了行为经济学的基础①。具体而言,有限理性是理性认知的一种局限性,即个体缺乏全面的认知能力来实现传统经济学的"理性经纪人"假设,做出最优决策。例如,旅游者在游程中购买纪念品,面对同样的物品,个体明知景区内部店铺所列价格会比景区外贵,但旅游者可能会因为导游推销等原因而选择购买。同时,旅游者还会受到旅游情境因素影响而选择购买一些缺乏实用价值、自己本不需要的纪念品。有限意志力是个体行为能力的局限性,即当个体进行决策时,其无法拒绝当下诱惑而做出符合长远目标的决策。即使个体在认知层面洞悉了一般行事规律,但其在行为上无法完全照做。例如,个体在减肥时,往往因无法抗拒某一时刻的美食诱惑,而无法实现长期的减重目标。有限自利则是心理动机的局限性,即个体的自利性动机会受到一些社会性动机的影响,使得个体在进行行为决策时可能会考虑非自我因素②。例如,进藏旅游有一个特别的现象——搭便车,在川藏公路上一些私家车会无偿与搭便车的旅游者同行。此外,沙发旅行中的沙发主会无偿为旅游者提供自己的房间。综上,当个体面对具体行为决策时,"有限理性""有限意志力""有限自利"会产生综合作用。该观点也

---

① MULLAINATHAN S,THALER R H. Behavioral economics[J]. International Encyclopedia of the Social & Behavioral Sciences,2001,7948:1094-1100.

② 刘永芳,范雯健,侯日霞.从理论到研究,再到应用:塞勒及其贡献[J].心理科学进展,2019,27(3):381-392.

为旅游者行为研究提供了一种理论参考。

有限理性理论在社会科学中的探究愈加多元化。最近的研究表明,个体的有限理性可能会影响社会网络间拓扑结构①。在社会科学中,一些行为模型假设认为,人类能够被近似地描述为"理性"实体,其倾向于根据自身偏好行事。而有限理性则对此假设进行了探讨与拓展,用于解释更符合事实情况的个体行为决策,即由于自然决策问题的棘手性和可用于决策的有限计算资源,完全理性的决策往往在实践中并不可行。由此,在现实情境中,个体大多基于有限理性进行决策。

有限理性与个体的社会行为息息相关。在传统经济学研究中,由于预设了经济主体只是追求自身利益最大化的行为者,因此,成本、收益与均衡成为传统经济学中最基本的分析范式②。例如,一个理性的消费者通过成本和收益计算使自我利益达到最大化,一个理性的生产者通过成本和收益计算使自己的利润达到最大化。有限理性则扩充了这一观点,它从现实主义视角深入分析了人类的亲社会行为。就决策过程而言,有限理性强调亲社会行为决策会因个体差异和环境而发生改变,其也是对人类社会行为的客观描述;就价值判断而言,个体在亲社会行为表现出的有限理性具备良好的适应性③。有限理性不仅有助于更好地理解旅游者社会行为的内在规律,而且有助于促进旅游者在现实生活中的亲社会行为。

组织行为学、消费行为学和实验经济学等研究表明,理性选择作为人类行为的描述模型是不够全面的,存在一定局限性。有限理性认为决策者存在一种有意识的理性,在行为决策时有可能受到其他层面因素的影响,如情感④。因此,有限理性对行为的解释更加符合现实情境。目前,有限理性被

① KASTHURIRATHNA D, PIRAVEENAN M. Emergence of scale – free characteristics in socio – ecological systems with bounded rationality[J]. Scientific Reports,2015,5(1):10448.

② 叶航,陈叶烽,贾拥民. 超越经济人[M]. 北京:高等教育出版社,2013.

③ 刘永芳,范雯健,侯日霞. 从理论到研究,再到应用:塞勒及其贡献[J]. 心理科学进展,2019,27(3):381 – 392.

④ JONES B D. Bounded Rationality[J]. Annual Review of Political Science,2003,2(1):297 – 321.

广泛应用于各个学科,特别是经济学、心理学和社会学。然而,从概念上讲,即使在同一学科中,该术语的用法也存在差异。"有限理性"至少包含四种重要用法:批判标准理论、丰富行为模型及理论、提供适度的理性建议、解释理性的概念①。基于此,本研究借助有限理性的概念框架,借鉴西蒙和塞勒的观点,并结合其对人类社会行为的理论分析,用以解释旅游者环境责任行为。

3."理性人"假设下的环境责任行为

通常认为,环境责任行为的研究始于理性人或经济人假设②。该观点的理论核心在于,当个体面临行为决策时,一般倾向于优先衡量其事件利弊,旨在规避风险,做出最优化、最合理的决策③。因此,当某行为被评估为重要且有价值时,个体就会产生行为意愿。该观点认为,理性因素是驱使个体产生环境责任行为的主导因素,感知行为控制等理性因素在预测环境责任行为方面最为成功④。鉴于该理论假设在经济学中的核心地位,加之相关理性模型的广泛应用性,多数研究均基于理性假设对环境责任行为的影响因素展开研究,他们更倾向于认为理性因素是环境责任行为的主要影响因素。

采取有利于环境的行为主要包括为公共利益作出贡献并且创造积极的外部价值或者避免产生消极的环境。个体之所以不采取亲社会行为,可能是因为亲社会行为意味着一定的自我牺牲或损失。而理性人的基本假设是,人类行为是理性的并且会使其个体利己的效用(或利润)最大化⑤。因此,在理性人假设下,亲社会行为似乎与环境原则背道而驰。然而在现实生活

① GRüNE – YANOFF T. Bounded Rationality[J]. Philosophy Compass,2007,2(3):534 – 563.

② 王建明,吴龙昌. 亲环境行为研究中情感的类别、维度及其作用机理[J]. 心理科学进展,2015,23(12):2153 – 2166.

③ AJZEN I. The theory of planned behavior[J]. Organizational Behavior & Human Decision Processes,1991,50(2):179 – 211.

④ DING L,Zhao L,Ma S,et al. What influences an individual's Pro-environmental behavior? A literature review[J]. Resources Conservation and Recycling,2019,146:18 – 34.

⑤ AJZEN I. The theory of planned behavior[J]. Organizational Behavior & Human Decision Processes,1991,50(2):179 – 211.

中,个体或家庭即使考虑自身利益,也依旧会产生一些环境责任行为,例如,垃圾分类回收,节水节电,购买绿色产品等。换言之,在理性人假设前提下,依旧有理性因素能够驱使个体产生环境责任行为。这一观点也受到了行为经济学的关注。

就具体研究而言,理性动因集中于个体的理性衡量与基本认知,其因素类别较多,如环境知识、感知行为控制等。克拉克(Clark)等人发现旅游者在与鲸鱼接触后,会产生积极的环境责任行为意图①。韩(Han)等人以自然旅游地为基础,调查了旅游者对气候变化的感知,以此来分析旅游者的环境责任行为意愿②。服务质量感知、环境背景感知都会影响旅游者环境责任行为③。有研究运用问卷数据,从旅游者参与的需求侧角度出发,引入计划行为理论及模型,将"预期收益"作为新的中介变量,实地调查旅游者参与景区环境文明建设的行为意愿,结果发现:态度、主观规范能够通过"期望收益"变量对个体的行为意愿产生显著正向影响,而旅游者的感知行为控制对其行为意向存在正向驱动作用④。

(二)代表模型与影响因素

1. 理性行为模型

理性行为理论是由菲什拜因(Fishbein)和阿杰恩(Ajzen)两位学者提出的,该模型假设行为是由意图决定的,包括态度和主观规范等变量⑤。其中,

---

① CLARK E, MULGREW K, KANNIS – DYMAND L, et al. Theory of planned behaviour: Predicting tourists' pro-environmental intentions after a humpback whale encounter[J]. Journal of Sustainable Tourism, 2019, 27(5): 649 – 667.

② HAN J H, LEE M J, HWANG Y S. Tourists' environmentally responsible behavior in response to climate change and tourist experiences in nature – based tourism[J]. Sustainability, 2016, 8(7): 644.

③ HE X, HU D, SWANSON S R, et al. Destination perceptions, relationship quality, and tourist environmentally responsible behavior[J]. Tourism Management Perspectives, 2018(28): 93 – 104.

④ 葛米娜. 游客参与、预期收益与旅游亲环境行为:一个扩展的 TPB 理论模型[J]. 中南林业科技大学学报(社会科学版), 2016, 10(4): 65 – 70.

⑤ FISHBEIN M, AJZEN I. Belief, attitude, intention, and behavior: An introduction to theory and research[J]. Contemporary Sociology, 1977, 6(2): 244 – 245.

态度和主观规范并不会直接决定个体的行为选择,二者是通过影响行为意图进而作用于实际行为的。该模型强调了个体行为意图的作用,即任何行为的最终决定因素是与结果有关的行为信念和与他人命令有关的规范信念①。此外,理性行为模型提出,行动者会受到一定的(个人与社会)约束,这种约束限制了行动者的选择。在某些限制条件下,个体会根据主观预期的行为结果及其发生概率来评估行动决策,继而选择最优行为方案②。该观点也是个体理性的突出呈现。一般而言,个体的行为决策会充分收集环境中的信息并进行衡量,这种行为结果是受到个体理性控制的③。理性行为模型将人类行为解释为一种选择的结果。当个体受到特定情境因素影响且其行为不再受意图控制时,该模型就无法对行为规律加以解释。

2.计划行为模型

为了改善理性行为理论的局限性,阿杰恩提出了计划行为理论,该理论被认为是干预与预测行为最有效的模型之一。该理论延续了理性行为理论的基本假设,认为个体行为是由行为意向直接影响的。阿杰恩在这个模型中引入了一个新的解释变量——感知行为控制,该模型认为个体行为意图受到态度、主观规范和感知行为的直接作用④。态度是指个体对客体对象的基本感知与判断,主观规范指人们感受到的行为可能带来的社会压力程度,感知行为控制表示个体对行为掌控度的基本感知⑤。计划行为理论旨在基

---

① MONTAÑO D E,KASPRZYK D. Theory of reasoned action,theory of planned behavior,and the integrated behavioral model[J]. Health behavior:Theory,research and practice,2015,70(4):231 - 242.

② PETER F. Subjective expected utility:A review of normative theories[J]. Theory and Decision,1987,13:139 - 199.

③ FISHBEIN M,AJZEN I. Belief, attitude, intention, and behavior:An introduction to theory and research[J]. Contemporary Sociology,1977,6(2):244 - 245.

④ AJZEN I. The theory of planned behavior[J]. Organizational Behavior & Human Decision Processes,1991,50(2):179 - 211.

⑤ QU W,GE Y,GUO Y,et al. The influence of WeChat use on driving behavior in China:a study based on the theory of planned behavior[J]. Accident Analysis & Prevention,2020(144):105641.

于期望值理论来解释个人行为的总体决策过程,它亦是一个相对完整的社会认知理论①。此外,计划行为理论模型具有较强的灵活性,它能够纳入更多其他变量来增强特定情境中的模型解释效力,例如,绿色习惯、情绪、道德规范,等等。

计划行为理论是亲环境行为最有力的解释模型之一,它已经分析了各种类型的亲环境行为②。霍(Ho)等研究者运用该模型,预测新加坡公众的亲环境行为③。图拉加伊(Turaga)等学者强调,在解释个体的亲环境行为时,计划行为理论是理性决策框架,斯特格(Steg)同样阐明了该理论的理性准则④。阿斯特丽德(Astrid)等人以计划行为理论为基础,探讨影响青少年环保行为的信念⑤。金瓦瑞(Mageswary)等人报告了一项拟实验研究的结果,综合了计划行为理论,旨在改变教师的环境态度和环境行为⑥。

计划行为理论同样被广泛应用旅游者亲环境行为的研究。王(Wang)等人基于计划行为理论,以黄山风景区为例,采用结构方程模型分析了环境

① AJZEN I. Understanding the Attitudes and Predicting Social Behavior [M]. Englewood Cliffs:Prentice – Hall,1980.

② TURAGA R M R,HOWARTH R B,BORSUK M E. Pro-environmental behavior:Rational choice meets moral motivation[J]. Annals of the New York Academy of Sciences,2010,1185(1):211 – 224.

③ HO S S,LIAO Y,ROSENTHAL S. Applying the theory of planned behavior and media dependency theory:Predictors of public Pro-environmental behavioral intentions in Singapore[J]. Environmental communication,2014,9(1):77 – 99.

④ TURAGA R M R,HOWARTH R B,BORSUK M E. Pro-environmental behavior:Rational choice meets moral motivation[J]. Annals of the New York Academy of Sciences,2010,1185(1):211 – 224.

⑤ DE LEEUW A,VALOIS P,AJZEN I,et al. Using the theory of planned behavior to identify key beliefs underlying Pro-environmental behavior in high – school students:Implications for educational interventions[J]. Journal of environmental psychology,2015,42:128 – 138.

⑥ KARPUDEWAN M,ISMAIL Z,ROTH W M. Promoting Pro-environmental attitudes and reported behaviors of Malaysian pre – service teachers using green chemistry experiments[J]. Environmental Education Research,2012,18(3):375 – 389.

解说对旅游者行为意向以及实际亲环境行为的作用①。布多夫斯卡(Budovska)等对酒店顾客的亲环境行为进行预测,发现态度、主观规范和感知行为控制对酒店客人重复使用毛巾的意愿有正向影响②。然而,随着研究的深入,也有学者指出,在旅游情境中特定条件影响下,理性对个体亲环境行为的驱动作用变得不太显著。这可能是因为旅游者会受到更多情境因素的刺激,他的行为惯常性在一定程度上发生了改变。例如,李和吴(Li,Wu)通过实证分析发现,计划行为理论模型对旅游者环境责任行为的预测效度低于规范激活模型③。

二、情感动因视角下的环境责任行为理论基础与影响因素

(一)理论基础

1.情感

情感(affect)是影响人类心理和行为的核心因素之一。就概念而言,情感是一种与人的社会性需要相联系的主观体验,具有稳定性、深刻性和持久性④。情感与情绪的概念非常相似,二者经常被混用,多数研究常把情绪等同于情感⑤。在相关学科研究中,对于情感与情绪的概念并不做严格界定与区分,仅根据研究主题进行选择。相较而言,情感的理论范围更广,其在一定程度上包含了情绪。在旅游研究视域下,旅游者可能感受到更综合的情绪体验,且具有较高的社会化程度,现有研究无法完全剥离这种综合体验究

① WANG C,ZHANG J,YU P,et al. The theory of planned behavior as a model for understanding tourists' responsible environmental behaviors:The moderating role of environmental interpretations[J]. Journal of Cleaner Production,2018,194:425 – 434.

② BUDOVSKA V,TORRES D A,ØGAARD T. Pro-environmental behaviour of hotel guests:Application of the Theory of Planned Behaviour and social norms to towel reuse[J]. Tourism and hospitality research,2020,20(1):105 – 116.

③ LI Q C,WU M Y. Rationality or morality? A comparative study of Pro-environmental intentions of local and nonlocal visitors in nature – based destinations[J]. Journal of Destination Marketing & Management,2019(11):130 – 139.

④ 第二届心理学名词审定委员会. 心理学名词[M]. 北京:科学出版社,2014.

⑤ 傅小兰. 情绪心理学[M]. 上海:华东师范大学出版社,2016.

竟属于情绪还是情感①。因此,本研究对情绪与情感的用法不做严格区分,同时,考虑二者的理论内涵范围大小,本研究选择情感概念进行统一描述。下文将简述基于身体知觉理论、进化论、认知理论三种理论取向下的情绪定义。

(1)身体知觉理论。情绪与身体密切相关(如图6-1)。早期美国科学心理学之父詹姆斯(James)在1884年提出,情绪是伴随对刺激物的知觉而直接产生的身体变化,以及人们对于身体变化的感受。在该观点的启发下,丹麦心理学家兰格(Lange)在1885年提出,情绪是内脏活动的结果,强调了情绪与血管变化的关系②。上述两位学者均认为情绪刺激了身体的生理变化,而该生理变化又进一步导致了情绪体验。

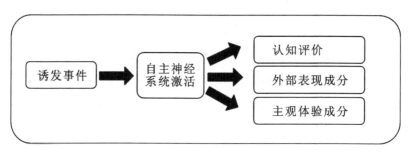

图6-1 身体知觉理论下的情绪构成③

(2)进化主义观。对于情绪的研究最初集中在文学和哲学层面,当达尔文提出相关理论后,情绪开始进入科学研究范畴。达尔文在其著作《人类和动物的表情》中探讨了情绪的概念与功能,他从进化论的角度出发,认为情绪是与人类和非人类结构与功能的其他方面一同进化出来的,并将情绪视为一种遗传而来的、对环境中的复杂情况作出反应的特定心理状态④(如图6-2)。

---

① 白凯. 旅游消费心理学[M]. 北京:科学出版社,2014.

② 傅小兰. 情绪心理学[M]. 上海:华东师范大学出版社,2016.

③ 同②.

④ DARWIN,CHARLES. The expression of the emotions in man and animals[M]. Chicago:University of Chicago Press,1965.

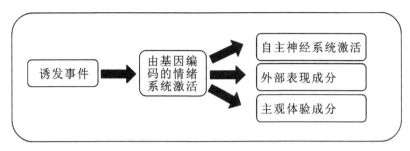

图6-2　进化主义理论下的情绪构成①

（3）认知评价观。情绪的认知评价的核心观点是,情绪反应产生的前提是对事件的评价(如图6-3)。以阿尔诺德(Arnold)为代表的情绪认知主义取向研究者们认为,情绪来自个体对某事件的意义和重要性的评价。阿尔诺德(Arnold)提出,情绪是对趋于知觉为有益的、离开知觉为有害的事物的体验倾向。相似的,拉扎勒斯(Lazarus)在1984年提出,情绪是来自周边情境中的好的和不好的信息刺激下产生的生理和心理反应,依赖于短时或持续评价。上述两位学者强调外部环境评价是产生情绪的直接原因,指出情绪产生包括外部环境刺激、身体生理刺激和认知评价刺激。该理论能够更好地解释个体情绪产生的差异性。

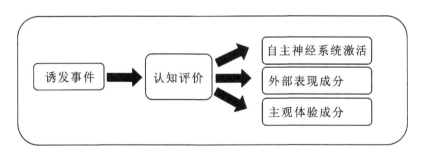

图6-3　认知评价理论下的情绪构成②

综上所述,在不同理论视角下情绪的定义有所差别,且意义丰富。尽管侧重点各有不同,但这些概念都指出情绪具有如下共同特性:第一,情绪涉

---

① 傅小兰.情绪心理学[M].上海:华东师范大学出版社,2016.
② 同①.

及生理的变化,其能够通过身体特征来表达。第二,情绪涉及有意识的体验。第三,情绪包含了认知的成分,涉及对外界事物的评价。本书沿用国内学者傅小兰对于情绪的定义,认为情绪是个体的一系列主观认知经验的统称,是多种感觉、思想和行为综合产生的心理和生理状态。

2. 情感－行为理论

情感通常会影响个体的行为判断与决策,情感与行为的关系是多研究领域的核心主题之一。社会心理学中,"情感－行为"理论模型将个体的内在心理与外化行为表现相联系,为解释复杂的社会行为提供了理论基础[①]。研究者从不同途径解析情感与行为的关系:第一种以对"情绪性"的直接观测为依据;第二种强调情感在条件反射和学习中的一般作用;第三种基于行为主义,表明情感与行为之间是互相影响的[②]。情感的产生建立在个体生理唤醒基础上,如体温、心率等的变化。特里默(Trimmer)等学者提出了一个模型来理解情感对适应性行为决策产生的贡献[③]。他们认为,在个体准备行为决策时,情感能够为其提供相对成本和收益的信息。结合进化论的理论视角,情感有助于个体迅速做出合适的行为决策,例如,接近理想的刺激,如食物;或避免不理想的刺激,如安全威胁[④]。对于某些特定情感来说,其具有快速适应环境的能力,例如,恐惧会促使人类提高警惕,远离危险。因此,情感能够作用于个体行为,它对人类生存和繁荣提供了至关重要的自适应信息。

综合来看,情感在个体行为决策中承担了重要功能,且对个体行为会产生直接或者间接的驱动作用。就直接作用而言,情感因素能够直接作用于个体行为,体现了一种自发性导向。围绕该理论点,出现了情感信息等价假

① 高杨,白凯,马耀峰.旅游者幸福感对其环境责任行为影响的元分析[J].旅游科学, 2020,34(6):45–61.

② 傅小兰.情绪心理学[M].上海:华东师范大学出版社,2016.

③ TRIMMER P C,PAUL E S,MENDL M T,et al. On the evolution and optimality of mood states[J]. Behavioral Sciences,2013(3):201–521.

④ LENCH H,DARBOR K,BERG L. Functional perspectives on emotion,behavior,and cognition[J]. Behavioral Sciences,2013,3(4):536–540.

说、情感启发式、风险即情感等理论，表明情感对个体的行为能够产生直接作用①。然而，在现实情境中，个体的行为决策会受到多重因素的综合影响。除了直接作用外，情感对行为的影响可能会通过其他中介因素得以实现。就情感的间接路径而言，情感可能会影响个体的态度和判断，进而作用于行为。这种路径关系以情感为主导，构成了一个基本的心理动机系统。情感动机既体现在个体的生理活动中，也体现在个体的认知活动中。它能够驱策有机体根据外界刺激产生一系列反应，为人类的各种活动提供心理动机。情感对行为产生了影响，其亦是一种情感调节的过程，它能够增强个体的行为控制。

　　情感可被分为不同类型，其对行为的影响程度、作用类别亦有所区别。一般情况下，按照效价进行情感分类较为常见，其可被划分为积极情感和消极情感两种，二者均会对个体行为产生影响。相较而言，积极情感能够为行为提供更直接的驱动力。其中，积极情感对行为的影响，涉及积极心理学的理论范畴。积极心理学旨在促使人类生活更加繁盛、充实而有意义，其关注人类自身的积极品质与美德，主张用开放的、正向的、欣赏的视角来看待人类的潜能、动机和能力等②。积极心理学的典型研究主题之一即积极情感（情绪），其中，最具代表性的理论之一即积极情感"拓展－构建"理论。该理论由芭芭拉·费雷德里克森（Barbara Fredrickson）提出，其观点认为某些积极情绪具有拓展并构建个体即时的思想和行为的作用，包括高兴、满足、自豪等。例如，积极情感能够促使个体在当下情境条件中，获得更具创造性的思维、更全面的认知信息并且做出更恰当的行为反应③。积极情感不仅能够强化个体在当下情境中的资源信息收集，还有助于个体建立起长远的、有

---

① SLOVIC P, FINUCANE M L, PETERS E, et al. The affect heuristic[J]. European Journal of Operational Research, 2007, 177(3): 1333 – 1352.

② SELIGMAN M, CSIKSZENTMIHALYI M. Positive psychology: An introduction[J]. American Psychologist, 2000, 55(1): 5 – 14.

③ FREDRICKSON B L. The role of positive emotions in positive psychology: The broaden – and – build theory of positive emotions[J]. American psychologist, 2001, 56(3): 218 – 226.

利于个人未来发展的认知和判断①。积极情感源于人们对客观生活、自身状态等综合因素的认知,它有潜力成为一种更积极的干预手段来促进个体积极的人生体验。

关于理性认知与情感的独立性、理性与感性之间的冲突等问题,学界始终存在争论。在早期的西方,理性主义盛行致使情感的功能和地位被严重低估②。研究者们大多注重理性原则,情感甚至被视为理性决策过程中产生的消极影响和阻碍。在此类学术观点的引领下,情感被视为理性的对立面,它可能会干扰个体做出合理的判断与决策。特别是在行为研究中,研究者常常弱化了情感因素产生的影响。随着认知神经科学的发展,20世纪80年代后期,情感对于人类行为决策的重要作用逐步获得重视。作为个体决策过程中一个独立因素,情感承担着与认知、行为相关的重要功能。情感对行为的影响与很多因素有关,其中特定环境、社会情境尤为重要③。情感是人们对社会情境反应的一种独立的、主要的、主导的影响。例如,在寒冷的天气中思考,低温能够使个体更加理性地做出判断;而当个体处于情感状态中,其思维判断可能产生错误,其亦属于一种行为非理性的解释。在个体面对决策与判断过程中,相比理性而言,其对于情感因素的刺激可能更为敏感④。

在特定社会行为研究框架中,情感的作用也获得了具体探讨。作为个体对环境适应的自身反应之一,情感影响着个体关于环境发展的各类行为决策,其能够成为个体与环境的互动表征。目前用于解释环境责任行为的

---

① FREDRICKSON B L. What good are positive emotions[J]. Review of General Psychology, 1998,2(3):300 –319.

② 胡克明. 我国传统社会中的情理法特征:交互融合与互动共生[J]. 浙江社会科学, 2012(3):83 – 88,147,158.

③ GUTNIK L A,HAKIMZADA A F,YOSKOWITZ N A,et al. The role of emotion in decision-making:A cognitive neuroeconomic approach towards understanding sexual risk behavior[J]. Journal of Biomedical Informatics,2006,39(6):720 –736.

④ ZAJONC R B. Feeling and thinking:Preferences need no inferences[J]. American psychologist,1980,35(2):151 –175.

理论框架中,对于"情感－行为"理论的应用尚不多见。鉴于研究者们逐渐认识到情感因素的重要作用,其具有较大的理论增长空间与潜力。有研究基于"情感－行为"的理论框架,通过唤醒旅游者的情感体验,使其获得即时的享乐效用,以促使个体在旅游过程中以更环保的方式行事。这是一种新的理论框架,目前仅有一小部分研究成功地测试了这种方法。尽管将期望的社会行为与个体增加的快乐联系起来并不常见,但其呼应了卡尼曼(Kahneman)的理论,即人们会从事具有高即时效用的社会行为,这使他们感到快乐①。个体在实施环境责任行为的过程中获得了快乐,从而更倾向于减少自身对环境可能产生的危害,同时,亦增加了旅游过程中的积极情感体验。这是一种双向互惠的行为反馈。情感因素与旅游目标、旅游体验等紧密相关,因此,"情感－行为"理论近年来在旅游行为研究中的应用愈加广泛,在认识论和方法论层面均受到了更加具体化、精细化地探讨。

3."情感人"假设下的环境责任行为

与"理性人"假设相对,"情感人"假设将行为决策的核心转向个体的情感层面。情感决策(affective decision－making,ADM)作为一种重要的决策类型,始于情感对行为的核心驱动作用,逐步受到越来越多学科的关注。基于情绪调节理论,只有改变情绪才能改变个体的行为。该观点强调了即时情绪对于个体行为决策的作用程度。扎洪茨(Zajonc)提出,情绪是人们对社会情境反应的一种独立的、主要的、主导的影响②。特定情境中,个体决策并非依赖于理性思考,而更多受到当下情感的影响。

旅游作为一种休闲活动,其本质就是追求一种愉悦的情感体验,与个体主观幸福感息息相关,旅游业也被认为是幸福产业。近年来,旅游与主观幸福感的研究日益增多,通常认为旅游活动能够从多方面提升个体的主观幸福感,这种幸福感突出表现为个体在旅游过程中接受的健康、新

---

① KAHNEMAN. Objective happiness[M]. New York：Russell Sage,1999.

② ZAJONC R B. Feeling and thinking：Closing the debate over the independence of affect [M]. Cambridge：Cambridge University Press,2000.

奇、正向情绪和离开惯常环境后个人身心方面的幸福体验①。在既往环境责任行为的研究中,情感层面的行为效用在很大程度上被忽视了。情感因素与旅游者环境责任行为的相关研究是相对缺乏的,多数研究者更倾向于从理性或道德的理论视角来解读环境责任行为。先前研究中对于情感因素的关注度不够,少有聚焦环境情感对个体环境责任行为的影响,但也有研究者注意到了情感成分,更多讨论环境态度的积极行为作用。随着认知的深入,情感因素对环境责任行为的影响开始获得关注并成为独立的影响变量。随着心理学、神经科学和社会学等其他科学领域愈发关注情感对于人类行为决策的作用,环境责任行为研究中的情感变量才得以被重视。以往研究均认为环境情感能够有效促进个体的环境责任行为,二者之间存在正相关关系②。在旅游情境中,行为很大程度上依赖于情感原则而非理性原则,有研究支持了情感因素对于旅游情境中个体的环境责任行为产生着重要作用③。

(二)代表模型与影响因素

目前环境责任行为领域中对于情感的研究是相对不足的。越来越多研究者意识到情感因素对旅游者亲环境行为带来的积极效用,例如,个体对亲环境行为的预期情绪(包含骄傲情绪与内疚情绪)被证明具有更高的行为驱动力④。大多研究虽然意识到情感因素对个体亲环境行为的重要性,但是独立情感模型的建构还需要进一步深化。情感变量对于亲环境行为的影响是逐步获得重视的,既往研究中,情感变量一般作为中介或者调节因素被纳入传统的理性模型或者道德模型中。因此,目前尚无成熟的适用于环境责任

---

① 妥艳媜. 旅游者幸福感为什么重要[J]. 旅游学刊,2015,30(11):16-18.

② CHAN R Y K,LAU L B Y. Antecedents of green purchases:A Survey in China[J]. Journal of Consumer Marketing,2000,17(4):338-357.

③ SU L,HSU M K,MARSHALL K P. Understanding the relationship of service fairness,emotions,trust,and tourist behavioral intentions at a city destination in China[J]. Journal of Travel & Tourism Marketing,2014,31(8):1018-1038.

④ LU H,ZOU J,CHEN H,et al. Promotion or inhibition? Moral norms,anticipated emotion and employee's Pro-environmental behavior[J]. Journal of Cleaner Production,2020,258:120858.

行为的独立情感模型,大多数情感研究均关注特定的情感因素。

多尔尼卡尔(Dolnicar)等学者提出了一个增强旅游者亲环境行为的情感框架①。该框架着眼于情感因素的积极效用,旨在通过增加旅游者在度假时的享乐体验,从而借助情感的积极溢出效用来鼓励旅游者亲环境行为。该框架建立在卡尼曼(Kahneman)提出的理论上,即人们会从事具有高即时效用的行为,这使他们感到快乐②。该亲环境行为的情感框架将个体期望行为与增加的快乐联系起来,促使个体在寻求快乐的过程中产生了保护环境的行为③。此种方式不仅减少了个体对环境的危害,而且增加了个体度假乐趣。具体而言,多尔尼卡尔等人在酒店尝试引入一种儿童邮票收集游戏,此方式有效减少了家庭在酒店享用自助早餐时产生的盘子垃圾,同时也明显增加了儿童的节日乐趣④。相似的,酒店通过为每天自愿免除房间清洁的客人提供饮料券,以此鼓励个体在度假中的环境保护行为⑤。

情感因素涵盖了旅游者在游程中的所有情感体验,典型代表即地方依恋、满意度和各类积极消极情绪。环境责任行为所蕴含和创造的意义,主要是借助地方情感进行传递的,即地方依恋。段义孚(Tuan)从恋地情结(topo-philia)的视角,刻画了人与地方的情感联结⑥。说明了人类行为和经验在空间中的价值和意义⑦。环境责任行为发生在自然与社会的交互过程当中,其

———————

① DOLNICAR S. Designing for more environmentally friendly tourism[J]. Annals of Tourism Research,2020(84):102933.

② KAHNEMAN. Objective happiness[M]. New York:Russell Sage,1999.

③ DOLNICAR S. Designing for more environmentally friendly tourism[J]. Annals of Tourism Research,2020(84):102933.

④ DOLNICAR S,JUVAN E,GRüN B. Reducing the plate waste of families at hotel buffets – A quasi – experimental field study[J]. Tourism Management,2020(80):104103.

⑤ DOLNICAR S,KNEZEVIC C L,GRüN B. Do pro-environmental appeals trigger Pro-environmental behavior in hotel guests[J]. Journal of Travel Research,2017,56(8):988 –997.

⑥ TUAN Y F. Rootedness and sense of place[J]. Land scape,1980(24):3 –8.

⑦ 周尚意.文化地理学研究方法及学科影响[J].中国科学院院刊,2011,26(4):415 – 422.

表现即为地方依恋,包含的子概念有地方认同、地方情感等①。人们一般认为,如果个体对某一地方有强烈的依恋,对该地的保护意识就会非常强烈,因此地方依恋也成为影响环境责任行为的因素之一②。哈尔佩尼(Halpenny)对加拿大国家公园的旅游者进行了调查,分析了地方依恋对环境责任行为的促进作用③。李文明等人以鄱阳湖国家湿地公园的观鸟游客为研究对象,通过对问卷数据进行结构方程模型分析发现,观鸟游客存在着明显的地方依恋情感,此情感促进了环境责任行为的产生④。屈(Qu)等人探讨了态度、地方依恋维度、欲望维度、意向维度和大众旅游价值取向之间的关系,阐述了大众旅游者的环保意识及其环境责任行为⑤。拉姆基森(Ramkissoon)等学者细化了地方依恋的维度,从更具体的角度解析了其与旅游者环境责任行为的关系。大多数结论支持地方依恋对旅游情境中的个体的环境责任行为的显著影响⑥,亦有研究者坚持认为,地方依恋只是环境责任行为的潜在驱动因素而非首要因素。满意度通常和其他情感因素一起作用于个体的环境责任行为。拉姆基森(Ramkissoon)等人运用结构方程模型,界定了地方依恋的维度及其与满意度和环境责任行为之间的多维互动关系⑦。

---

① SCANNELL L,GIFFORD R. The role of place attachment in receptivity to local and global climate change messages[J]. Environment and Behavior,2013(45):60-85.

② RAMKISSOON H,WEILER B,SMITH L D G. Place attachment and Pro-environmental behaviour in national parks:The development of a conceptual framework[J]. Journal of Sustainable Tourism,2012,20(2):257-276.

③ HALPENNY E A. Pro-environmental behaviours and park visitors:The effect of place attachment[J]. Journal of Environmental Psychology,2010,30(4):409-421.

④ 李文明,殷程强,唐文跃,等.观鸟旅游游客地方依恋与亲环境行为:以自然共情与环境教育感知为中介变量[J].经济地理,2019,39(1):218-227.

⑤ QU Y,XU F,LYU X. Motivational place attachment dimensions and the Pro-environmental behaviour intention of mass tourists:A moderated mediation model[J]. Current Issues in Tourism,2019,22(2):197-217.

⑥ BRAGG E A. Towards ecological self:Deep ecology meets constructionist self-theory[J]. Journal of environmental psychology,1996,16(2):93-108.

⑦ RAMKISSOON H,SMITH L,WEILER B. Testing the dimensionality of place attachment and its relationships with place satisfaction and Pro-environmental behaviours:A structural equation modelling approach[J]. Tourism Management,2013,36(36):552-566.

　　旅游中的其他积极和消极情感因素也成为了新的研究变量。情感的两极属性赋予个体对空间和地方的差异化表征,愉悦等积极情感衍生的环境责任行为,直接促进了地方与空间的生态可持续①;内疚等消极情感则反向强化了环境责任行为,从生态补偿的视角维护了地方与空间的长期环境效益②。对环境的热情属于一种积极情绪,其会引导人们参与积极环境实践。里斯(Rees)等人探讨了内疚(内疚和羞耻)以及其他情感(愤怒、悲伤、骄傲和情感冷漠)在激发环境责任行为意图和实际行为中的作用③。当面对人为环境破坏时,参与者的负罪感明显增加,罪恶感在激发环境责任行为方面具有重要的心理学意义,它调节了实验操作对行为意图和实际行为的影响。卡特林(Chatelain)等人测试了人们过去的限制亲环境的行为,并研究了在这种情况下情感影响的作用,指出积极的情绪能促进环保行为④。一些具体的情感因素对于环境责任行为的影响也逐步细化,例如,怀旧情绪对于旅游者环境责任行为的促进作用⑤。

　　此外,个体的环境责任行为亦展现了个体对地方环境的整体情感表达,包含其他不同类别的情感类型,如生态恐惧感、自然亲近感等。有研究者构建了情感–行为的双因素理论框架,实证结果显示,环境情感包括环境忧虑

---

　　① CHATELAIN G, HILLE S L, SANDER D, et al. Feel good, stay green: Positive affect promotes Pro-environmental behaviors and mitigates compensatory "mental bookkeeping" effects [J]. Journal of Environmental Psychology,2018(56):3 – 11.

　　② ONWEZEN M C, ANTONIDES G, BARTELS J. The norm activation model: An exploration of the functions of anticipated pride and guilt in Pro-environmental behaviour [J]. Journal of Economic Psychology,2013,39:141 – 153.

　　③ REES J H, KLUG S, BAMBERG S. Guilty conscience: motivating Pro-environmental behavior by inducing negative moral emotions[J]. Climatic Change,2015,130(3):439 – 452.

　　④ CHATELAIN G, HILLE S L, SANDER D, et al. Feel good, stay green: Positive affect promotes Pro-environmental behaviors and mitigates compensatory "mental bookkeeping" effects [J]. Journal of Environmental Psychology,2018(56):3 – 11.

　　⑤ WU Z, CHEN Y, GENG L, et al. Greening in nostalgia? How nostalgic traveling enhances tourists' Pro-environmental behaviour[J]. Sustainable Development,2020,28(4):634 – 645.

感、环境热爱感等五个维度①。余真真等研究者认为,环境责任行为领域的情感可分为亲近感、道德感和恐惧感三种,其被认为是环境责任行为的有力预测因素②。自然亲近感指个体与自然建立的正向情感联系,突出表现为个体对自然的热爱,它被认为是人与自然关系中最有力量的情感。道德情感是指个体有关道德认知和决策引发的情感反应,它属于"自我意识情感"。作为一种社会性情感,道德情感在个体的道德准则和道德判断间呈现重要的社会作用③。昂韦曾(Onwezen)等人对自我意识情感的定义更加具体,他认为自我意识情感旨在唤起个体的道德责任与规范,继而引发的情感反应,包括自豪、内疚、愤怒等④。生态恐惧感是人们基于强烈的环境后果意识产生的⑤。亲近感、道德感和恐惧感都能够预测个体的环境责任行为,区别在于解释力的强弱。例如,博恩(Bohm)等研究者发现恐惧感是个体对环境变化感知的最显著的情感反馈⑥。

三、道德动因视角下的环境责任行为理论基础与影响因素

道德视角下的环境责任行为预测模型更多将其理论核心置于规范层面。该类道德模型基于如下事实:个人的意图和实际行为并不总是完全依赖于成本效益计算,个体更有可能因为道德原因而产生亲环境或亲社会

① 王建明.环境情感的维度结构及其对消费碳减排行为的影响:情感 – 行为的双因素理论假说及其验证[J].管理世界,2015(12):82 – 95.

② 余真真,田浩.亲环境行为研究的新路径:情理合一[J].心理研究,2017,10(3):41 – 47.

③ 李占星,朱莉琪.道德情绪判断与归因:发展与影响因素[J].心理科学进展,2015,23(6):990 – 999.

④ ONWEZEN M C, BARTELS J, ANTONIDES G. Environmentally friendly consumer choices:Cultural differences in the self-regulatory function of anticipated pride and guilt[J].Journal of Environmental Psychology,2014,40:239 – 248.

⑤ KOENIG L N,PALMER A,DERMODY J,et al. Consumers' evaluations of ecological packaging – Rational and emotional approaches[J].Journal of Environmental Psychology,2014(37):94 – 105.

⑥ BOHM G. Emotional reactions to environmental risks:Consequentialist versus ethical evaluation[J].Journal of Environmental Psychology,2003,23(2):199 – 212.

行为。

（一）理论基础

利己主义和利他主义都承载着道德哲学的理论内核。关于利他主义和利己主义的辨析，一直是哲学、社会学、心理学等领域的经典命题，受到了不同维度的理论探讨。就宏观层面而言，利己主义和利他主义对于推动经济、社会发展具有重要意义。作为一种价值观的典型表现，利己主义与利他主义能够影响个体的行为决策，主要体现在其亲社会行为层面。

1.利己主义

利己主义价值观成熟于十八、十九世纪，其代表学者为爱尔维修（Claude Helvetius）、霍尔巴赫（Paul Henrid Holbach）、费尔巴哈（Ludwig Andreas Feuerbach）、车尔尼雪夫斯基（Николай Гаврилович Чернышевский）[1]。利己主义的概念定义比较广泛，桑德斯（Steven M. Sanders）认为，利己主义立足于个体利益最大化的假设，任何时候个体都应该追求自身利益的最大化而非牺牲自我利益[2]。利己主义源于自我保护的本能和以个人生存为目标的有针对性的行动，甚至不惜牺牲其他物种代表的利益[3]。利己主义通常被认为是人类自私的体现，其突显了个人利益与公众利益之间的不均衡。

关于利己主义的社会效用，大多理论视角均持批评观点。利己主义的批评者认为，资本主义时代，人类的社会生活环境被认为是一种无情且自私的竞争。有影响力的社会学家鲍曼（Bauman）指出，绝大多数的人倾向于仅考虑自身利益，行事自私自利，只有少数人愿意无私地帮助他人[4]。此类自私的行为被认为是资本主义制度的典型特征，衍生了许多个人和集体的缺

---

① 王海明.利他主义与利己主义辨析[J].河南师范大学学报（哲学社会科学版），2001（1）：19-26.

② GRANGE J，SCHACHT R. The international encyclopedia of ethics[J]. Philosophy and Phenomenological Research，2013，32（3）：430.

③ KIRZNER I. The meaning of market process[M]. London：Routledge，1992.

④ BAUMAN Z. Missing community[M]. Cambridge：Polity Press，2000.

点①。特别的,利己主义导致的市场行为,亦是一种自私的体现,它会排挤人类的美德②。传统经济理论被指责建立在利己主义导致的动机之上,许多学者认为,标准的社会经济科学模型"要求、证明并促进了自私行为",其中,亚当·斯密经常被指责把自私作为经济理论化的核心。"经济人"假设认为,个体在决策时会权衡自身得失利弊,做出对自己利益最大化的选择,该观点的实质也属于一种利己主义。

然而,利己主义并非具有极端的排他属性。市场体系中的经济行为(如房地产市场中的经济行为)是基于目的性,但不一定是自私的目的;在一定意义上,正是目的激发了个体的动机与行为③。积极经济学并不一定需要把经济行为者定义为自私的,完全出于利己主义驱使。当个体在追求自身利益的过程中,其可能会更有效地促进公共与社会利益④。就道德层面而言,利己主义认为道德目的、道德标准通常是他律而非自律的,旨在保障社会风气的正向发展。就善恶原则而言,合理利己主义认为,利己目的仅针对个体自身,不会对社会和他人造成危害,因此这种利己主义无关道德目的,不存在善恶成分和道德判断。

随着行为经济学发展,传统的理性人假设不断受到挑战,特别是有限理性理论的出现进一步冲击了经济人假设。塞勒认为,个体在进行行为决策时,并不一定完全遵循利己原则,其考虑的不仅是我者利益最大化,亦包括他者利益,即"利他"。社会生活中,人们会通过合作行为来达到自我利益与

---

① MURTAZA N. Pursuing Self-interest or Self-actualization[J]. Ecological Economics, 2011(70):577－584.

② MORONI S. Individual motivations, emergent complexity and the just city: Is egoism one of the main problems of contemporary social－spatial realities, and altruism the principal antidote[J]. Cities, 2018(75):81－89.

③ KIRZNER I. The meaning of market process[M]. London: Routledge, 1992.

④ SMITH A. An enquiry into the nature and causes of the wealth of nations[M]. London. Indianapolis: Hackett, 1993.

他者利益的一致,产生共赢,甚至会无私地弱化自我经济利益来进行慈善捐赠①。一些特定的社会行为与利己主义是密不可分的,并且对于社会发展提供更强劲的动力,例如,合作行为②。因此,持有利己主义价值观的个体,与其产生亲社会行为并不存在对立与矛盾。当个人期望从负责任的行为中获得更高的回报时,利己主义者可能会增强个体对社会责任重要性的感知③。

在特定的亲社会行为理论框架中,利己主义呈现出更加明确而具体的行为属性。人们关于环境的决策,是典型的公共利益导向,个体价值观亦会产生影响。关于利己主义对个体环境责任行为的影响作用,目前的研究结论存在分歧。有研究观点认为,环境责任行为需要个体牺牲部分自我利益,因此个体的利己主义价值观与其环境责任行为呈现负相关,例如,物资的循环利用、减少个人汽车使用和家庭二氧化碳排放等④。做出帮助他人或保护自然环境的决策时,个体的利己主义价值观提高了自我导向动机的水平,因为追求利己主义价值观的目的是最大化个体的个人利益,而不是最大化他人的结果⑤。在这种观点导向下,个体能够从帮助他人或者亲社会行为中获得积极的情感体验,并使其成为一种核心驱动力。个人倾向于帮助他人,因为他们通过对社会和环境负责的行为实现了预期的个人利益,这种利益可能是情感体验,亦可能是自我成就⑥。具体而言,预期的积极情绪会促使个

---

① MORONI S. Individual motivations,emergent complexity and the just city:Is egoism one of the main problems of contemporary social – spatial realities,and altruism the principal antidote[J]. Cities,2018(75):81 – 89.

② MEGLINO B M,KORSGAARD M A. Considering situational and dispositional approaches to rational Self-interest:an extension and response to De Dreu[J]. Journal of Applied Psychology, 2006(91):1253 – 1259.

③ BRODBACK D,GUENSTER N,MEZGER D. Altruism and egoism in investment decisions [J]. Review of Financial Economics,2019,37(1):118 – 148.

④ KIM M,KOO D W. Visitors' Pro-environmental behavior and the underlying motivations for natural environment:Merging dual concern theory and attachment theory[J]. Journal of Retailing and Consumer Services,2020(56):102147.

⑤ 同④.

⑥ ANDREONI J. Impure altruism and donations to public goods:A theory of warm glow giving [J]. The Economic Journal,1990,100(401):464 – 477.

人帮助他人,尽管其依旧出于自我利益的满足,并不会更多关注他人的情感体验。这种自利动机与利己主义价值观密切相关,因为两者都关注自我导向的取向①。当个体持有一种高价值的利己主义时,其行为模式可能会综合考虑精神利益或心理成就,由此强化他们帮助他人或社会的动机与意义。

2. 利他主义

英语中的"利他主义"(Altruism)一词最早是由法国的社会学家奥古斯特·孔德(Auguste Comte)提出的②。而利他主义的思想曾以友爱、仁慈等方式出现在古希腊哲学的讨论之中。亚当·斯密的《道德情操论》(*The theory of Moral Sentiments*)指出,无论假定人类有多自私,在人的天性中明显有一些原则,会让他对其他人的命运感兴趣,并认为给予别人幸福是必要的,虽然他除了在看到别人幸福而觉得快乐之外别无所得③。相关理论在古代便已得到诸多探讨,到中世纪则占据绝对统治地位,进入近代和现代仍有极大影响。其主要代表人物包括孔子、墨子、耶稣、康德等思想家和哲学家。就概念而言,利他主义用于定义无私的、与他人有关的欲望,相关表述亦有区别。施瓦茨(Schwartz)认为,利他主义是指代表他人行事,而不期望从中获取任何利益④。波吉曼(Louis P. Pojman)认为,利他主义的理论核心在于关注他者利益,而非自我利益,甚至将他者利益置于自我利益之上⑤。亦有学者指出,利他主义是指以付出某种代价或对自己不利的方式,去关心他人的福祉

① BATSON C D,BATSON J G,SLINGSBY J K,et al. Empathic joy and the empathy – altruism hypothesis[J]. Journal of Personality and Social Psychology,1991,61(3):413 – 426.

② BERNARD W. Moral luck:Philsophical Papers 1973 – 1980[M]. UK:Cambridge University Press,2012.

③ SMITH A. The theory of moral sentiments[M]. Cambridge:Cambridge University Press, 2002.

④ SCHWARTZ S H. Elicitation of moral obligation and self-sacrificing behavior:an experimental study of volunteering to be a bone marrow donor[J]. Journal of personality and social psychology,1970,15(4):283 – 293.

⑤ PERRY J,BRATMAN M,FISCHER J M. Introduction to philosophy:Classical and contemporary readings[M]. London:Oxford University Press,1993.

和福利①。尽管定义不尽相同,但其理论核心均指向个体与他人之间的利益权衡以及道德关怀。利他主义并不一定包括极端的自我牺牲,而是考虑到其他个人的利益而采取行动的意愿,并不包含不可告人的动机②。

鉴于利他主义对社会进步与发展的积极意义,其受到诸多学科的深入探讨,如心理学、社会学、哲学、社会学等。利他主义可被认为是一种内在动机,其通过外在行为表现予以呈现,即利他行为。利他行为指人与动物有意增进群体中其他个体福利而不求回报的行为③。它是指个体出于自愿并使他人受益的行为,其动机并非期望奖励或避免惩罚④。人们不仅会被自己的利益驱使,也会被他人的利益驱使,因此他们可能有动机通过合作的行动来进行一些利他行为⑤。从进化论视角看,利他行为对群体和社会产生明确的积极效用,例如,社会成员之间的合作行为有利于增强群体的功能性,维系族群的延续;面对群体危机,利他的民族会产生更强的凝聚力,具有更高的存活概率,并且可能更快恢复与振兴发展⑥。在道德哲学中,利他行为的核心在于增进他人或社会利益,表现出典型的个体社会性⑦。

就性质而言,利他主义(行为)一般的分类包括亲缘利他、纯粹利他与互惠利他⑧。亲缘利他是指具有亲缘关系的个体之间产生的利他行为,血缘关系是其基本的行为纽带。依据亲缘选择理论,若利他者帮助与之具有共同

---

① BADHWAR N K. Altruism versus Self-interest:Sometimes a false dichotomy[J]. Social Philosophy and Policy,1993,10(1):90 – 117.

② 郭永玉. 人格心理学[M]. 北京:中国社会科学出版社,2005.

③ 第二届心理学名词审定委员会. 心理学名词[M]. 北京:科学出版社,2014.

④ CHOU K L. The Rushton,Chrisjohn and Fekken Self-report altruism scale:A Chinese translation[J]. Personality & individual differences,1996,21(2):297 – 298.

⑤ BATSON C D. Why act for the public good[J]. Personality and Social Psychology Bulletin,1994,20(5):603 – 610.

⑥ 谢晓非,王逸璐,顾思义,等. 利他仅仅利他吗? 进化视角的双路径模型[J]. 心理科学进展,2017,25(9):1441 – 1455.

⑦ 朱富强. 一个有关行为的利己性和利他性之划界标准:基于"为己利他"行为机理的分析[J]. 改革与战略,2010,26(11):20 – 31.

⑧ 叶航. 利他行为的经济学解释[J]. 经济学家,2005(3):23 – 30.

基因的个体,使其社会适应性提高,那么利他行为就可以得到进化①。纯粹利他旨在解释发生在无血缘关系的陌生人之间且无法得到直接互惠的利他行为。纯粹利他理论认为,社会群体中的个体分别扮演利他行为的旁观者和潜在参与者。更准确地说,纯粹利他主义行为主要是由对他人欲望或需求的认可所驱动的,其意味着对增加他人福利的关注。互惠利他是一种更具社会适应性的利他形式,其指行为双方均能获得部分利益。具体而言,虽然利他行为需要个体牺牲一部分自我利益,但这种代价可能获得某种心理或行为的积极反馈。从这个意义上说,"为己"和"利他"在一定程度上是统一的,两者能够有机融合,从而产生更积极的行为效用。

在环境责任行为的概念框架中,利他主义占据重要地位,受到更多关注与探讨。环境责任行为属于典型的利他行为,具有显著的社会和道德属性,利他主义被视为环境责任行为的理论根基之一。环境责任行为需要人们让渡个人实际利益,更多地关注环境保护,因此,利他主义会对个体环境责任行为产生积极影响。具有高水平利他主义价值观的个体,更有可能对他人(人或自然环境)表现出强烈的同理心,因为利他主义动机源于对他人生命和福祉的重视。利他主义对个体环境责任行为的影响可能通过作用于不同因素加以实现。持有利他主义价值观的个体可能会以追求社会和自然环境为导向目标,而不考虑自己的利益和帮助他人的成本。在日常情境中,相比利己主义,个体的环境保护行为更大程度上是由利他主义推动的。

利己主义与利他主义从不同视角解读了人与社会的关系,二者具有对立统一的内在逻辑关系。在现实主义视域下,振兴社会的一种方法是抑制利己主义,强调并鼓励利他主义。温斯坦(Weinstein)指出,社会问题的根源之一是过度的利己主义和自私,以及利他主义的缺失②。因此,解决这些问

---

① HAMILTON W D. The genetical evolution of social behaviour[J]. Journal of Theoretical Biology,1964,7(1):17–52.

② WEINSTEIN J. Giving altruism its due:A possible world or possibly no world at all[J]. Journal of Applied Social Sciences,2008,2(2):39–53.

题的一个必要的组成部分是在人们的信仰和行为方式中创造性地促进利他主义。该理论的出发点,植根于世界上大多数的宗教和人文主义伦理体系中。有学者试图用对利他主义的新关注取代当前假定的利己主义①。然而,利他主义对于社会的积极效益并非绝对完美的,如果将整个社会的行为均限制为利他行为,将不利于该社会中大多数成员间的协调努力。

在特定研究中,利己主义和利他主义可能会依据情境不同而产生转化。利己动机与利他动机之间的对比并非简单的线性对立关系,其二者在某种程度上亦存在内在的转化与平衡。相比之下,利己主义或自私可以被严格地定义为个体的行为动机,其仅关注自我利益而不考虑他人,甚至不惜牺牲他人。但是从结果主义导向,并不是所有利己的行为都必然是利己的,在利他主义的情况下,他人的利益是他们自身的目的,而在利己主义的情况下,其他人只是被视为达到自己目的的手段。一般情况,将利他动机理解为即使自己损失净福利也要提高他人福利的欲望,把利他举动理解为由利他动机提供了充足理由的举动。利己主义和利他主义之间平衡的典型表现即互惠利他,例如,当个体从事亲社会行为时,其亦能收获积极的行为反馈②。互惠利他体现了行为双方的互利共赢,具有更积极的社会文化意义,其对于鼓励旅游情境中个体的环境责任行为具有理论借鉴价值。

3."道德人"假设下的环境责任行为

在经济学领域视域中,"经济人"和"道德人"都被视为基本的理论假设,"经济人"产生的利己性与"道德人"产生的利他性呈现出一定的非对抗性矛盾,其成为经济学、道德哲学和伦理学等重要的研究命题③。与"经济人"相对,"道德人"对于行为决策的关注更多倾向于道德关系,其是一种道

① GATES D, STEANE P. Altruism:An alternative value in policy formation and decision making[J]. International Journal of Social Economics,2009,36(10):962-978.

② WILSON J P. Motivation,modeling,and altruism:a person-situation analysis[J]. Journal of personality & social psychology,1976,34(6):1078-1086.

③ 袁祖社.制度伦理学:新学理典范的创制及其实践介入性品格:现代社会"道德人"理想诉求何以可能的反思[J].陕西师范大学学报(哲学社会科学版),2010,39(2):63-71.

德行为模式的人格化体现。"道德人"假定符合行为利他主义,该观点更加追求他者而非我者利益最大化。在个体利益和公共利益出现一定冲突时,持有道德主导观念的个体更倾向于满足公共利益。特定情境中,个体行为决策的道德取向主要呈现为规范类因素的影响。

环境问题虽然是一个经济和政治问题,但从根本上说,它亦属于道德问题,需要人们在道德层面予以回应①。在社会心理学中,环境责任行为的道德理论关注于个人道德规范的影响,同时认识到成本和激励等外部因素最终限制了其规范–行为的关系强度。研究者对道德因素的关注是源于环境责任行为的利他属性。从本质上讲,环境责任行为属于亲社会行为,它具有很强烈的道德意义。李(Li)的研究证实,在非惯常环境下,道德将主导非本地旅游者环境责任行为,理性扮演次要角色②。

(二)代表模型与影响因素

1. 规范激活模型

规范激活模型是由施瓦茨提出的一种道德决策理论,主要用于解释利他主义以及个体的亲环境行为③。这种规范激活理论最初用于解释个体的帮助行为,而后拓展到包含亲环境行为在内的无私的亲社会行为④。施瓦茨将涉及规范的行为概念化为道德义务感所导致的行为,这种道德义务感要求人们以规范一致的方式行事。道德义务感是由激活的个人规范引起的。规范激活理论的基本假设是个人道德规范的激活会影响亲社会行为决策,

---

① WILLISTON B. Moral progress and Canada's climate failure[J]. Journal of Global Ethics, 2011,7(2):149 – 160.

② LI Q C,WU M Y. Rationality or morality? A comparative study of Pro-environmental intentions of local and nonlocal visitors in nature – based destinations[J]. Journal of Destination Marketing & Management,2019(11):130 – 139.

③ SCHWARTZ S H. Normative influences on altruism[M]. New York:Academic Press, 1977.

④ BOTETZAGIAS I,DIMA A F,MALESIOS C. Extending the theory of planned behavior in the context of recycling:The role of moral norms and of demographic predictors[J]. Resources,conservation and recycling,2015(95):58 – 67.

激活的两个先决条件是：其一，个人必须意识到自身行为会对他人的福利产生影响（后果意识）；其二，个人必须承担采取该行为的社会责任（责任归属）。如果行为主体并没有意识到他的个人行为会对环境产生积极或消极的影响，即使个体意识到责任需要，道德决策也不会发生。一些研究者已经对规范决策模型进行了实证检验，并且成功地将其应用于解释旅游者亲环境行为。昂韦曾等人以越南为例，探索预期的骄傲和内疚在亲环境行为中的作用①。

2. 价值 - 信念 - 规范模型

斯特恩基于价值理论、施瓦茨的规范激活模型和新环境范式视角，发展了价值 - 信念 - 规范理论来研究亲环境行为的决定因素，该理论集中解释了个体的信念和规范如何影响其亲环境行为②。该理论假设个体对自然的行为友好程度取决于个体的价值观，这些价值观影响着个体对行为结果的意识，从而影响他对环境负责的行为。斯特恩将亲环境行为分为四种类型：私人领域的行为、组织中的行为、环境激进主义和公共领域的非激进行为③。该模型认为，个体亲环境行为是由价值观、信念和个人规范引导产生的。价值观包括利己价值观、利他价值观和生物圈价值观三种类型。信念是个体对于亲环境行为的一种认知与判断。个人规范从信念中被激活并与实际行为产生联系。梅方（Mei - Fang）等人以东亚地区为例，探讨了价值 - 信念 - 规范理论模型的适用性，同时在台湾预测了民众的亲环境行为④。道德因素主要包括旅游者在旅游过程中遵守的道德约束和道德意识，突出呈现在各类规范层面等。其典型理论代表是规范激活模型，它包含后果意识、责任归

---

① ONWEZEN M C, ANTONIDES G, BARTELS J. The norm activation model: An exploration of the functions of anticipated pride and guilt in Pro-environmental behaviour[J]. Journal of Economic Psychology, 2013(39): 141 - 153.

② STERN P. New environmental theories: Toward a coherent theory of environmentally significant behavior[J]. Journal of Social Issues, 2000(56): 407 - 424.

③ 同②.

④ CHEN M F. An examination of the value - belief - norm theory model in predicting Pro-environmental behaviour in Taiwan[J]. Asian Journal of Social Psychology, 2015, 18(2): 145 - 151.

属和个人规范①。通过实证检验,瓦斯克(Vaske)等人发现这三个因素能够有效解释旅游者环境责任行为②。最近研究表明,道德脱离是抑制旅游者环境责任行为的因素之一③。多尔尼卡尔和格伦(Dolnicar 和 Grün)研究发现,个体在家庭、社区等情境下具有更高水平的道德义务感④。库珀(Cooper)等人认为,在野生动物旅游中,娱乐主义者比非娱乐主义者更有可能自愿参与环境责任行为⑤。总体来看,无论是驱动作用还是抑制作用,道德因素无疑对旅游情境中的个体的环境责任行为是重要的。

规范的含义较广,其可被理解为在社会中共享影响思维和行为的语言和文化习俗⑥。在相同的社会环境中,遵循这些不同种类的规范源自多种动机,并产生独特的,有时甚至是相反的行为模式⑦。目前环境责任行为领域研究中的规范种类较多,包括社会规范、个人规范、道德规范等⑧。在一定程度上,不同规范都可以概念化为社会规范,因为它们均来自集体活动以及知

① SCHWARTZ S H. Normative influences on altruism[M]. New York：Academic Press, 1977.

② VASKE J J, JACOBS M H, ESPINOSA T K. Carbon footprint mitigation on vacation：A norm activation model[J]. Journal of Outdoor Recreation and Tourism, 2015(11)：80 − 86.

③ WU J, FONT X, LIU J. Tourists' Pro-environmental behaviors：Moral obligation or disengagement? [J]. Journal of Travel Research, 2021, 60(4)：735 − 748.

④ DOLNICAR S, GRüN B. Environmentally friendly behaviour：Can heterogeneity among individuals and contexts/environments be harvested for improved sustainable management[J]. Environment and Behavior, 2009, 41(5)：693 − 714.

⑤ COOPER C, LARSON L, DAYER A, et al. Are wildlife recreationists conservationists? Linking hunting, birdwatching, and Pro-environmental behavior[J]. The Journal of Wildlife Management, 2015, 79(3)：446 − 457.

⑥ CIALDINI R B, RENO R R, KALLGREN C A. A focus theory of normative conduct：Recycling the concept of norms to reduce littering in public places[J]. Journal of Personality and Social Psychology, 1990(58)：1015 − 1026.

⑦ BICCHIERI C. The Grammar of Society：The nature and dynamics of social norms[M]. Cambridge：Cambridge University Press, 2006.

⑧ REYNOLDS K J, SUBA I E, TINDALL K. The problem of behaviour change：From social norms to an ingroup focus[J]. Social and Personality Psychology Compass, 2015, 9(1)：45 − 56.

识共享和实践中①。社会规范是许多行为改变干预措施的关键要素,尤其是当目标是大规模、持续的行为改变时,在公共部门和学术研究中,社会规范的概念越来越被认为是动机和行为的关键组成部分,因此也是影响行为和改变行为的关键。社会规范被认为是"社会科学中最核心的理论建构之一,包括社会学、法律、政治学、人类学和日益增长的经济学"②。规范是与人的社会身份联系在一起的,旅游者的社会身份有其特殊性,即匿名化、建构化。因此,旅游者的个人与社会规范具有更重要的行为意义。有研究者认为,社会规范、道德义务等其他道德因素被证明是有益于旅游情境中个体的环境责任行为的③。韩(Han)等学者探究了媒体与旅游者环境责任行为的关系,以个人及社会规范的结合为重点,文章提出一个假设模型,解释支持环保的资料会对激发旅游者支持环保的行为意向产生直接及间接影响④。

四、综合动因视角下的环境责任行为影响因素

上述研究主要从单一维度视角,探讨了理性或情感或道德因素对于旅游情境中的个体的环境责任行为的影响。事实上,更多学者意识到旅游情境中的个体的环境责任行为的复杂性,因此从综合的视角探讨这一问题。理性、情感和道德因素应该是共同影响旅游者环境责任行为的最主要的三个方面。

韩(Han)等人检验了游轮旅行中环境责任行为的影响因素,发现道德和主观规范是影响旅游者环境责任行为意愿的主要因素,预期情绪和道德

① TURNER J C. Social Influence[M]. Milton Keynes,UK:Open University Press,1991.

② 同①.

③ REYNOLDS K J,EMINA S,TINDALL K. The problem of behaviour change:From social norms to an ingroup focus[J]. Social and Personality Psychology Compass,2015,9(1):45-56.

④ REYNOLDS K J,EMINA S,TINDALL K. The problem of behaviour change:From social norms to an ingroup focus[J]. Social and Personality Psychology Compass,2015,9(1):45-56.

规范是重要的中介因素①。在一些研究中,研究者同时选取几类因素进行分析。张(Zhang)等学者以九寨沟居民为例,探讨居民关于灾害的认知程度、结果、价值观和地方依恋对他们的环境责任行为的影响②。在李(Lee)的研究中,环境意象(理性感知)对环境责任行为没有影响,而个体对休闲运动的狂热(情感因素)显著影响环境责任行为③。但另一研究表明,目的地感知、服务感知等理性感知都能影响旅游者的环境责任行为④。

此外,环境责任行为的一些调节因素也应该被关注。早期研究已经认识到了人口统计学因素和旅游特征等因素的影响作用⑤。一些实证研究的结论可能会因被试的身份、年龄、受教育程度等人口学特征的不同而产生差别。除此之外,旅游特征对个体环境责任行为的影响同样得到支持,如目的地的类型、空气污染程度⑥。经济、社会发展因素等也会影响旅游者环境责任行为⑦。当前研究对于上述因素在旅游者环境责任行为形成过程中的作用尚待进一步认识。

第一,现有研究中,对于影响因素的分析具有丰富性与综合性,但较为

① HAN H,OIYA H G T,KIM J J,et al. Model of sustainable behavior:assessing cognitive,emotional and normative influence in the cruise context[J]. Business Strategy and the Environment,2018,27(7):789 – 800.

② ZHANG Y,ZHANG H L,ZHANG J,et al. Predicting residents' Pro-environmental behaviors at tourist sites:The role of awareness of disaster's consequences,values,and place attachment[J]. Journal of Environmental Psychology,2014(40):131 – 146.

③ LEE W,JEONG C. Effects of Pro-environmental destination image and leisure sports mania on motivation and Pro-environmental behavior of visitors to Korea's national parks[J]. Journal of Destination Marketing & Management,2018(10):25 – 35.

④ 葛米娜.游客参与、预期收益与旅游亲环境行为:一个扩展的 TPB 理论模型[J].中南林业科技大学学报(社会科学版),2016,10(4):65 – 70.

⑤ HEDLUND T,MARELL A,GÄRLING T. The mediating effect of value orientation on the relationship between socio – demographic factors and environmental concern in Swedish tourists' vacation choices[J]. Journal of Ecotourism,2012,11(1):16 – 33.

⑥ LEE T H,JAN F H. Ecotourism behavior of nature – based tourists:An integrative framework[J]. Journal of Travel Research,2017,57(6):792 – 810.

⑦ IVLEVS A. Adverse welfare shocks and Pro-environmental behavior:Evidence from the global economic crisis[J]. Review of Income and Wealth,2019,65(2):293 – 311.

繁杂,缺乏具体的逻辑主线对其进行针对性因素比较。既往研究中对于环境责任行为影响因素的探究视角较为多元,涉及不同的个人、环境与社会层面。在旅游研究领域,部分研究者将已有影响因素置于旅游情境中并对其进行验证;部分研究者则从旅游化的视角出发,从新的情境维度去分析影响旅游者环境责任行为的具体因素。然而,影响因素的丰富性使得研究者在进行梳理与整合时缺乏逻辑主线,针对性不强,其适用性也随之减弱。后续研究可对已有影响因素进一步归纳整理,建立不同逻辑对其进行串联,进而推动旅游者环境责任行为研究更加条理化、具体化和精细化。

第二,既有心理动机因素对环境责任行为的影响程度缺乏对比。目前研究已经涉及了不同心理因素对旅游者环境责任行为的影响作用,理性、情感和道德因素对旅游情境中个体的环境责任行为具有重要影响。但是,关于这三方面因素在其中所发挥的主导性作用而言,现有结果并没有在学术观点上表现出较高的一致性。即使是同一研究中包含多类别的影响因素,它们依旧没有指出在理性、情感和道德因素中,哪一类对旅游者环境责任行为产生更大的影响。在旅游情境中,哪类因素对个体环境责任行为起了主导作用,其可能无法通过具体的某个实证研究得以解决,需要大样本数据和系统性思维予以深入解析。旅游情境中个体的环境责任行为决策具有复杂性和综合性,单维度因素的作用和预测是不够全面的。对于心理动机因素间的关系以及它对旅游者环境责任行为的影响程度大小尚无明确对比,因此目前研究仍旧无法获知心理动机因素的情境适用性。综上,不同心理动机因素对旅游者环境责任行为的相对作用程度需要进一步关注与分析。

第三,对于旅游情境与日常情境的二元关系关注度不够。尽管旅游情境与日常情境被认为是相对分离的,旅游者的行为也会受其影响而产生差异,但是行为具有相对的稳定性,日常情境中的某些行为特质,依旧会影响个体在旅游情境中的行为表现。同时,理性、情感和道德动因对旅游者环境责任行为的影响作用还会受到日常情境中稳定的调节因素影响，如性别、年龄等人口学变量。因此，脱离日常情境来预测旅游情境中个体的环境责任行为可能存在一些偏差，当前需要统筹考虑二者间的联系与延续性。

第三篇

❖ ❖ 方法的迭代 ❖ ❖

第七章　旅游者环境责任行为的
研究方法概述

前面章节对环境责任行为的相关概念、影响因素等进行了综述,发现国际层面的环境责任行为研究已经获得了丰富的理论积淀。尽管目前环境责任行为研究已经建立了多个理论框架,安蒂莫娃(Antimova)等人依旧认为环境责任行为是可持续旅游中需要被持续探讨的研究主题①。除了认识论层面对于环境责任行为的探讨,在方法学视角上,学界也需要更多的实证研究予以拓展。方法论层面的研究要点在于使用新的方法和技术来概念化并验证旅游者环境责任行为模型②。早期的环境责任行为研究采用传统定性研究方法,而后受到国外环境心理学影响,研究人员开始采用结构方程模型、模型构建等计量方法③。

---

① ANTIMOVA R, NAWIJN J, PEETERS P. The awareness/attitude – gap in sustainable tourism:A theoretical perspective[J]. Tourism Review,2012,67(3):7 – 16.

② KIATKAWSIN K,HAN H. Young travelers' intention to behave Pro-environmentally:Merging the value – belief – norm theory and the expectancy theory[J]. Tourism Management,2017(59):76 – 88.

③ 汪静怡,罗书岐.基于 citespace 的环境行为研究[J].环境保护科学,2023,49(2):18 – 24.

在方法论层面而言,环境责任行为测量的科学性和客观性同样具有重要的理论价值,该问题逐步获得更多关注。考虑到数据获取的成本与条件,现有大多数研究倾向于采用自我报告数据,该类数据源于被试对自身环境责任行为的主观评估。这种主观评估的真实性可能因情境、人际等诸多因素影响而产生误差。因此,越来越多研究者发现了自我报告方法存在的弊端与不足,寻找并尝试更加科学和客观的方法论。其中,心理学实验法对行为的分析与解释更具客观性,因而受到更多重视。

本章介绍了一些分析工具和方法,以便对环境责任行为的研究进行结构化预测,包括定性和定量的研究方法。在未来研究中,随着研究问题的多元化和复杂化,研究技术和方法并不孤立存在,它们可以通过多种方式进行选择和组合。在此背景下,可用的方法框架和技术将大大加速研究进程,同时使营销实践中的战略思维能够焕然一新。

第一节　旅游者环境责任行为的
定性研究方法

在社会科学领域,以案例研究为导向的定性研究一般通过过程追踪和分析,得出复杂、独特的因果推论,以下介绍几种在旅游者环境责任行为研究中的常见定性方法。

一、访谈法

(一)概念相关

访谈法是一种常见的质性研究方法,用于获取个体或群体的观点、看法和经验。这种方法通常通过直接向受访者提出问题,并记录他们的回答来收集数据。访谈法在社会科学、人文科学和其他研究领域中被广泛使用,因为它能够提供关于研究对象内在的深入的理解和详细的信息。一般而言,访谈可以分为结构性和非结构性两种。结构性访谈使用预定的问题,而非结构性访谈则更加灵活,允许自由流动的对话。按照参与对象的人数,访谈法也可分为个别访谈与焦点小组访谈,个别访谈是研究者与受访者一对一地交流,而焦点小组访谈则是一组人共同参与的群体讨论。

访谈法有其一般的优缺点。优点主要表现在,首先,便于对象的深入理解。访谈法能够通过语义信息挖掘,深入了解受访者的内在观点和经验,提供详细的信息。其次,方法的灵活性。非结构性访谈较少受到框架限制,具有一定灵活性,能够适应研究的动态需求。最后,便于建立信任,通过面对面的交流,研究者可以建立与受访者之间的信任关系。缺点主要表现在:首先,主观性,访谈法的研究工具主要是研究者本身,其研究结果会受到研究者主观解释的影响,可能存在偏见。其次,时间成本较高,个别访谈可能比其他数据收集方法更为耗时,尤其是在大样本研究中。最后,样本存在限制,由于受访者是有选择性的,且数量有限,其样本可能不够代表性。

(二)访谈法在环境责任行为研究中的应用

质性方法在环境责任行为的研究中相对鲜见。该方法旨在通过个体的自我陈述来诠释其对环境责任行为的理解与表现,即自我报告。自我报告方法旨在由参与者来诠释自我感受、态度等,以此获取研究资料并得出结论。该方法要求个体提供有关他们在日常生活中所从事行为的属性的信息,具有很强的主观性特征[①]。由于个体的心理及行为无法被直接观测到,因此现有研究对于环境责任行为的测量主要依赖于自我报告。

访谈法是典型的质性研究方法之一,其通过结构化访谈与研究对象进行交流,从而了解个体对研究主题所持的观点、态度、意向等。麦金泰尔(MacIntyre)等人运用质性研究方法,从环境心理学、运动心理学、组织心理学和积极心理学的理论角度,分别选取男性和女性极限运动员作为访谈对象,通过自传体描述,了解和理解个体对极限运动对健康、恢复力和环保行

---

① LANGE F, DEWITTE S. Measuring Pro-environmental behavior:Review and recommendations[J]. Journal of Environmental Psychology,2019(63):92－100.

为的益处的态度①。安德森(Andersen)等人运用来自访谈和实地记录的数据,聚焦于特定的家庭单元,评估了儿童环境责任行为所呈现的代际效应②。自我报告日记也是一种质性研究,楚和邱(Chu,Chiu)在进行环境责任行为评估时,让参与者每天记录他们回收的纸张数量,以此来判断个体的环境责任行为③。贝尔纳迪(Bernardi)以意大利葡萄酒行业为研究背景,对22名企业家的身份及其环境责任行为进行了定性归纳研究④。考虑到纯粹质性研究的主观性偏差,也有部分研究采用质性与量化相结合的研究方法。

自我报告方法是行为决策的典型研究方法之一,该方法具有成本低、易于使用且具有灵活性等优点,故称为多数研究者首选的数据收集方法⑤。自我报告方法使用最为广泛,但也常常受到质疑,有时甚至被视为研究的局限性所在。首先,个体并不是自我行为的公正观察者⑥。很多研究者认为,自我报告方法会受到被试社会性的影响,同时它具有过强的主观性。研究人员所能了解的内容局限于被试想要呈现的内容,参与者可能希望他们的回答与他们理想中或者研究人员的希望或偏好一致。其次,人们通常并不擅于报告自己的过去并预测未来的行为。基于多种原因,个体对过去行为的报告往往不够准确,具体包括如下现象:个体难以回忆起实际行为(比如,精确的旅行时间及路线);个体不想承认的实际行为(例如,在国家公园乱扔垃

① MACINTYRE T E,WALKIN A M,BECKMANN J,et al. An exploratory study of extreme sport athletes' nature interactions:From well – being to Pro-environmental behavior[J]. Frontiers in psychology,2019(10):1233 – 1242.

② ANDERSEN P. Children as intergenerational environmental change agents:Using a negotiated protocol to foster environmentally responsible behaviour in the family home[J]. Environmental Education Research,2018,24(7):1076 – 1076.

③ CHU P Y,CHIU J F. Factors influencing household waste recycling behavior:Test of an integrated modes[J]. Journal of Applied Social Psychology,2023,33:604 – 626.

④ BERNARDI C D,PEDRINI M. Entrepreneurial behaviour:Getting eco – drunk by feeling environmental passion[J]. Journal of Cleaner Production,2020(256):120367.

⑤ KORMOS C,GIFFORD R. The validity of Self-report measures of Pro-environmental behavior:A meta – analytic review[J]. Journal of Environmental Psychology,2014(40):359 – 371.

⑥ LANGE F,DEWITTE S. Measuring Pro-environmental behavior:Review and recommendations[J]. Journal of Environmental Psychology,2019(63):92 – 100.

圾),建构虚假信息,隐藏真实的行为原因。对参与者而言,准确地说明行为意图比产生实际行为更加困难,因此自我陈述的行为意图能够预测实际行为的可能性比较小。卡尔松(Karlsson)等研究者发现,在乘船游览等其他既定条件相同的情况下,个体的环境责任行为意愿和实际的环境责任行为差距为46%①。科莫斯(Kormos)等人通过元分析发现,79%的自我报告行为和客观行为之间的关联差异仍然无法解释,特别是环境责任行为②。

综上,自我报告方法在环境责任行为研究中的局限性逐渐受到诸多研究者的重视。相较而言,实验研究能够从更加客观的角度来判断变量之间的因果关系,该方法能够弥补自我报告数据带来的主观性过强等问题。另外,神经科学则为个体的认知和决策提供了更为客观准确的生理参考依据。该方法的基本假设在于,个体心理和行为的本质都在于大脑的运作。神经科学则利用不同的大脑探测技术来推断其内部的运作细节。

(三)研究举例

访谈法是旅游研究中最常用的质性方法之一,多用于深入了解旅游利益相关者的体验、态度和行为。以汉纳(Hannah)等学者的一项研究为例③,该研究使用访谈等定性研究方法,旨在探讨将环境可持续性视为其身份重要组成部分的个人的概念化。研究人员采访了一些自称为可持续生活方式的被试,共28名。这些参与者分别进行了26次访谈,包括个人访谈和成对访谈。访谈在参与者方便的地点进行,持续时间为30—90分钟。在访谈过程中,参与者会被问及一系列半结构化的问题,包括他们如何定义可持续发展,他们对这个话题的感兴趣程度,其亲环境行为表征,延续可持续生活方

---

① KARLSSON L,DOLNICAR S. Does eco certification sell tourism services? Evidence from a quasi – experimental observation study in Iceland[J]. Journal of Sustainable Tourism,2016,24(5):694 –714.

② KORMOS C,GIFFORD R. The validity of Self-report measures of Pro-environmental behavior:A meta – analytic review[J]. Journal of Environmental Psychology,2014(40):359 –371.

③ Uren H V, Dzidic P L, Roberts L D, et al. Green – Tinted glasses:How do Pro-environmental citizens conceptualize environmental sustainability? [J]. Environmental Communication,2019,13(3):395 –411.

式的障碍,以及他们对社会可持续发展的看法。采访记录和文本分析同时进行,以便根据需要更新采访时间表。总体而言,使用访谈这种定性研究方法,旨在深入了解那些追求可持续生活方式的个人如何将环境可持续性概念化,他们在制定其身份时的角色和责任,环境可持续性身份的功能,以及塑造这些概念化的潜在社会力量。

二、扎根理论

(一)概念相关

扎根理论(grounded theory)是一种定性研究方法,旨在通过对数据的系统性分析和理论构建来产生新的理论,由格拉泽和施特劳斯(Glaser,Strauss)于1967年提出①。作为一种自下而上建构理论的质性研究方法,扎根理论在社会学、人类学等研究领域不断发展。扎根理论常常被认为是所有解释方法中最现代主义和实证主义的方法。研究者建构的理论要源于收集的各项原始资料,即从广泛资料中捕捉提取能够反映社会现象的最核心概念,随后通过不断比较这些概念再提炼出核心范畴,进而建立起概念、范畴间的相互关系,最后形成新的理论②。就研究过程而言,其包括开放性编码、主轴编码、选择性编码几个部分,直至达到理论饱和。开放性编码是指研究者在不限制先验理论的情况下,对数据进行逐步的、具体的分析。主轴编码是指在开放性编码的基础上,逐渐形成一些更一般、抽象的概念。选择性编码指在主轴编码的基础上,研究者选择与研究问题相关且有代表性的核心概念,进一步加以深入分析。理论饱和是指当研究者在数据分析中不再发现新的信息时,即达到理论饱和,此时理论被认为是相对完备的。该方法的目的不是建立普遍规律,而是对一种现象提出新的见解,并在人们知之甚少的情况下提出理论命题。

---

① GLASERBG, STRAUSSAL. The discovery of grounded theory: strategies for qualitative research[M]. NewYork: Aldine Publishing Company, 1967.

② 李东和,谢珍珍. 生态旅游环境教育功能的实现机制:从游客的环境恢复性感知和敬畏感到环境责任行为的研究[J]. 合肥工业大学学报(社会科学版),2023,37(6):86-96.

扎根理论要求研究者在研究初期不带有先入之见,不附加先验理论,以便更好地从数据出发构建理论,以获得对现象的认识或构建知识。研究者通过对数据进行不断的对比与归纳,逐步深化对概念和关系的理解。其中又包含了对比分析法与归纳分析法。对比分析法,也有研究将其称为比较分析法或对比法。对比分析法是将客观事物(研究对象)加以比较,旨在认识该事物(对象)的本质与内在规律,其源于对既有经验的积累,以及对类似情况的深入探究与归纳总结。研究者首先选取同一标准,以此为基准进行对象间的比较,常见的形式是数据量大小,这种量化对比能够显化变量间的强弱关系,据此得出同一性或差异性规律。对比分析法使用较为广泛,自然科学和社会科学均有所涉及,其旨在通过对具体研究对象的对比,解读与分析共同与差异,进而得出研究结论。

通常情况下,对比分析法与归纳法息息相关,共同使用。归纳法旨在将对比分析后的结果进行理论提纯,锁定某一类具体对象,通过建立标准加以对比与分析,从而获得普适性结论。归纳的逻辑实质在于将特定现象转化为一般规律,需要进行思维加工,在众多差异中提炼一致性。对比法与之存在相似之处,通过比较,更多强调研究对象的相同或相异的属性。面对零散、片面的研究对象或现象,研究者通常会综合运用对比法与归纳法,建立统一标准与逻辑体系,通过思维加工,将其转化为系统的、逻辑化的理论集,再结合研究情境,提炼研究对象或现象的异同点,以提取普适性的科学规律。例如,本书中的研究通过把不同心理动因进行归纳,按照理性动因、情感动因和道德动因的理论逻辑分类,运用对比分析法判断以上三类心理动因对旅游者亲环境行为的驱动作用程度,对比其重要性和相对效用程度。

扎根理论有其一般的优缺点。优点主要表现在:首先,便于新的理论生成。扎根理论能够生成具有实践意义的理论,而非仅仅验证已有理论。其次,方法的灵活性。适用于各种社会科学领域,能够处理复杂、多变的现象。最后,有助于对现象的深度理解,通过对数据的深入分析,能够提供对现象的深刻理解。缺点主要表现在:首先,主观性,访谈法的研究工具主要是研究者本身,其研究结果会受到研究者主观解释的影响,可能存在偏见。其次,难以量化,由于强调对质性数据的深入分析,难以进行统计学上的量化。

(二)扎根理论在旅游研究中的应用

扎根理论在旅游研究中获得了越来越多关注,也是定性旅游研究的热点。一方面,其具有明确的方法程序,有助于操作;另一方面,研究者能够在已有理论基础上创建自己的独到类别,更具创造性。扎根理论方法对旅游研究者具有重要的价值,因为扎根理论可以为旅游者及其与旅游环境的互动研究提供一个新的理解层次。扎根理论可以解释事件和关系,反映个人、群体和旅游体验中心过程的知识经验。在哲学层面,无论是客观主义、后实证主义还是建构主义,所有扎根的理论方法都遵循现实主义本体论立场①。在旅游研究中,改进扎根理论的方法有助于提高该领域的具体知识、方法论的地位,以及该领域作为理论发展研究的核心地位。因此,提高扎根理论研究的质量和价值,尤其是针对可持续旅游现象的研究具有重要意义。例如,在旅游伦理研究中,基于实地调查后的资料,进行扎根理论分析,以寻求对"公正的目的地"问题提供理论见解,抑或在可持续旅游系统的营销和开发中广泛适用的公平和公平问题②。作为旅游前沿、跨学科研究的先锋的势头,对扎根理论的不断深化和改进有助于弥合旅游理论和具体实践之间的差距。

(三)研究举例

近年来,旅游研究者不断尝试将扎根理论与其他方法相结合,以苏珊·鲍尔(Susann Power)的一项研究为例③。该研究采用了基于扎根理论的民族志方法,通过参与观察和深入访谈,研究者能够全面地了解和理解参与

---

① CHARMAZ K. Constructionism and the grounded theory [M]. New York: The Guilford Press, 2008.

② JAMAL T, CAMARGO B A. Sustainable tourism, justice and an ethic of care: Toward the Just destination[J]. Journal of Sustainable Tourism, 2014, 22(1): 11 – 30.

③ POWER S. Enjoying your beach and cleaning it too: A grounded theory ethnography of enviro – leisure activism[J]. Journal of Sustainable Tourism, 2022, 30: (6): 1438 – 1457.

者的行为和经验,从而构建出一个新的理论模型。就主题而言,该研究关注的是"环境休闲行动主义",即人们通过参与海滩清洁活动来表达对环境保护的关注和行动。这一主题在旅游研究领域尚属较新颖的研究方向,对于理解人们参与环境保护活动的动机和行为具有重要意义。研究发现,旅游者参与海滩清洁活动的动机和行为是受到个人、环境和休闲活动之间关系的影响的。该研究提出了一种"环境休闲行动主义"的概念指标模型,其将海滩清洁活动作为核心元素,通过概念和构建之间的关系,深入解释了参与者的行为和经验。该文所建构的关于可持续旅游中环境休闲行动主义的理论为理解和促进可持续旅游中的环境保护行为提供了重要的洞见与理论基础。

三、其他定性方法

诚然,在旅游者环境责任行为研究中,还有其他常见研究方法,同时也能够借鉴其他领域的定性方法。下面将简要介绍一些其他定性方法。

(一)文献分析法

文献分析法是一种常见的、基础的科学研究方法,其立足于对已有文献的归纳整理,一般能够被应用于各个学科研究中,使用范围较广。文献分析法有利于研究者统筹把握前人的研究成果、了解已有研究现状并分析目前的研究不足,从而有针对性地开展研究工作。文献分析法所使用的文献来源比较宽泛,针对某一特定研究主题,主要包括国内外各类已公开出版发行的期刊论文、会议论文、书籍、报告等等。

一般而言,中国知网、万方数据库、Web of science、Elsevier Science Direct、Springer 等国内外数据库都是基础的文献搜索来源,对环境责任行为及其相关理论概念进行全面的搜索、整理、归纳、总结,从整体把握环境责任行为及旅游者环境责任行为的研究现状及逻辑框架,为创造性的思维加工过程提供基础。研究者们一般通过文献分析法来把握旅游者亲环境行为主题的研究现状,结合研究目标来剖析其所蕴含的理论点,进而搭建其研究的逻辑框架基础。

(二)网络民族志

网络民族志是一种基于网络和数字媒体的人类学研究方法,旨在通过对在线社区、虚拟社交空间和网络文化的研究,深入了解和记录特定群体的社会、文化和行为特征。这一方法借鉴了传统民族志学的理念,但着重关注数字时代的在线互动和虚拟社群。民族志研究的前提是,个体不是生活在社会真空中,而是成为复杂的社会互动网络的一部分。在这个视角下,网络社区是寻找和解读消费者对产品、服务或品牌态度的理想场所,也是了解消费者对于这些产品或品牌的不同含义、仪式和体验的最佳地点。

网络民族志是具有探索性、描述性和适应性的研究方法,其能够获取相关性较强、详细并有效的数据。与传统的民族志相比,这种技术更简单,快捷,更便宜。由于传统的民族志需要参与者的观察,故意产生一些入侵,而互联网则是通过互联网接入来传播的,所以这也是较少侵入的。与其他定性方法(如焦点小组或个人深度访谈)相比,网络民族志更自然,而且侵入性更小。这种方法的一个局限性与调查是基于在线社区的事实有关,这可能不代表整个人群,并且可能是有限的。另外,研究人员负责解释其观察结果,这可以产生自然的有偏见或主观信息的问题。

罗伯特·库兹奈特(Robert Kozinets)根据在线社区的观察,开发了这种在线营销研究方法,收集有关新消费行为的见解①。他认为,网络志是适应当代社会生活的复杂性的民族志,其中技术的干预,即社交网络或博客的互动是一个上升的趋势。在线交互被认为是文化和行为的反映,通过它,我们可以真正理解人性。有研究聚焦于游戏化如何驱动电商用户的绿色消费行为,通过网络民族志方法,以蚂蚁森林及其用户数据,厘清了游戏化元素、功能等技术特征与游戏化示能性之间的多维度关系,提出了享乐与获益动机主导的短期游戏化驱动路径,及融合享乐、获益和规范多元动机主导的长期游戏化驱动路径,最终提炼了游戏化驱动电商用户绿色消费的实现路径模

---

① KOZINETS R V. The field behind the screen:Using nethnography for marketing research in online communities[J]. Journal of marketing research,2002,39(1):61－72.

型与理论框架①。

第二节　旅游者环境责任行为
研究中的量化方法

一、问卷调查法

（一）概念相关

问卷调查法(questionnaire survey)，是一种典型的自我报告式研究方法，其一般用于统计和调查，在社会科学研究领域使用较为广泛。该方法旨在通过设问，搜集被调查者对某一问题的实际观点或真实反馈，以此获得相关数据与信息。问卷调查法通常需要提供基础的设问问卷，以及确定被调研群体。

问卷由研究者根据主题进行设计，列举不同类别的问题，由被调查者按照问项来填写答案，再将这些问题转化为量化的测评结果，获得目标数据。问卷调查法的形式多样，可结合具体研究情境进行选择，常见形式为邮寄、电话和实地。问卷调查是一种规范化的研究工具，其优点在于其成本较低、易于操作且可量化，获取的数据具有较高可信度和有效性。

结合具体领域的研究需求，研究者可选取不同的问卷方式。具体而言，按照数据获取方式的不同，其可分为实地问卷、网络在线问卷、电话问卷等；按照题项设计形式的不同，其包括单项选择、多项选择、填空等。在旅游研究领域中，实地问卷调查法使用范围较广，一般依托特定的案例地或调研地，结合实地特征进行问卷的设计与发放。实地问卷调查法关注了旅游者或其他群体的心理感知与问题判断，多用于微观的旅游者心理与行为研究等。本研究旨在分析旅游者亲环境行为的心理机制，在建构理论模型后，利用实地问卷调查法，选取两个调研地进行数据采集，保证真实的情境性特

---

① 杜松华,徐嘉泓,张德鹏,等.游戏化如何驱动电商用户绿色消费行为:基于蚂蚁森林的网络民族志研究[J].南开管理评论,2022,25(2):191-204.

征,从而获取旅游者的真实体验数据。

(二)问卷法在旅游者环境责任行为研究中的应用

问卷是目前衡量个体环境责任行为最为常用的方法。此方法借助个体对于环境测评问题的同意程度来判断其环境责任行为意愿。已有环境责任行为测量量表较多,其维度划分主要是单维和多维。单维测量结构使用较为普遍,针对个体的具体环境责任行为加以测评,一般包括6个左右的题项,例如,我参与环境责任行为①,或者包含具体特征的题项,例如,过去的一个月,当我在家时会回收纸张②。多维测量结构对环境责任行为的划分更为细致,划分种类亦有区别。有研究根据个体环境责任行为的投入程度,将其分为高努力环境责任行为和低努力环境责任行为。例如,王(Wang)等人以计划行为理论为基础,比较了认知态度和情感态度对旅游者低努力和高努力环境责任行为意愿的差异效应③。也有研究依据环境责任行为的发生地点不同,将其分为公共领域环境责任行为和私人领域环境责任行为,例如,拉尔森(Larson)等人用混合方法研究了环境责任行为的多维结构④,卢(Lu)等人分析了员工在公共领域和私人领域的环境责任行为结构⑤。根据环境责任行为类别的不同,有研究着眼于更为具体的回收行为、节水行为和绿色购买行为等。马克尔(Markle)完善了针对环境责任行为的测量量表,他在

---

① OBERY A, BANGERT A. Exploring the influence of nature relatedness and perceived science knowledge on Pro-environmental behavior[J]. Education Sciences,2017,7(1):17-35.

② MAKI A, ROTHMAN A J. Understanding Pro-environmental intentions and behaviors:The importance of considering both the behavior setting and the type of behavior[J]. The Journal of Social Psychology,2017(157):517-531.

③ WANG X, QIN X, ZHOU Y. A comparative study of relative roles and sequences of cognitive and affective attitudes on tourists' Pro-environmental behavioral intention[J]. Journal of Sustainable Tourism,2020,28(5):727-746.

④ LARSON L R, STEDMAN R C, COOPER C B, et al. Understanding the multi-dimensional structure of Pro-environmental behavior[J]. Journal of Environmental Psychology,2015(43):112-124.

⑤ LU H, LIU X, CHEN H, et al. Who contributed to "corporation green" in China? A view of public-and private-sphere Pro-environmental behavior among employees[J]. Resources,Conservation and Recycling,2017(120):166-175.

49 项研究中确定了不少于 42 项独特的多项目亲环境测量问卷[1]。在旅游研究中,个体环境责任行为的测量通常直接借用一般环境责任行为的量表。李(Lee)等人将旅游者环境责任行为划分为 7 个维度,包括财务行为、公民行为、可持续行为等,这些因素可归类为日常情境中的环境责任行为和旅游情境中的环境责任行为[2]。

二、结构方程模型

(一)概念相关

结构方程模型(Structural Equation Modeling,SEM),一般用于判断变量间作用关系,是结合了探索性因子分析、相关分析和路径分析的第二代多元数据分析技术,在社会科学领域逐步成为一种应用较为广泛的统计分析方法。其优点表现在:第一,结构方程模型能够同时评价一系列的多元回归方程。第二,研究者能够运用该方法同时检查观测变量和潜在变量之间的关系,并解释估计和测量过程中可能产生的统计误差。结构方程模型一般包括测量模型和结构模型,前者用于判断观测变量与潜在变量之间的回归关系,后者用于判断潜在变量之间的回归关系。

(二)结构方程模型在旅游者环境责任行为中的应用

近二十年来,结构方程模型已成为旅游研究中的主流方法之一。目前在旅游者环境责任行为研究中,大多数分析变量间量化关系的研究均采用结构方程模型,因为该方法旨在分析某研究模型的潜在变量和观测变量之间的完整关系。多数研究选用结构方程模型的主要原因之一在于,其在处理复杂模型与数据结构方面具有较高的灵活性。第一,依据理论基础建构具有因果关系假设的概念模型图。第二,依据研究需要,设计相关问卷。第

① MARKLE G L. Pro-environmental behavior: Does it matter how it's measured? Development and validation of the Pro-environmental behavior scale (PEBS)[J]. Human ecology: An Interdisciplinary Journal,2013,41(6):905 – 914.

② LEE T H,JAN F H,YANG C C. Conceptualizing and measuring environmentally responsible behaviors from the perspective of community – based tourists[J]. Tourism Management,2013,36(3):454 – 468.

三,从实地获取研究数据,通过数理分析来验证前文中的理论假设与路径关系。研究者能够通过在景区发放亲环境行为的问卷,以大众旅游者为调研对象,获取基本数据资料,运用结构方程模型进行分析,该模型能够描述各类变量与环境责任行为这一观察变量之间的关系。鉴于目前环境责任行为领域结构方程模型的大量运用,此处不再进行更多举例。

三、元分析

(一)概念相关

在不同学科研究中,时常会出现"同一研究主题所得的结果存在差异"的现象。产生此种结果差异的原因很多,例如,情境因素、被试对象特征、研究设计适用性,等等。为了应对这种研究现象,系统分析方法应运而生。该类方法的核心在于,综合已有的研究成果,从一个更为聚焦和宏观的视角,来进行综合的分析与判断。系统性文献分析法包括文献取舍标准、选择、统计学二次整合、研究结果提炼等步骤,其具备更加科学的理论流程①。

元分析,亦称为荟萃分析,是典型的借助系统思维进行分析的研究方法。元分析概念是指,在同一研究目的且试验所得结果相互独立的情况下,从更全面的视角出发,运用综合而系统的统计逻辑,聚焦同一研究主题中的不同实证结论,对比衡量具有差异的研究结果,从而得到更加准确的结论②。由概念可知,元分析旨在整合已有的实证研究发现,辨识相异的结果与关系。元分析的概念最早是由莱特和史密斯(Light,Smith)于 1971 年提出的③。彼时存在大量医学领域的科学论文,源于同一研究主题却得出不同的结果,该现象是存在争议和困惑的。由此,他们提出,应该系统地对比某一疾病的各种治疗案例,统筹考虑其研究方法,包括各种疗法的小样本、单个

① BORENSTEIN M,HEDGES L V,HIGGINS J P T,et al. Introduction to meta - analysis[M]. UK:Wiley and Sons,Ltd,2009.

② HUNTER J E,SCHMIDT F L. Methods of meta - analysis:Correcting error and bias in research findings[J]. Evaluation & program planning,2006,29(3):236 - 237.

③ GLASS G V,MCGAW B,SMITH M L. Meta - analysis in social research[M]. CA:Sage,1982.

临床试验的结果等。随后,对这些样本进行系统评价和统计分析,得出更加客观和准确的结论,以供社会和医疗领域参考。这种方法能够推广更加有效的治疗手段,加强科学研究结果的宣传。此外,元分析亦是一种量化的文献综述,其优于传统上更具主观性的叙述性的文献综述①。作为一种方法论,元分析在医学和心理学领域应用广泛,鉴于其综合性和客观性,后逐步被其他相关学科借鉴使用。

(二)元分析在旅游者环境责任行为中的应用

元分析不仅能够识别、发现与研究主题相关的变量,还能够确定不同变量的相对强度。既往研究中,多数研究者致力于分析不同维度下亲环境行为的影响因素。在不同阶段,均有研究者运用元分析进行影响因素总结,提供整合性观点。例如,海因斯(Hines)等研究者在1987年发现,态度、问题知识、控制点、行动策略知识、口头承诺和责任感等因素能够有效预测个体的亲环境行为,其奠定了亲环境行为的基础因素模型②。近年来,随着可持续旅游研究的不断丰富,旅游者亲环境行为研究也逐步得到重视与拓展。但是,基于行为的情境性特质,已有的关于亲环境行为的元分析结论不一定适用于特定的旅游情境。

目前元分析在旅游者环境责任行为中的研究评述如下:①元分析主要针对某一主题的实证研究,能够记录每项研究的主要特征和结果,再进行重新归纳与整理。其基本逻辑是:首先,建立标准的统计学转化流程,将所有纳入的研究结果均按照该流程进行转化,最终呈现为具有同一标准的相关系数,进行对比;其次,对这些值进行核对校正,以校正由于采样和仪器可靠性差异而产生的误差;最后,检验和解释得出的平均相关性和伴随的标准偏差。②元分析具有以下优点:各研究结果的不一致性可以量化分析,利用更

① 张学珍,赵彩杉,董金玮,等.1992 – 2017年基于荟萃分析的中国耕地撂荒时空特征[J].地理学报,2019,74(3):411 – 420.

② HINES J, HUNGERFORD H R, TOMERA A N. Analysis and synthesis of research on responsible environmental behavior:A meta – analysis[J]. Journal of Environmental Education, 1987,18(2):1 – 8.

多的数据可以提高估计的精度和准确性,结果可以推广至其他类型的人群。③元分析在亲环境行为研究领域中的有效性已获得认可。已有研究通过元分析总结了一般生活情境中影响亲环境行为的因素②。随后,塞巴斯蒂安(Sebastian)等人在20年后再次使用元分析对海因斯(Hines)的研究进行了验证和拓展①。随着亲环境行为研究的不断丰富,有更多学者运用元分析方法,从不同维度总结了更多亲环境行为的影响因素②。据此,元分析方法在旅游者环境责任行为研究中具有重要作用,值得进一步关注。

四、实验研究方法

(一)概念相关

为了弥补自我报告方法所带来的主观性过强等问题,研究者们开始关注一些更为客观的实验研究方法。首先,实验研究能够更好地揭示变量间的因果关系,便于提出切实可行的干预建议。其次,设计并执行良好的实验研究克服了单次截面或共时调查的大部分局限性,并且没有随机化,规避了完全依靠自我报告数据而带来的主观臆断。最后,实验方法能够设计测量个体的实际行为而非行为意愿,由此提高所得结论的有效性。莫拉莱斯(Morales)等人认为,在消费者研究中运用实验方法所产生的现实性更强,便于提出更加有效的行为干预措施,该观点阐明了真实消费者行为的重要见解③。综上所述,实验方法能够对个体特定行为的影响因素得出真实可靠的结论,该方法贡献了有效的经验知识,同时增进了理论对话和发展。

---

① BAMBERG S,MOSER G. Twenty years after Hines,Hungerford and Tomera:A new meta – analysis of psycho – social determinants of Pro-environmental behaviour[J]. Journal of Environmental Psychology,2007,27(1):14 – 25.

② HURST M,DITTMAR H,BOND R,et al. The relationship between materialistic values and environmental attitudes and behaviors:A meta – analysis[J]. Journal of Environmental Psychology, 2013(36):257 – 269.

③ MORALES A C,AMIR O,LEE L. Keeping it real in experimental research:Understanding when,where,and how to enhance realism and measure consumer behavior[J]. Journal of Consumer Research,2017,44(2):465 – 476.

　　目前旅游研究中的实验类别不同,可分为实验室实验和实地实验。所处场景的不同对于实验的设计及要求也不相同。实验室实验的局限性较小,有利于分离单一变量产生的影响。在实验室进行实验的过程中,研究人员对于要素的控制程度较为充分,因此该方法具有较强的内部性。例如,吴(Wu)等人通过两组实验室对比实验,分析了有无雾霾条件对于旅游者环境感知的影响①。实地实验对于情境的还原度更高,方便观测到被试的实际行为,因而具有较强的外部有效性。但相对来说,环境的复杂性可能不利于单一影响因素的剥离,过多的外部因素可能会影响实验结果。因此,研究者在实地实验中难以实现对变量的充分控制,该方法需要进行更加精细化的实验设计与执行。目前旅游领域的实地实验多以酒店作为情境,例如,卡尔贝克肯(Kallbekken)等研究者发现,使用较小的盘子能够降低顾客在酒店的自助餐浪费行为②。

　　旅游领域环境责任行为的实验研究范式仍在探索阶段,未来可尝试运用更多不同的实验方法进行探讨。在实验研究中,神经科学为个体的认知、决策和行为提供了更为客观准确的参考依据。个体心理和行为的本质都在于大脑的运作。神经科学方法能够利用脑成像技术和其他生理技术来判断心理与行为背后的神经机制。近年来,该技术被愈来愈多地应用于心理学、管理学等学科。作为一种方法论,神经科学实验具备更为客观的生理基础。该方法的基本观点是,外在行为是大脑用来维持稳态的多种机制之一。在人类大脑中,信息是个体对外界刺激的反应,其会通过血清素和多巴胺等神经递质进行传递③。神经科学实验的核心就在于从不同视角来探究大脑的运作规律。神经科学可视化技术在社会科学中的应用越来越多,其中,基于无噪声脑成像技术的实验案例仍需进一步累积,未来可尝试将其引入环境责任行为研究中。

---

　　① WU Z,GENG L. Traveling in haze:How air pollution inhibits tourists' Pro-environmental behavioral intentions[J]. Science of the Total Environment,2020,707:135569.

　　② KALLBEKKEN S,SÆLEN H. "Nudging" hotel guests to reduce food waste as a win-win environmental measure[J]. Economics Letters,2013,119(3):325-327.

　　③ GRAEFF F G,GUIMARAES F S,DE ANDRADE T G C S,et al. Role of 5-HT in stress, anxiety and depression[J]. Neuropharmacology,1996,54:129-141.

(二)实验法在旅游者环境责任行为中的应用

本书综合考虑了旅游情境与日常情境的关系,以此为依据对上述两个情境中的实验研究进行介绍。

1. 日常情境中的环境责任行为实验研究

目前环境责任行为的实验研究集中在如何鼓励或干预个体环境责任行为,典型实验范式即为对照实验。对照实验的具体内容是:将某一项或多项环境责任行为的干预措施与控制组进行比较,以此确定不同组别对于行为(行为意愿)的作用程度。实验室实验较为常见,这些实验通常采用一些简单并易于操纵的干预方式,例如,对比垃圾箱的摆放位置;提供关于家庭能源使用的反馈;提供免费巴士票作为激励措施;鼓励使用公共交通;把贴纸置于电灯开关上并提醒人们离开房间时关灯[①]。兰格和德维特(Lange,Dewitte)设计了一项环境责任行为的实验室实验,利用积极情感干预判断其是否会引发参与者的实际环境责任行为[②]。除了实验室实验,环境责任行为研究也尝试了能够观测到实际行为的实地实验。伯格奎斯特(Bergquist)等研究者开展了一项实景对比实验,将基于社会规范或基于情感的信息应用于一个真实的选择情境中,以此测试参与者是保留还是捐赠自己的钱,从而判断社会规范和个体预期的积极情绪两种干预方式对个体环境责任行为产生的效用[③]。盖斯拉(Ghesla)等研究者运用实地实验,匹配了某家庭的节约用电行为以及更进一步的植树行为,通过历时性和共时性的分组对比得出研

---

① MORALES A C,AMIR O,LEE L. Keeping it real in experimental research:Understanding when,where,and how to enhance realism and measure consumer behavior[J]. Journal of Consumer Research,2017,44(2):465 – 476.

② LANGE F,STEINKE A,DEWITTE S. The Pro-environmental behavior task:A laboratory measure of actual Pro-environmental behavior[J]. Journal of Environmental Psychology,2018(56):46 – 54.

③ BERGQUIST M,NYSTR M L,NILSSON A. Feeling or following? A field-experiment comparing social norms-based and emotions-based motives encouraging Pro-environmental donations [J]. Journal of Consumer Behaviour,2020,19(4):351 – 358.

究结论①。贝斯特和克内普(Best,Kneip)设计了自然实验,分析了认知态度和情感态度对家庭垃圾回收行为的具体影响②。

2. 旅游领域的环境责任行为实验研究

在旅游研究领域,实验方法的使用尚处于探索与起步阶段。实验室实验受到越来越多的关注,但相关研究较少。以国际刊物 *Annals of Tourism Research* 为例,在 2018 年出版的 88 篇文章中,仅有 7 篇是基于实验方法的,占比小于 8% 。*Environmental Psychology* 杂志在 2015—2016 年出版的环境责任行为研究中,80% 完全依赖于参与者对其行为的主观描述,同时,自我报告方法被认为是研究局限所在,因而环境责任行为的实验室研究成为新的方法论。克伦普(Crump)等研究者指出,实际的实验室研究比在线调查实验对于行为的预测更为准确③。在受到旅游研究诸多关注的同时,考虑到旅游活动的异地性和流动性等特质,实验研究中对于旅游情境的模拟则成为一大难点。实地实验能够将实验研究置于真实的旅游情境之中,研究对象(旅游者)针对性更强。但是,鉴于情境的复杂性,在旅游研究中设计实地实验更为困难,因为实验过程中的变量无法被有效控制,可能出现意外的情境因素影响实验结果。同时,在实地的实验中,研究人员无法完全监控旅游者行为,获得的数据可能存在偏差。

列举研究如下。延斯(Jens)等人运用实验的方法,研究了动机拥挤理论与环境责任行为的关系④。里斯(Reese)等研究者对比分析了酒店客人在入住期间的毛巾使用情况,发现规范性信息劝导比标准的环境信息劝导对于减少毛巾的使用更加有效,证明了社会规范对于酒店客人环境责任行为

① GHESLA C,GRIEDER M,SCHMITZ J,et al. Pro-environmental incentives and loss aversion:A field experiment on electricity saving behavior[J]. Energy Policy,2020(137):111131.

② BEST H,KNEIP T. The impact of attitudes and behavioral costs on environmental behavior:A natural experiment on household waste recycling[J]. Social Science Research,2011,40(3):917 –930.

③ CRUMP M J C,MCDONNELL J V,GURECKIS T M. Evaluating Amazon's Mechanical Turk as a tool for experimental behavioral research[J]. PloS one,2013,8(3):e57410.

④ ROMMEL J,BUTTMANN V,LIEBIG G,et al. Motivation crowding theory and Pro-environmental behavior:Experimental evidence[J]. Economics Letters,2015(129):42 –44.

的影响①。多尔尼卡尔(Dolnicar)等人证明了旅游者对环境可持续行为的直接补偿的力量②。类似于梅尔(Mair)和伯金 – 西尔斯(Bergin – Seers)的设计,阿蒂加斯(Artigas)等人在酒店开展实地实验,将自愿选择日常酒店房间清洁作为目标行为,旨在探究如何在不降低客人满意度的情况下减少日常房间清洁③。

3. 应用现状与评述

心理学实验法通过对特定变量的操纵和控制,判断影响因素与环境责任行为之间的一种因果关系。具体将从以下三方面进行解读:

第一,目前的环境责任行为研究大多使用自我报告式的数据收集方法,但其弊端凸显。通常情况下,个体的环境责任行为很难被直接测量,特别是在旅游情境中。考虑到时间、空间上的局限性与流动性,旅游者环境责任行为更加难以被直接观测。研究者们一般采用问卷调查法对旅游者环境责任行为进行测量,请旅游者自行根据问题填写其对于环境保护行为的看法、意愿等,实质是一种行为意愿而非实际行为。一些研究者意识到该问题,在定义研究因变量时,以"环境责任行为意愿"作为替代。在特定研究情境中,行为意愿能够等同于行为,但其在实践中的可替代性尚未可知。因此,后续研究需要重点关注方法论层面的理论推进,深入剖析个体实际环境责任行为的观测方法和数据报告方式,旨在将旅游领域环境责任行为的方法论与认识论进行有机结合。

第二,环境责任行为研究需要在方法论层面予以新的探索和尝试。消费者行为研究是一个较为广泛的领域,其中汇聚了诸多不同的研究方法,这

① REESE G,LOEW K,STEFFGEN G. A towel less:Social norms enhance Pro-environmental behavior in hotels[J]. The Journal of Social Psychology,2014,154(2):97 – 100.

② DOLNICAR S,KNEŽEVIC C L,GRüN B. Changing service settings for the environment:How to reduce negative environmental impacts without sacrificing tourist satisfaction[J]. Annals of Tourism Research,2019(76):301 – 304.

③ ARTIGAS F,ROMERO L, DE MONTIGNY C, BLIER P. Acceleration of the effect of selected antidepressant drugs in major depression by 5 – HT1A antagonists[J]. Trends Neuroscience,1996,19(9):378 – 383.

些方法从不同维度解析了行为产生的真正机制。个体行为来源于其与环境、情境或社会的综合作用,将多维研究方法进行有机结合才能够真正理解个人行为的内在动力。当前环境责任行为研究以量化方法为主,包括问卷调查法、实验法等,研究方法的种类相对较少。后续研究应该加强对方法论层面的探讨,从多维视角解析环境责任行为的产生机制,同时扩充环境责任行为方法论研究的深度与广度。

第三,实验法在环境责任行为中的运用并不广泛,实验流程设计、情境模拟等部分仍需细化。实验法是环境责任行为研究的热点与难点,它能有效弥补自我报告数据带来的局限性。就认识论而言,实验作为一种认识问题的科学路径,其在各个学科均能产生理论对话与融合。实验法涉及设计并模拟一个特定情境,测量被试在模拟场景下的真实反应,这些反应通常呈现了被试对研究问题的态度与观点。特别是在旅游研究视域下,关于旅游情境的模拟和因素抽离需要更多研究进行探索。尽管实验方法受到了旅游领域的诸多支持,但仍有部分研究者对此方法存在担忧,即研究结果是否真实有效。从该角度出发,神经科学实验方法能够为行为决策研究提供生理数据佐证,充分体现了客观性。同时,从生理层面对实验过程进行监测能够有效保证被试行为决策的真实性。基于此,后续研究应注重建立旅游情境中环境责任行为的实验研究范式,为旅游神经科学发展提供经验尝试与实践探索。

第三节　基于多维数据的行为综合计算建模方法

近年来,在旅游研究领域中,很多学者开始尝试一些具有时代背景和交叉学科的方法,本节将着重介绍大数据研究法和神经科学研究法。

一、大数据研究法

进入信息化时代,人们的日常生活逐渐离不开网络,可以说网络生活是民众现实生活的镜像反应。由于互联网的发展,研究者们又多了一种方便快捷的渠道来获取有用且庞大的数据信息,大数据研究法就在这个时代应运而生。

(一)相关概念

1. 定义

进入互联网时代,网络技术呈现爆炸式增长的势态,诸如谷歌(Google)、百度(Baidu)、推特(Twitter)、微博(Weibo)、抖音(TikTok)等新媒体的诞生更是将人们带入了一场指数级增长的数据盛宴。数据爆炸式增长,比以往任何一次传媒技术革新所带来的信息增长都要剧烈得多。大数据时代正式到来,这也将对学术界带来新的机遇与挑战。

何为"大数据"? 广义上来说,大数据是指在指定时间内,无法使用传统软硬件工具和 IT 技术获取、管理、分析的数据[①]。大数据具有三个基本特征:规模性(Volume)、高速性(Velocity)、多样性(Variety),即"3V"。规模性是指数据的存储容量巨大,达到太字节(terabyte),甚至拍字节(petabyte)级别的数据已不算罕见;高速性是指数据产生、更新及流动的速度非常快,在早期的报纸时代,人们所能接触到的最新信息可能来源于昨日的报纸新闻,而在数据不间断且超高速产生的今天,几秒钟之前产生的信息可能已经不算最新;多样性是指数据产生和存储的形式多种多样,它可以文本形式存在,亦可以图片、视频等其他多种形式存在[②]。

2. 优势与挑战

与传统的小样本研究方法相比,大数据方法具有如下优势:第一,大数据的全体数据代替了抽样调查的随机样本。传统研究中使用抽样手段获取的研究对象,如今可以靠大数据技术扩展到研究问题所涉及的全部总体,这可以使研究结论更加符合实际情况。第二,从"理论驱动"转变为"数据驱

---

① 李国杰,程学旗. 大数据研究:未来科技及经济社会发展的重大战略领域:大数据的研究现状与科学思考[J]. 中国科学院院刊,2012,27(6):647−657.

② 赵曙光,吴璇. 大数据:作为一种方法论的追溯与质疑[J]. 国际新闻界,2020,42(11),136−153.

动"。在大数据时代的背景下,理论指导似乎正逐渐失去其领导地位,反而是大数据通过算法进行迭代优化的方式正逐渐占领高地,理论研究正逐步转变为"让数据为自己说话"的模式。第三,放弃追求精确性转而落脚于宏观趋势。面对海量的数据,数据的精确性在显著下降,整体呈现出鱼龙混杂的状态,因此,研究者更加注重的是对宏观趋势的把握以及对传播现象的预测,而不是聚焦于个别问题和现状描述。

当然,大数据方法在应用层面也面临一些挑战。第一,大数据研究法的技术问题。大数据研究法的研究对象大多是非结构化的数据(如文本、图片、网址、音视频等),需要使用专门的软件来挖掘这些数据里真正有价值的信息。第二,大数据研究法的可得性问题。在使用大数据研究法时,数据的可得性和可信度是关键性问题。目前,大型的数据源基本掌握在政府和大公司的手中,出于对社会道德和隐私尊重的考虑,研究者无法全面搜集和分析数据。第三,大数据研究法的代表性问题。大数据所收集的资料都是网络使用者的行为反应,其多为活跃网民的数据,而大多数网民较为沉默,因此,基于活跃网民的数据分析也并不能代表全体受众。第四,大数据研究法的隐私和安全问题。人们的生活越来越离不开网络,而网络也使信息更加透明化,在使用大数据研究法时,研究者需要考虑社会道德和信息安全方面的问题。

在对环境责任行为的研究中,研究者在运用大数据研究法时,可以将研究对象聚焦于网络社交平台中关于环境责任行为的文字、图片、视频等;或是在面对环境突发性群体事件或关于生态环境的新政策发布时,群众对于此事件的评论、发声等。这些都能作为环境责任行为研究的研究对象,来反映人们对于环境责任行为的认知、态度、情感等方面的问题。

(二)典型方法举例及其在旅游研究中的应用

随着网络 2.0 时代的到来,数据采集模式也逐步在向运用大数据思维的方向发展,下面主要介绍一些大数据研究法:文本挖掘和机器学习。

1. 文本挖掘

(1)概念相关。文本挖掘的目的在于从文本数据中寻找有价值的信息并从中获取人们所需要的知识,是数据挖掘的一种方法,例如:近年来,人们对于鼓励环境责任行为活动的讨论声音逐渐变多——这是数据;对这些讨论进行整合分析,发现人们越来越关注环境责任行为对人类生活产生的影响——这是信息;说明随着社会的进步,越来越多的公民更能意识到保护环境的重要性并积极付出行动——这是知识,而文本挖掘要做的就是从原始数据中分析整合出信息,进而上升到对知识的提炼。

一般而言,文本挖掘有以下 6 个基本步骤:①数据收集。根据具体的研究问题,收集所需的文本数据,可以是现有的文本数据,也可以是通过网络爬虫等技术获取的网络文本。②文本预处理。获取到的原始数据中有很多研究不需要的部分,例如网页中的一些广告、注释、标点等,研究者就需要将这些不需要的数据剔除掉,以提高挖掘精度。③文本的语言学处理。在对文本进行预处理后,将会得到比较干净的数据集,这时就需要研究者对文本进行语言学处理,通常包括对文本进行分词、标注词性、去除停用词等。分词指的是将连续的字按照一定的规范重新组合成词的过程;在分词的同时,也可以对词性进行标注,以便后续进行分类;对文本中"是""的"这些没有什么实际意义的词,就可以将其处理掉,这就是去除停用词。④文本的数学处理。研究者希望获取到的词汇,是既能保留文本信息,又能反映其相对重要性的词汇,同时,如果研究者保留所有词汇,那么所得到的模型维度会特别高,矩阵会特别稀疏,从而严重影响到文本挖掘的结果,因此,需要研究者对文本进行特征提取。⑤利用算法进行挖掘。经过上述步骤后,研究者就可以将文本集转化成一个矩阵,利用各种算法对其进行数据挖掘,如对文本集进行分类或聚类。⑥数据可视化。研究者需要将挖掘到的数据进行可视化展示,文本可视化最常用的方式是词云图。

常用的文本挖掘方法主要有以下 7 种:①关键词提取:对长篇内容进行文本分析,获取能够反映文本关键信息的关键词。②文本摘要:利用算法对大型文档或某一主题的系列文档进行简要概述。③聚类:指的是通过算法把一组未知类别的文本划分成若干类别,即把相似文本归为一类,而把不相似的文本归为其他类,其属于无监督学习,常用的聚类方法主要有层次聚类法、K均值聚类法、分级聚类法等。④分类:指的是根据文本特征或属性,将文本划分到已有的类别中,其属于监督学习,常用的分类方法主要有贝叶斯分类法、决策树分类法、K近邻算法等。⑤LDA主题模型:LDA(Latent Dirichlet Allocation)是一种文档主题生成模型,是一个三层贝叶斯概率模型,包含词、主题和文档三层结构,主要用于以概率的形式推测文档的主题分布,每篇文档代表了一些主题构成的一个概率分布,而每个主题又代表了很多词构成的一个概率分布。⑥观点抽取:对文本(主要针对评论)进行分析,抽取出核心观点,并判断极性(正/负面),主要用于分析对电商、美食、酒店、汽车等的评价。⑦情感分析:对文本进行情感倾向的判断,将文本情感分为正向、负向、中性,多用于口碑分析、话题监控、舆情分析等方面。

(2)文本挖掘在旅游研究中的应用举例。目前,大数据方法在旅游研究中属于热点,其源于交叉学科的方法论借鉴。互联网促进了社交媒体的快速发展,为传播用户生成内容(UGC)数据提供了广阔的平台,也提供了大量的旅游者数据。文本分析方法多依托于网络媒介进行,如各类社交媒体。自2009年8月新浪微博上线后,迅速吸引了大量用户注册使用,“微博”一词也逐渐被公认为指代新浪微博。作为典型的自媒体平台,微博生成数据对于旅游研究具有重要性,其文本生成内容、地理打卡数据等均可用于旅游者行为研究。例如,在植物观赏旅游时节,公众在自媒体平台上发布了大量与植物观赏旅游相关的内容。已有研究从微博大数据中提取出了中国桃花观赏旅游活动时间,并验证了数据提取方法的有效性①,同时指明了选用微博大数据作为樱花观赏旅游活动数据提取来源的可行性和合理性。该学者进一步挖掘微博大数据,提取和重建了中国2010—2019年赏樱旅游活动时间数据集,分析了过去10年中国21个城市旅游者赏樱活动的始日、末日和持续期的时空格局②。亦有研究基于文本大数据,采用情感计算方法,利用

① 刘俊,王胜宏,金朦朦,等.基于微博大数据的2010—2018年中国桃花观赏日期时空格局研究[J].地理科学,2019,39(9):1446-1454.

② 刘俊,王胜宏,余云云,等.基于微博大数据的气候变化对中国赏樱旅游的影响[J].地理学报,2022,77(9):2292-2307.

人工智能中的算法等新兴技术,建构了适用于旅游研究的情感词典并设计了情感计算规则,为旅游者的情感计算提供了技术支持①。有研究者以"钻石公主号邮轮疫情事件"为案例,在微博平台中,通过数据采集工具获取其评论数据,并采用了提取危机关键词、识别舆情话题和建构时间序列模型等方法,建构了社交媒体场域下的危机信息框架②。

2. 机器学习

(1)概念相关。人类社会正从信息社会进入智能社会,计算已成为推动社会发展的关键要素。在万物互联的数字文明新时代,传统的基于数据的计算已经远远不能满足人类对更高智能水平的追求。近年来,计算和信息技术飞速发展,深度学习的空前普及和成功将人工智能(AI)确立为人类探索机器智能的前沿领域。机器学习是一种人工智能的分支,其目标是使计算机系统能够从数据中学习并进行自主改进,而无须显式地编程。机器学习的本质是通过训练算法,使系统能够对新的、未知的数据做出预测或做出决策。这种方法在诸多学科获得了应用,包括计算机科学、人工智能、金融学等。其研究步骤包括问题定义、数据收集、数据预处理、模型选择、模型评估和模型部署等。

该方法具有如下优势:第一,自动化决策,机器学习系统可以自动从大量数据中学习模式,并用于做出决策,减轻人工干预的负担。第二,灵活的适应性,能够适应新的数据和环境,具有更好的泛化能力,使其在面对未知情境时依然有效。第三,处理复杂数据,其能够处理大规模、高维度的数据,从中提取关键信息。第四,较高的时间效率,在某些任务上,机器学习模型能够以更快的速度做出决策和预测。机器学习方法同样面临着一些挑战:第一,机器学习模型对于训练数据的质量非常敏感,不良的数据可能导致模型性能下降。第二,可解释性有待优化,某些机器学习模型的决策过程难以

① 李君轶,任涛,陆路正.游客情感计算的文本大数据挖掘方法比较研究[J].浙江大学学报(理学版),2020,47(4):507-520.

② 张江驰,谢朝武,黄倩."恐怖邮轮":旅游危机事件在社交媒体场域下的框架建构[J].旅游学刊,2022,37(10):103-116.

解释。第三,一些机器学习方法需要大量标注数据进行训练,而数据标注过程可能耗时且昂贵。

（2）机器学习在旅游研究中的应用举例。近年来,随着人工智能技术的不断成熟,其在旅游领域的运用受到了诸多关注,可能衍生诸多新业态、新岗位,例如 ChatGPT 为代表的内容生成式技术对旅游者提供的信息、酒店行业中的机器智能问答与服务等。在此背景下,机器学习技术能够进一步强化旅游业管理,其在旅游中的研究也开始涉及旅游者体验与行为、目的地营销等。该方法依托计算机系统,被应用于揭示基础结构和模式,并基于现有的旅游者数据集和体验推断新知识。例如,机器学习和社交媒体照片的结合等能够快速识别旅游的热点[1]或照片类型[2]。马坦·莫尔（Matan Mor）等研究者提出了一种基于机器学习分类方法的非线性城市国际旅游者分类模型,属于识别旅游者类别的数据科学模型[3]。该方法利用了来自 Flickr 社交媒体平台上发布的照片特征,结合特定的城市目标街道结构进行建模。针对街景图像的研究也获得了诸多关注,例如,有研究着眼于分析古镇旅游地的商业同质化现象。以大理古城为例,通过机器学习的方法识别街景图像中的标牌文字信息,进一步建模并测度该地的商业同质化现象[4]。另有研究聚焦于旅游者的情感感知,利用机器学习提取街景的色彩特征,在此基础上量化了街景色彩指标,同时将其可视化[5]。

---

① XIAO X,FANG,C.,LIN,H. Characterizing tourism destination image using photos' visual content[J]. ISPRS International Journal of Geo – Information,2020,9(12):730.

② GIGLIO S,BERTACCHINI F,BILOTTA E,et al. Using social media to identify tourism attractiveness in six Italian cities[J]. Tourism Management,2019(72):306 – 312.

③ MOR M,DALYOT S,RAM Y. Who is a tourist? Classifying international urban tourists using machine learning[J]. Tourism Management,2023(95):104689.

④ 李显正,赵振斌,刘阳,等.基于街景图像的古镇旅游地商业同质化空间测度:以大理古城为例[J].地理科学进展,2023,42(01):104 – 115.

⑤ 齐子吟,李君轶,贺哲,等.基于街景图像的城市街道景观色彩对游客情感感知影响研究[J].地球信息科学学报,2023:1 – 16.

二、神经科学方法

(一)概述

认知神经科学是一门由认知心理学和神经科学交叉而来的心理学研究前沿,其基本观点认为脑是心理的生理基础,只有真正揭示心理活动的脑机制,才能真正理解心理的产生与发展。神经科学为认知神经科学提供生物基础与实验方法,其研究的是神经系统,尤其是中枢控制系统的脑神经系统,关注于有机体的内部活动及行为控制的生物基础;而认知心理学为认知神经科学提供了各种内部心理活动或外部行为表现的概念与解释,其关注大脑对外部世界的各种线索及表征的信息加工与处理过程,二者的交叉产生了认知神经科学。目前,认知神经科学家们通过各种脑成像、脑电等技术来分析各种心理活动的内在脑机制,对心理与脑的关系进行深入探索。

环境责任行为的研究主要是从心理、社会、行为等多方面的视角来研究环境问题,其目的在于鼓励环保行为、促进可持续发展以及保障人类的永续发展,这就使得环境责任行为的研究从考察社会政策大方向逐步聚焦于研究人类态度与行为这样的小领域中①。那么,在对环境责任行为的研究中,对于人们产生或实行环境责任行为的内在机制,研究者可以通过认知神经科学的技术手段来揭示人类对于环境责任行为的认知、其态度的产生以及行为发生的个体内影响因素等。这样有助于进一步鼓励及培育公民的环境责任行为,为人类的永续发展提供积极有效的指导。

(二)技术手段介绍

起初,在认知科学发展早期,其常见的研究手段主要是检测心率(每分钟心跳数,心率变异性、脉搏)、皮肤电反应(皮肤电导水平、皮肤电导反应),以及面部肌肉表情的捕捉等。后来,随着认知神经科学的进一步发展,其为环境责任行为研究提供了一套更先进、准确的研究工具,如眼动仪、脑电波

---

① RAMKISSOON H, WEILER B, SMITH L D G. Place attachment and Pro-environmental behaviour in national parks: The development of a conceptual framework[J]. Journal of Sustainable Tourism,2012,20(2):257-276.

（Electroencephalogram，EEG）、事件相关电位（event-related potentials，ERPs）、功能性磁共振成像（Functional Magnetic Resonance Imaging，fMRI）、近红外脑功能成像（Functional Near-Infrared Spectroscopy，fNIRS）等。下面将简单介绍一些目前常用的研究手段。

1. 眼动仪

人接收到的外界信息80%—90%来自视觉通道，基于眼-脑假设原理设计的眼动仪就是通过观察人的眼球运动来分析心理认知活动的工具。眼动有三种基本方式：注视、眼跳和追随运动，眼动仪记录的眼动信息主要是注视和眼跳。注视指的是视线停留在某一物体上超过100毫秒，在此期间被注视的物体可获得比较充分的加工而形成清晰的像；眼跳指的是注视点或注视方向突然发生改变，在这个过程中可以获得时空信息，但几乎不能形成比较清晰的像；追随运动指的是当被观察物体与眼睛之间存在相对运动时，眼睛为保证能一直注视该物体，而追随物体运动①。

在对环境责任行为的研究中，眼动技术非常适合用于对环境责任行为主体注意力的研究，常见的几种眼动信息的呈现形式有：①注视轨迹图：通过记录被试的注视轨迹，可获得首先注视的区域、注视的先后顺序、注视时间长短及视觉流畅度等信息；②注视热点图：用不同颜色来表示被试对不同区域的关注程度，可以非常直观地显示出被试最关注的区域和被忽略的区域；③兴趣区分析：可以得到被试在每个兴趣区的平均注视时间和注视点个数及在各个兴趣区之间的注视顺序等信息。

不同类型的眼动仪各具优缺点：便携式的眼动仪灵活性高，方便携带，可广泛应用于各种研究场景中，但是相对于固定式的眼动仪而言，其精确度较低；而固定式的眼动仪虽然对实验环境的要求较高，但是其具有较高的采样率、精确度，可以准确记录人们的视线位置信息。

---

① 李彪，郑满宁.传播学与认知神经科学研究：工具，方法与应用[M].北京：人民日报出版社，2013.

2. 事件相关电位

大脑的活动伴随着电信号在各个神经元之间的运动,为了打开人脑这个"黑匣子",研究者们开始对脑电进行研究,来探寻人脑的秘密。人在自然状态下,大脑活动产生的脑电称为自发电位,它是事件相关电位产生的基础。脑的心理活动所产生的脑电信号通常比自发电位的波幅低,因此难以观察,但研究者可以采用计算机叠加技术将这种波形信号从自发电位中提取出来,这种由事件诱发的脑电真实的实时波形就是事件相关电位①。通常事件相关电位可以分为两大类:与感觉、运动功能相关的外源性刺激相关电位和与认知功能相关的内源性事件相关电位。

在事件相关电位的研究中,研究者通常主要考察这几个脑电成分:运动相关电位(BSP、MP、RAF)、偏侧预备电位(LRP)、P300、伴随性负波(CNV)、失匹配负波(MMN)、加工负波(PN)、N400、识别电位(RP)、错误相关成分(ERN、Pe、FN)、视觉 C1 和 P1、视觉 N2 等。其中,P300 表示事件发生 300毫秒后出现的正波,是事件相关电位技术中最典型、最常用,和认知过程密切相关的成分。在媒介使用研究中,事件相关电位技术常被用于传播过程中的情感分析研究。

事件相关电位技术具有高时间分辨率的特点,使其在揭示认知的时间过程方面极具优势,能实时反映认知的动态过程,并且其价格便宜,便于普及,体积较小,便于携带。但事件相关电位技术的空间分辨率较低,无法确定脑的活动区域,同时,所得数据不太容易得到有显著差异的波形,解释较为困难。

3. 功能性核磁共振成像

(1)基本介绍。功能性近红外光谱技术是认知神经科学研究领域中新兴的一种非侵入式脑功能成像技术,它是目前世界范围内主流的无创脑功

---

① 冯涛,张进辅.认知心理生理学与无创性脑功能成像技术[J].心理科学,2006,29(1):151-153.

能活动监测手段之一①。功能性近红外光谱技术在空间分辨率特征上表现优于脑电波,时间分辨率特征上表现优于功能性核磁共振,故在众多科学研究领域中都受到了广泛地关注。就其技术原理而言,fNIRS 是一种利用特定波长的光来探测含氧和脱氧血红蛋白(分别是 HbO 和 HbR)浓度随时间变化的光学技术。具体来说,fNIRS 的成像原理在于利用近红外光对人体组织具有良好通透性这一物理特征,通过探测散射后的光源能量来转化和计算出当前脑部区域中的氧合血红蛋白浓度(Oxyhemoglobin concentration)、脱氧血红蛋白浓度(Deoxyhemoglobin concentration)以及总氧含量(Oxygen content),以上述参数来衡量大脑皮质血流动力变化,进而间接反映出脑部各区域的激活和功能变化等活动情况②。近年来,研究者们将 fNIRS 广泛用于实时监测大脑活动的变化,以此反映出不同任务情况下各个脑区的激活情况,从而对研究问题的脑神经机制进行分析。

具体而言,对 fNIRS 的运用基于神经血管耦合假说,该假说认为大脑的血流供应会随着其功能活动的局部变化而进行局部响应。当大脑的某个区域参与到个体对于某类特定信息的认知加工及行为反应活动中时,此部分区域所增加的血流量中所携带的氧会大幅提升,而血红蛋白则是血液流动中传输氧的主要载体③。因此,fNIRS 能够借助光信号来探测大脑某个区域血流活动中氧合血红蛋白浓度的上升和脱氧血红蛋白浓度的下降情况,以此揭示大脑不同区域在参与某项认知反应任务时的神经活动情况。

近红外设备的基本原理是,近红外设备能够把大脑的血氧信号转换成光信号,其能有效测量出大脑皮层的含氧血红蛋白和脱氧血氧蛋白及总血

① MAURI M,GRAZIOLI S,CRIPPA A,et al. Hemodynamic and behavioral peculiarities in response to emotional stimuli in children with attention deficit hyperactivity disorder:An fNIRS study[J]. Journal of Affective Disorders,2020,277:671 – 680.

② 范金,曾露瑶,钟冬灵,等.功能性近红外光谱技术的 10 年发展:CiteSpace 知识图谱可视化分析[J].中国组织工程研究,2021,25(23):3711 – 3717.

③ FERRARI M,QUARESIMA V. A brief review on the history of human functional near – infrared spectroscopy(fNIRS)development and fields of application[J]. Neuroimage,2012,63(2):921 – 935.

红蛋白的相对浓度的变化,以此反映出个体在行为决策实验中大脑的神经活动过程。

(2)优势。fNIRS 被广泛运用于认知神经科学研究,该技术具有如下三项特有优势:第一,与该领域的其他脑功能仪器相比较而言,fNIRS 技术更加快捷,设备更为便携,同等条件下易于采集更多人员数据信息。第二,相对于其他脑功能测量技术,fNIRS 技术在采集信号的过程中会较少地受到生理和移动干扰,非常适用于分析与探测个体在常规状态下的脑功能神经活动及其变化规律。第三,结合功能性近红外工作原理,在测量人体脑部的神经活动时,fNIRS 能够有效地避免外部噪声干扰,例如电磁、信号等的干扰①。从总体来说,fNIRS 因具有诸多方法学优势,目前已成为行为科学研究领域当中非常重要的技术手段。

功能性核磁共振成像技术是一种无放射性、无创的检测脑功能动态活动的神经影像学技术,其原理是利用因神经元活动导致的局部耗氧量与脑血流量不匹配而形成的局部磁场性质的变化来测量脑部血液流动的变化。功能性核磁共振成像可以显示认知加工过程中,大脑不同区域的参与程度。当神经元兴奋时,神经元之间的电传导会引起局部血流量的增加,同时耗氧量也会增加,但其增幅不大,这使得局部含氧血红蛋白相比去氧血红蛋白的比例增加。而含氧血红蛋白是抗磁物质,对质子弛豫没有影响;去氧血红蛋白是顺磁物质,可以产生横向磁化弛豫时间(T2)缩短效应。当某脑区产生兴奋被激活时,含氧血红蛋白含量远高于去氧血红蛋白含量,导致 T2 延长,这样使用 T2 加权成像序列就能探测到脑区血流量的改变,进而定位脑功能的活动区域②。

使用功能性核磁共振成像进行的研究主要有两种类型:任务态功能性核磁共振成像(tfMRI)和静息态功能性核磁共振成像(rsfMRI)。任务态功

① 姜劲,焦学军,潘津津,等.基于功能性近红外光谱技术识别情绪状态[J].光学学报, 2016,36(3):164-174.

② ARTHURS O. J,BONIFACE,S. How well do we understand the neural origins of the fMRI BOLD signal? [J]. Trends in Neurosciences,2002,25(1):27-31.

能性核磁共振成像主要用于探测与局部大脑激活或连接有关的条件或事件,fMRI 记录的是神经元连续和间接的活动,例如,探究与面部图像表征相关的大脑激活区域;静息态功能性核磁共振成像研究没有明确的任务要求,即不需要行为或认知参与,fMRI 记录的是自发的大脑活动,通常要求被试在睁眼或闭眼的状态下放松并保持清醒。简言之,任务态功能性核磁共振成像的研究问题主要集中在与任务相关的大脑活动或连接上,而静息态功能性核磁共振成像研究的是大脑区域间更普遍的系统连接模式①。

　　功能性核磁共振成像的基本特点主要有空间分辨率高,无放射性、无创,容易得到活动脑区的图像结果且数据分析较为简单。但功能性核磁共振成像所需的实验环境较为严苛,被试需要躺在幽闭空间内,心理压力大,而且价格昂贵,实验成本高。

(三)神经科学技术在旅游研究中的应用

　　作为一种方法论,神经科学实验具备更为客观的生理基础,近年来受到了诸多学科的理论化探索。其基本观点是,外在行为是大脑用来维持稳态的多种机制之一。在人类大脑中,信息作为对刺激的反应,会通过血清素和多巴胺等神经递质进行传递②。神经科学实验的核心就在于从不同视角来探究大脑的运作规律。随着脑电波(Electroencephalogram,EEG)、功能性磁共振成像、磁共振成像仪(Magnetic Resonance Imaging,MRI)、肌电图(Electromyogram,EMG)和正电子发射断层扫描(Positron Emission Computerized Tomography,PET)等医学功能成像技术的发展,借助物理技术层面探索与预测人类行为的前兆成为可能。神经科学可视化技术在社会科学中的应用越来越多,神经哲学(Neurophilosophy)、神经经济学(Neuroeconomics)和神经教育学(Neuropedagogy)等学科应运而生。目前在旅游研究领域中,基于神经

---

① BRODOEHL S,GASER C,DAHNKE R,et al. Surface - based analysis increases the specificity of cortical activation patterns and connectivity results[J]. Scientific reports,2020,10(1):5737.

② GRAEFF F G,GUIMARAES F S,DE ANDRADE T G C S,et al. Role of 5 - HT in stress,anxiety and depression[J]. Neuropharmacology,1996(54):129 - 141.

科学技术的方法论刚刚兴起,尚处于初步探索阶段,该领域的研究旨在通过神经系统和生物数据采集方法研究旅游者的态度和行为①。旅游神经科学包含了多学科的理论与研究方法,例如生命科学、生物化学、认知神经科学、心理学、经济学以及管理学等。诚然,神经生理科学为旅游营销学、旅游行为学等理论研究提供了借鉴,其亦对旅游和酒店行业实践有重大的潜在影响。

---

① BOZ H,ARSLAN A,KOC E. Neuromarketing aspect of tourism pricing psychology[J]. Tourism Management Perspectives,2017,23:119 – 128.

第八章　旅游者环境责任行为的
分析建模展望

　　第七章介绍了在环境责任行为领域的常见研究方法,包括定性和定量方法,还有一些近年来较为热点的交叉学科研究方法。对于环境责任行为的影响要素分析,量化研究方法能直观地表现要素间相关性。但是环境责任行为,尤其是公众个体的环境责任行为往往受到内外部多重因素影响,具有复杂性和多变性,控制变量难度较大,且当前对于环境行为概念的界定不一、相关变量的测量方法各异,致使研究之间模型、结论相互矛盾,研究结果不稳定,给学科交流和传播造成阻碍。采用定性与定量相结合的方法,深入分析行为形成机理,加强环境行为的本土化研究可能是当前有效的研究方向。故而在本章中,将重点分析一些建模方法,以期为旅游者环境责任行为研究提供新的方法论可能。

第一节　日记法建模

　　过去的心理学研究认为,人们需要调动大量资源来应对生命中的重大事件,因此推测重大事件具有举足轻重的影响力,故研究人员十分重视重大事件对心理功能的影响。然而随着心理学学科发展和研究方法的完善,研究人员逐渐意识到,正是一直以来被忽略的日常琐事塑造了个体长期的心理状态,当个体对微小压力无法做出应对时,累积的消极反应和长期压抑的状态会导致心理失调和健康问题。因此,研究人员日益重视对日常生活的研究和分析,日记法逐渐成为研究压力、情绪和身心健康等领域的重要工具。

一、概念相关

(一)概念

日记法是一种自我报告工具,它要求研究者以书面形式记录和反思他们在研究过程中的观察、感受、想法和发现,提供了在日常情况下调查社会、心理和生理过程的机会。这种方法旨在捕捉研究者主观的、个人的体验,提供一种深入了解研究者在研究中所经历的过程和思考的途径。日记法的目的是捕捉日常生活中占据个体大部分工作时间和绝大多数有意识注意力的细小经历[①],强调研究者的主观经验,有助于把握个体的感受和视角。其方法应用于诸多人文学科中,包括社会学、心理学、人类学、教育学和管理学等。日记法仅用于获得综合度量,研究人员也必须确定评估的频率和持续时间,研究人员可以根据研究问题制定一个固定的评估表,参与对象在指定时间内提供报告。

(二)优点和挑战

日记法的优点如下:第一,它能够在自发背景下审查目标事件和经验,提供传统方法无法获取的补充信息。同时,日记法具有很强的灵活性,适用于多类研究话题。第二,相较于传统实验方法,日记法具有减少回忆偏差、提高生态效度以及捕捉变量间关系的优势。首先,由于人类的大脑记忆机制,人们很可能会遗忘一些不重要的事情,在回溯性调查中让被试报告在过去一段时间的行为或心理状态时,被试的自我报告可能会产生一定的回忆偏差,而日记法的使用可以减少被试的回忆偏差,当然,回忆偏差减小的程

---

① WHEELER L, REIS H T. Self-recording of everyday life events: Origins, types, and uses [J]. Journal of Personality, 1991, 59: 339 – 354.

度取决于日记法涵盖的时间跨度①。第三,日记法由于是对真实情境进行测量,因此具有较高的生态效度。第四,日记法对被试进行了密集的重复测量,因此,日记法可以更细致地捕捉到变量随时间和情境发生的变化轨迹,发现被试内(重复测量数据)和不同被试间的变化,进一步揭示变量关系。

日记法也具有一定挑战。第一,在内容上,日记法数据源于自我报告,是由参与者本身进行记录,其结果会受到个体主观看法的影响,可能缺乏客观性。第二,参与者的回忆能力有限,也可能反映出个体对研究问题与现象的错误建构,若当前状态有类似提示或实例,则可能得出有偏见的报告。比如,密集的重复评估对被试造成长期的高负荷、重复测量导致被试的行为反应发生改变、数据收集具有时滞性以及复杂的数据对统计方法的高要求等。

二、实际应用

(一)运用中的关键问题

与传统研究相比,日记法需要进行多重评估,因此被试需要付出更多努力。这需要研究人员特别注意日记问卷的设计、数据采集和样本招募等一系列问题。

日记法问卷的设计。问卷由一系列开放和标准化的问题组成,将日记问卷发放给被试,被试需按照实验要求每天填写一次或多次。而反复的回答相同问题可能会导致被试疲劳,可以使用简化的量表,通常是从多个项目量表中选择具有最高相关性的项目②。使用日记法的研究人员需使用经过验证的量表,或在使用新设计的量表时测试其信效度,验证其有效性③。

① OHLY S,Sonnentag S,Niessen C,et al. Diary studies in organizational research:An introduction and some practical recommendations[J]. Journal of Personnel Psychology,2010,9(2):79–93.

② 同①.

③ VAN HOOFF M L M,GEURTS S A E,KOMPIER M A J,et al. How fatigued do you currently feel? Convergent and discriminant validity of a single – item fatigue measure[J]. Journal of Occupational Health,2007,49(3):224–234.

样本招募及样本量。截至目前,日记法研究多需要使用金钱奖励或抽奖等特殊的方法来激励被试,以提升被试的完成率。组织研究中的研究结果可能较少受到选择性退出或不服从的影响。需要多少被试进行研究是一个重要的问题,可以从概括性和统计能力两方面进行考虑。随着日记法的天数逐渐增加,被试的依从性可能会随着时间的推移而下降,或者潜在的被试会拒绝参与该实验。

日记法采用两阶段整群抽样,第一步是对个体进行抽样,第二步是对日常回复进行抽样,从而使日常回复在被试内部聚类。在典型的日记法中,日常观察构成一级数据,稳定的人或情境特征构成二级数据。在恢复研究中,一级变量包括晚上的日常恢复经历、每天的睡眠质量和第二天早上的日常影响,二级变量包括人口统计学和特质影响。

(二)发展衍生

随着各个学科的研究深入,日记法不断地改进,产生了更适应领域发展的衍生变化。

结构日记法是指主试根据研究目的,事先确定需要收集或训练的指标,以此制定完善的日记框架,并按既定时间发放给被试填写的方法,本质上是一种评估训练结果的手段,大多用于调查自我调节学习策略的使用情况。结构日记法主要发挥被试的主体作用,被试可以根据日记的提示进行自我反馈,对时间点的锚定也会触发被试的习惯化反思。结构化日记也能够很好地提供被试在整个训练过程中的具体信息,整理出综合的全面分析结果①。

日记重构法(day reconstruction method)是通过对被试的回忆进行控制,让被试对事件进行系统的再加工,达到重构日记的效果。日记重构法与结果取样法具有很高的相关性,这说明日记重构法可以缩小日常日记研究法

---

① GERMAIN A,NOLAN K,DOYLE R,et al. The use of reflective diaries in end of life training programmes:A study exploring the impact of Self-reflection on the participants in a volunteer training programme[J]. BMC Palliative care,2016,15:1 – 11.

与经验取样法之间的差异①。

时间使用日记(time - use diaries)要求被试回忆他们在预先指定的日子里从事的活动,这种方法建立了被试日常生活的详细图景②。大部分时间,时间使用日记要求被试叙述小的时间窗口,这促进了自我报告法的扩展和补充。在奥本和普日比尔斯基(Orben 和 Przybylski)的研究中假设时间使用日记可以检查睡前使用数字技术是如何影响睡眠质量和持续时间的,而其研究结果证明睡前使用科技产品不会对心理健康造成本质上的危害③。

(三)适合研究话题

日记法适用于以下几种类型的研究问题:①单个变量的变化,②瞬时经验和行为之间的关系,③稳定变量(人或情境特征)与瞬态、经验或行为的关系④。第一类研究问题是指一个变量随着时间而系统地发生变化,其典型的研究问题可能集中在一周或更长的时间框架的情绪或表现轨迹上。第二类研究问题涉及波动状态、经验和行为,将作为挑战的工作日常体验与日常相关绩效行为相关联。第三类研究问题涉及稳定特征对短暂状态、经验或行为的影响,稳定特征是采用问卷测量进行评估,或者使用观测数据或文献数据。日记法更多地收集了被试随时间变化的状态,以及特定的状态或行为如何在一定的时间跨度内转换成其他状态和行为。例如,有研究使用日记法,探究跑步者产生跑步服装购买行为时的价格选择受

---

① 段锦云,陈文平.基于动态评估的取样法:经验取样法[J].心理科学进展,2012,20(7):1110 - 1120.

② HANSON T L,DRUMHELLER K,MALLARD J,et al. Cell phones,text messaging,and Facebook:Competing time demands of today's college students[J]. College Teaching,2010,59(1):23 - 30.

③ ORBEN A,PRZYBYLSKI A K. Screens,teens,and psychological well - being:Evidence from three time - use - diary studies[J]. Psychological science,2019,30(5):682 - 696.

④ OHLY S,Sonnentag S,Niessen C,et al. Diary studies in organizational research:An introduction and some practical recommendations[J]. Journal of Personnel Psychology,2010,9(2):79 - 93.

何种因素影响[①]。

日记研究法能够用于时间过程建模[②]。日记研究法适合研究时间动态及其周期性变化,这类话题通常包含个体的典型行为是如何随着时间而变化的,其变化内容和规律是如何呈现的。通过让参与者报告他们几个小时、几天、几周甚至几个月的经历,研究人员可以提出如下问题:兴趣的变化是如何波动的? 是从早上到晚上波动,在周末和工作日表现不同,还是在几周或几个月里有明显的增长? 随着时间的推移,个体的这些变化会有所不同吗? 如果是这样,那么如何解释这些变化的时间进程呢? 传统的纵向设计也可以解决这些问题,但由于它们通常只涉及少量的长间隔重复测量,因此它们无法以相同的保真度捕捉变化。例如,对长时间建模,有研究对被试进行间隔 7 个月的追踪调查,分析了感恩与社会幸福感的互动因果机制,建构了感恩和社会幸福感的螺旋上升双向影响模型[③]。另有研究针对短时间建模,运用日记法考察警觉性、对时间的注意和对时间的期望是否影响时间流逝感[④]。所有的参与者每天回答五次关于他们当天时间流逝感和相关因素的问卷,并在每天 23:00 回答一次相同的问卷。

第二节 潜在类别建模与潜在剖面建模

定量研究是当前心理学和教育学等相关社科研究领域中的一种基本研究范式,而以变量为中心(variable - centered)和以被试(个体)为中心(per-

① THIBAUT E, VOS S, SCHEERDER J. Running apparel consumption explained: A diary approach[J], Journal of Global Sport Management, 2021, 6(4): 373 - 387.

② BOLGER N, DAVIS A, RAFAELI E. Diary methods: Capturing life as it is lived[J]. Annual Review of Psychology, 2002, 54(1): 579 - 616.

③ 叶颖, 张琳婷, 赵晶晶, 等. 感恩与社会幸福感的双向关系: 来自长期追踪法和日记法的证据[J]. 心理学报, 2023, 55(7): 1087 - 1098.

④ LIU Y, MA S, LI J, et al. Factors influencing passage of time judgment in individuals' daily lives: Evidence from the experience sampling and diary methods[J]. Psychological Research, 2024, 88(2): 466 - 475.

son - centered)的研究方法作为量化研究方法的两种主流取向,为学界提供了全面认识研究对象的客观视角①。但以变量为中心的研究方法和以被试为中心的研究方法之间存在根本性差异。

以变量为中心的研究方法侧重于对有意义的个体特征的独立调查,其研究重点是探讨变量之间的关系。研究目的是预测结果,研究结构如何影响其指标,并将结构方程的自变量和因变量联系起来②,并研究因变量的变异能够由哪些因素、在多大程度上进行解释。该方法的前提假设认为样本是同质的,即研究对象群体具有相同特征。与以被试为中心的研究方法相比,以变量为中心的研究方法能够对因变量的方差分解情况进行识别,并且可以进行相关、因果、交互作用分析的假设检验。通常采用的相关分析、回归分析、因子分析、SEM、跨层次分析和元分析等都属于以变量为中心的统计方法,关注不同变量变异之间的相互解释③。由于以变量为中心的研究方法假定所有研究对象来源于同质群体,但现实研究几乎都无法满足同质性假设④,因此存在一定的局限性,这促使近年来学者不断探索以被试为中心的研究方法。

以被试为中心的研究方法侧重于对个体差异性的研究,其研究目的是识别被试群体中基于不同个体特征组合的子群体,聚焦于按照不同特质将样本划分为相应子群体,提供更有效的工具去调查和开发旨在分类管理的干预策略。该方法的前提假设认为样本中存在异质性,即部分互斥的潜在

---

① 温忠麟. 实证研究中的因果推理与分析[J]. 心理科学,2017,40(1):200-208.

② MUTHéN B,MUTHéN L K. Integrating person - centered and variable - centered analyses:Growth mixture modeling with latent trajectory classes[J]. Alcoholism:Clinical and experimental research,2000,24(6):882-891.

③ 尹奎,彭坚,张君. 潜在剖面分析在组织行为领域中的应用[J]. 心理科学进展,2020,28(7),1056-1070.

④ HOWARD M C, HOFFMAN M E. Variable - centered, person - centered, and person - specific approaches:Where theory meets the method[J]. Organizational Research Methods,2018,21(4):846-876.

类别可以解释外显变量的各种反应并对其具有特定的选择倾向①。

与以变量为中心的研究方法相比,以被试为中心的研究方法更有利于变量组合,可将构建的剖面作为变量进行使用②,探讨指标的截距以确定在剖面组之间是否存在显著差异的假设③。传统的聚类分析、潜在剖面/类别转移模型以及将在下文中进行述评的潜在类别分析(Latent Class Analysis, LCA)和潜在剖面分析(Latent Profile Analysis, LPA)都属于以被试为中心的统计方法,关注被试内变量系统的综合作用。以被试为中心的方法擅长建立归纳理论,并已被用于扩大研究者对变量为中心的方法的理解④。由于以被试为中心的研究方法不再关注特定的具体变量,因此能够有效地反映个体的综合特征。即以被试为中心的研究路径是对以变量为中心的研究路径的扩展和补充⑤。

作为以被试为中心的统计方法,LCA 和 LPA 的相应分析模型统称为潜在类别模型(Latent Class Model, LCM),这是一种旨在识别群体异质性的统计分析方法⑥。在 LCM 的研究过程中主要涉及外显变量(manifest variables)和潜变量(latent variables)两种类别变量,以及潜在类别概率和条件概率两种参数⑦。其中外显变量是指可直接进行测量的变量,潜变量是指无法直接测量而必须通过统计方法进行估计的变量,而潜在类别即所估计的潜变量的不同水平,一个潜变量往往与多个外显变量相对应,可以作为反映指标对

① 李宝德,吕靖,李晶.虑数据异质性的海上通道事故严重程度研究[J].运筹与管理,2023,32(12):91-98.

② 尹奎,彭坚,张君.潜在剖面分析在组织行为领域中的应用[J].心理科学进展,2020,28(7),1056-1070.

③ MEYER J P, STANLEY L J, VANDENBERG R J. A person-centered approach to the study of commitment[J]. Human Resource Management Review,2013,23(2):190-202.

④ WOO S E,ALLEN D G. Toward an inductive theory of stayers and seekers in the organization[J]. Journal of Business Psychology,2013(29):683-703.

⑤ 孙莎莎,李小兵.从以变量为中心到以个体为中心:正念研究路径的转向及启示[J].医学与哲学,2022(22),42-45.

⑥ 温忠麟,谢晋艳,王惠惠.潜在类别模型的原理、步骤及程序[J].华东师范大学学报(教育科学版),2023,41(1):1-15.

⑦ 邱皓政.潜在类别模型的原理与技术[M].北京:教育科学出版社,2008.

多个外显变量进行抽象和概括[①]。潜在类别概率表示不同水平的潜变量的比例,也就是表示各潜在类别群体的大小,而条件概率多用于解释每个潜在类别的属性特征及重要意义,反映了潜变量与外显变量之间关系的强弱[②]。

综上,以变量为中心的方法聚焦于研究对象的共性,而以被试为中心的方法则先探讨研究对象的个性,再将其划分为若干子群体后研究其共性,具有更高的精确度,二者从不同的角度对研究对象的特征进行解释。下面将对潜在类别模型中的 LCA 与 LPA 的概念原理和具体操作进行重点阐述。

一、潜在类别分析

(一)概念

潜在类别分析(LCA)是根据个体在外显的类别变量之间的不同反应模式对个体进行分类,并确定群体异质性的一种统计方法[③],是一种适用于观测变量和潜变量都为分类变量的聚类分析方法[④]。总体而言,LCA 是用潜在的类别变量来估计并解释外显的类别变量之间的关系。通过该方法可以将具有相似反应模式的个体划分在同一潜在类,尽可能减小同一潜在类别内的差异,增大与其他潜在类别间的差异,而非简单地根据总分高低来分类。

作为一种无指导的统计学习方法,LCA 使用最小数量的潜在类别来解释外显的类别变量之间的关系,并确保各个潜在类别中的外显变量之间满足局部独立性的要求,LCA 过程中的数据决定了能够反映每一类特征的分类结果,该方法的特点是类内同质,类间异质。LCA 可以看作主成分分析和聚类分析的结合,相比于聚类分析,LCA 具有保证外显变量反映信息完整

① 周伊冰,霍娅敏,张奕源.基于潜在类别分析的城市轨道交通通勤市场细分研究[J].综合运输,2021,43(9):9-16.
② 赵玉,戴海琦,刘铁川.基于潜在类别分析的6-15岁儿童平衡秤任务认知规则探索[J].心理科学,2013,36(1):86-91.
③ 温忠麟,谢晋艳,王惠惠.潜在类别模型的原理、步骤及程序[J].华东师范大学学报(教育科学版),2023,41(1):1-15.
④ 同②.

度、减少人为指定 K 误差以及排除变量间顺序产生影响的优点①。LCA 旨在帮助研究人员在噪声背景中辨别有意义的潜在类别,其背后的思想是,两个不同的量决定了个体观察到的反应,一个量是个体真正的潜在等级,另一个量是误差②。

潜在类别分析需要掌握条件概率、全概率公式和贝叶斯公式等基础统计学知识。潜在类别是互斥且详尽的,它们的和为 1。LCA 的基本假设为局部独立性假设,即如果有可能为对应于每个潜在类别的观察变量创建单独的列联表,那么观察变量在各个列联表中是独立的③。但这并不意味着待分析的数据集中观察到的变量是独立的,实际上,潜在类所解释的是观察到的变量之间的相互关系,假定的独立性仅存在于潜在类之间。

执行 LCA 的流程主要包括:提出假设、数据设置、模型估算、评估模型和解释最优模型五个步骤④。使用 LCA 进行聚类时,通常需要建立不同类别的 LCA 模型,通过对比每个模型的拟合指标,最终选择拟合指标最优模型的类别数量作为事故数据的分类依据⑤。接下来下文将对 LCA 的关键步骤进行讲解。

(二)具体步骤

1. 步骤 1:研究设计与数据设置

(1)选择观察指标:用于分析的指标很大程度上取决于研究问题。选择适当的观察指标有助于更好地解决研究问题,提供明确的研究指向。观察指标是实验效度的重要组成部分,如果没有充分控制并测量出准确的观察

---

① 周伊冰,霍娅敏,张奕源.基于潜在类别分析的城市轨道交通通勤市场细分研究[J].综合运输,2021,43(9):9-16.

② COLLINS L M,LANZA S T. Latent class and latent transition analysis:With applications in the social,behavioral,and health sciences[M]. USA:John Wiley & Sons,2009.

③ MCCUTCHEON A L. Latent class analysis[M]. Sage,Thousand Oaks,CA,1987.

④ SINHA P,CALFEE C S,DELUCCHI K L. Practitioner's guide to latent class analysis:Methodological considerations and common pitfalls[J]. Critical care medicine,2021,49(1),e63-e79.

⑤ 赵玉,戴海琦,刘铁川.基于潜在类别分析的 6-15 岁儿童平衡秤任务认知规则探索[J].心理科学,2013,36(1):86-91.

指标,可能会导致实验结果产生偏差。因此在确立观测指标的过程中必须充分考虑观察指标的稳定性、准确性和有效性,从而提高实验效度。

(2)检查数据:由于 LCA 模型对极值具有较高的敏感度,因此对数据集中的极端值和不可信的值进行仔细检查是一个很重要的步骤。对于连续变量,需要检查其单变量分布,并将非正态分布转变为正态分布。如果认为共线性变量十分重要,无法完全排除,则需要排除这些变量中的每一个并进行重复 LCA 来进行敏感性分析。但如果这个过程会导致类别组成或模型拟合统计数据发生重大变化,则需要消除信息量最小的变量。为了研究局部独立性,需要重新检查每个类别中观察到的指标之间的相关性,并对局部因变量再次进行敏感性分析。但作为一种替代策略,如果两个局部相关指标权重很大而不能丢失,则可以允许两个变量在模型中相互关联①。

(3)样本大小:充分拟合 LCA 模型所需的样本量随各种因素而发生的变化。需要考虑两个重要方面,从而对样本量是否充足做出判断。首先,要考虑样本是否足以检测潜在类别的真实数量,区分类别的指标越有效,指标质量越高,对样本量的需求越小。其次,为了检验预先确定的兴趣度量,必须考虑潜在类别内的样本量是否具有足够的统计能力来检测预先确定的指标之间的差异,并且具有足够大的差异来进行更有意义的解释。

(4)处理丢失数据:虽然 LCA 可以在缺失数据的情况下进行估计,但由于缺失导致的数据密度越小,估计过程就越困难。缺失数据的模式和数量将影响模型的构建。LCA 处理缺失数据有三种途径:删除法(deletion method)、多重插补法(multiple imputation, MI)和完全信息最大似然法(full information maximum likelihood, FIML)。删除法是其中最少使用的方法。后两种方法都建立在数据是随机丢失的假设上。多重插补法使用数据为缺失变量创建多个解决方案排列,一旦生成数据集,便可以跨模型使用,但随着随机生成的数据集产生多种排列,使用这种方法会导致数据模型愈加复杂。

---

① SINHA P,CALFEE C S,DELUCCHI K L. Practitioner's guide to latent class analysis: Methodological considerations and common pitfalls[J]. Critical care medicine,2021,49(1),e63 – e79.

而完全信息最大似然法实际上并不计算数据,而是使用所有的数据来估计模型的参数,并已被证明是处理缺失数据的建模算法的有效途径。应对缺失观测值和非缺失观测值之间的组群特征差异进行说明,如果存在输入或删除,则应进行敏感性分析。

(5)概率参数化:LCA 作为一种基于概率分析的统计模型,概率参数化是其首要步骤,其原理是将类别变量的概率转换成模型的参数。潜在类别概率和条件概率是 LCA 模型中需要特别说明的参数。

2. 步骤2:拟合数据模型

选定并处理指标之后,需要将 K 类多重模型与数据进行拟合。在拟合数据模型中,单个类($K=1$)和序列模型构成第一个模型,则每个模型会比先前模型多一个类。而随着样本量的增加,会导致模型复杂性的相应增加,进而增加拟合难度,最后导致模型泛化性的降低。

基于最大似然的参数估计:对潜在类别概率和条件概率进行参数估计,并致力于得到最终解。LCA 主要采用最大似然估计法(Maximum Likelihood Estimation,MLE),通过找到一个参数值使出现目前事件的概率最大,该方法的主要思想即最大概率发生的情况对应了最可能的参数取值,寻找能够以较高概率产生观察数据的系统发生树[①]。

3. 步骤3:评估模型——选择最优类别

(1)拟合的指标:拟合指标的选取方法是选择最适合数据的类数量最少的模型,关键在于选择适合的指标。信息准则(Information Criteria,IC)统计量来源于拟合模型的最大似然值的统计结果。贝叶斯信息准则(Bayesian Information Criterion,BIC)和赤池信息准则(Akaike Information Criteria,AIC)作为两种最常用测量方法[②],致力于在准确性和过拟合之间取得平衡。

(2)测试类的数量:比较具有 K 个潜类别模型和具有 $K-1$ 个潜类别模

---

① 刘静宜,池文雅,胡典顺. 概率与统计的知识理解之最大似然估计[J]. 中国数学教育,2022(8):11-16.
② 朱才华,孙晓黎,李培坤,等. 融合车站分类和数据降噪的城市轨道交通短时客流预测[J]. 铁道科学与工程学报,2022,19(8):2182-2192.

型的拟合差异,当参数指标所对应的 P 值显著时,说明 K 个潜类别模型的拟合效果比 $K-1$ 个潜类别模型更优,不显著则说明并未有较大改进,后者则相应会优先选择 $K-1$ 个潜类别模型①。

(3)类别数量、大小和区分度:不要过度依赖 P 值,应同时需考虑最小潜在类的相对大小。由于具有不断增加的类别的模型与数据拟合,因此还存在过度提取的风险。熵(Entropy)的作用主要是评价潜在类别模型分类的准确度,作为一种衡量类别区分度的指标,熵可以提供聚类区分度的信息,并针对每个模型进行呈现。理论认为过拟合模型会具有更高的熵,但熵的绝对值不应作为确定最优模型的衡量标准,因此具有最高熵的模型不一定能够代表最佳拟合模型。

4. 步骤 4:解释最终模型

(1)分类 – 分析:在评估最终模型有效性时,需考虑其稳健性。应使用多次随机启动来证明最大似然的充分复制。在 LCA 模型中,通常将分类视为绝对的和无误的,如果模型拟合度很好,并且熵足够大,那么一个类的概率将接近 1,而其他类的概率将接近 0。

(2)比较类别:LCA 中使用的算法使用拟合模型的指标进行分类。探索不同类别之间的差异最大指标是具有意义的,发现类别在大多数变量上存在差异是没有意义的,而没有差异的变量也可以提供有用的信息②。

(3)外部验证:证明 LCA 等算法识别的类或子组的有效性的关键步骤在于外部数据集中的可复现性。在外部序列中验证 LCA 模型时,需要解决两个问题:首先,验证序列中的最佳拟合模型是否与初级分析的最佳拟合模型具有相同的类数;其次,当出现相同数量的类时,这些类的特征是否与初级模型中确定的类相似。

---

① 周伊冰,霍娅敏,张奕源.基于潜在类别分析的城市轨道交通通勤市场细分研究[J].综合运输,2021,43(9):9 – 16.

② SINHA P,CALFEE C S,DELUCCHI K L. Practitioner's guide to latent class analysis:Methodological considerations and common pitfalls[J]. Critical care medicine,2021,49(1),e63 – e79.

二、潜在剖面分析

(一)概念

潜在剖面分析(LPA)是指通过潜在类别变量解释外显连续型指标之间关系的统计方法,从而保持外显指标之间的局部独立性[①]。LCA 和 LPA 多用在教育、心理诊断和人才评估领域的应用研究,分析结果都是将个体划分为潜在类别,这不仅可以提高教育研究的量化水平,丰富教育研究内容,而且通过了解在教育教学过程中,学生和教师的差异性表现,促进因性施教。

相比传统的聚类分析,LPA 具有根据直接从模型估计的隶属概率将个体分类成簇,可以是连续变量、分类变量、计数变量及其组合、人口统计或其他协变量,可以用于剖面描述等优点[②]。当采用归纳或探索性方法时,聚类分析更为合适,而当采取演绎法(即假设检验)时,LPA 更为合适[③]。

作为一种复杂的策略方法,LPA 可以通过验证假设是否满足、在可能的情况下使用确认方法、用多个样本交叉验证结果等措施来减少 LPA 的固有局限所带来的影响[④]。LCA 与 LPA 的分析步骤具有一定相似性。LPA 的流程类似于通过迭代建模过程来确定要保留的剖面数量,并拟合协变量模型,从而探索这些剖面对研究中其他变量的影响或预测剖面成员[⑤]。

[①] 尹奎,彭坚,张君.潜在剖面分析在组织行为领域中的应用[J].心理科学进展,2020, 28(7),1056 – 1070.

[②] MAGIDSON J,VERMUNT J K. A nontechnical introduction to latent class models[J]. Statistical Innovations white paper,2002(1):1 – 15.

[③] STANLEY L,KELLERMANNS F W,ZELLWEGER T M. Latent profile analysis:Understanding family firm profiles[J]. Family business review,2017,30(1):84 – 102.

[④] MEYER J P, STANLEY L J, VANDENBERG R . A person – centered approach to the study of commitment[J]. Human Resource Management ReviewJ,2013,23(2):190 – 202.

[⑤] STERBA S K. Understanding linkages among mixture models[J]. Multivariate Behavioral Research,2013,48(6):775 – 815.

(二)步骤

1. 步骤1:确定研究问题及样本量

(1)定义研究问题:首先要明确所研究的是归纳式问题还是演绎式问题。LPA的研究主题需遵循同一变量的不同维度组合、同一构念的不同对象组合、同一变量的不同变化趋势、从结果变量的前因出发四种思路[①]。

(2)确定样本量:通常情况下,LPA要求样本量大于500[②]。而当每个剖面平均样本量达到50才能得到稳定的统计结果[③]。如果样本量过小,则可能导致无法聚合问题,难以识别小的剖面。

(3)分类指标:熵作为一种衡量分类不确定性的指标,可以用于支持LPA模型[④]。分类指标的常用指数是熵。熵是衡量每个LPA模型将数据划分为剖面的程度的指标[⑤]。熵的范围从1到0,值越高,表示剖面与数据的拟合越好[⑥]。

2. 步骤2:数据检查及剖面数量的确定

(1)数据检查:需要清理数据以进行分析并检查标准统计假设,例如连续变量的正态性、观察的独立性等。在Mplus的LPA过程中,利用完全信息最大似然法估计复合变量中所有项目缺失的情况,与其他潜在变量分析一样,缺失数据可以通过FIML或多重插补法处理。

(2)模型迭代评价:该阶段主要评估一系列假设可行的迭代LPA模型,

---

① 尹奎,彭坚,张君.潜在剖面分析在组织行为领域中的应用[J].心理科学进展,2020,28(7),1056-1070.

② MEYER J P,MORIN A J S. A person-centered approach to commitment research:Theory,research,and methodology[J]. Journal of Organizational Behavior,2016,37(4):584-612.

③ YANG C C. Evaluating latent class analysis models in qualitative phenotype identification [J]. Computational statistics & data analysis,2006,50(4):1090-1104.

④ FERGUSON S L, G MOORE E W, HULL D M. Finding latent groups in observed data:A primer on latent profile analysis in Mplus for applied researchers[J]. International Journal of Behavioral Development,2020,44(5):458-468.

⑤ CELEUX G,SOROMENHO G. An entropy criterion for assessing the number of clusters in a mixture model[J]. Journal of Classification,1996(13):195-212.

⑥ TEIN J Y,COXE S,CHAM H. Statistical power to detect the correct number of classes in latent profile analysis[J]. Structural Equation Modeling,2013,20(4):640-657.

从具有一个剖面的模型开始,到五至六个剖面的模型结束[①]。

(3)剖面数量的确定:确定剖面的数量是 LPA 中的核心问题。决定剖面数量最重要的因素是理论,这具体表现在以下两点:首先,在每一次分析后的概况中,每个剖面(子群体)在分类指标上均具有差异性,正是由于这些差异的存在,理论上的解释才得以促进。当剖面具有类似的理论内涵时,则应选择简化的剖面模型进行构建[②]。其次,每个剖面应有足够的个体,否则需斟酌该剖面是否保留[③]。

3. 步骤 3:拟合数据模型及其评价

在该步骤中,需要通过检查剖面的模式和每个剖面中所包含的变量的权重来解释保留的模型。在确定拟合模型的过程中,需要根据模型的拟合指数,从不同模型中选取拟合程度较好的模型[④]。潜在剖面模型通常包括三类拟合指数:信息统计指数、似然比检验指标(Lo – Mendell – Rubin,LMR)和分类指标[⑤]。

协变量分析:当 LPA 分析表明存在值得进一步解释的情况,或有理由评估协变量对概况的影响时,应使用协变量分析[⑥]。在 LPA 的剖面保留决策

---

① TEIN J Y,COXE S,CHAM H. Statistical power to detect the correct number of classes in latent profile analysis[J]. Structural Equation Modeling,2013,20(4):640 – 657.

② HOWARD J, GAGNé M, MORIN A J S, et al. Motivation profiles at work:A Self-determination theory approach[J]. Journal of Vocational Behavior,2016(95):74 – 89.

③ 尹奎,彭坚,张君.潜在剖面分析在组织行为领域中的应用[J].心理科学进展,2020,28(7),1056 – 1070.

④ 同③.

⑤ PEUGH J, FAN X. Modeling unobserved heterogeneity using latent profile analysis:A Monte Carlo simulation[J]. Structural Equation Modeling:A Multidisciplinary Journal,2013,20(4):616 – 639.

⑥ FERGUSON S L, G MOORE E W, HULL D M. Finding latent groups in observed data:A primer on latent profile analysis in Mplus for applied researchers[J]. International Journal of Behavioral Development,2020,44(5):458 – 468.

之后是对协变量的检查,以发现潜在群体之间的关系和差异[①]。探索与协变量的关系能够提供关于潜在概况的额外信息,以及这些协变量如何对这些潜在概况产生不同的影响,潜在类别是根据相关的协变量回归的,由于协变量不影响 LPA 剖面的解决方案,因此纳入协变量的方法中具有一定的自由度[②]。

4.步骤4:解释最终模型

LPA 的结果报告中通常呈现类别概率和条件均值、条件标准差的结果[③],其结果解释可分为内容效度的分析、关键结果变量的相关度[④]、结论是否能推广到多个样本或随着时间变化这三个方面。在内容效度的分析中主要查看分类依据(变量)能否区分不同剖面。在关键结果变量的相关度中,主要通过分析不同剖面在结果变量上是否存在均值差异,或基于 logistic 回归看理论上的前因变量是否能够预测潜在类别变量[⑤]。

LPA 的理论性和严谨性体现在分类指标的选择、样本的选择、前因变量和结果变量的选择、理论和实证研究的支持以及分类后的理论价值和贡献上[⑥]。作为一种以被试为中心的研究方法,LPA 并非以变量为中心的研究路

---

① MARSH H W, LüDTKE O, TRAUTWEIN U, et al. Classical latent profile analysis of academic Self-concept dimensions:Synergy of person – and variable – centered approaches to theoretical models of Self-concept[J]. Structural Equation Modeling:A Multidisciplinary Journal,2009,16(2):191 –225.

② FERGUSON S L, G MOORE E W, HULL D M. Finding latent groups in observed data:A primer on latent profile analysis in Mplus for applied researchers[J]. International Journal of Behavioral Development,2020,44(5):458 –468.

③ 温忠麟,谢晋艳,王惠惠.潜在类别模型的原理、步骤及程序[J].华东师范大学学报(教育科学版),2023,41(1):1 –15.

④ WOO S E,JEBB A T,TAY L,et al. Putting the "person" in the center:Review and synthesis of person – centered approaches and methods in organizational science[J]. Organizational Research Methods,2018,21(4):814 –845.

⑤ GABRIEL A S,DANIELS M A,DIEFENDORFF J M,et al. Emotional labor actors:A latent profile analysis of emotional labor strategies[J]. Journal of Applied Psychology,2015,100(3):863 –879.

⑥ 尹奎,彭坚,张君.潜在剖面分析在组织行为领域的应用[J].心理科学进展,2020,28(7),1056 –1070.

径的替代,而是其重要补充。

三、LCA 与 LPA 的对比及展望

综上,LCA 与 LPA 之间存在一定差异。在针对的测验题目类型上,LCA 针对类别计分的测验题目,而 LPA 针对连续计分的测验题目;在针对的外显变量类型上,虽然二者均采用潜在类别变量解释外显变量之间的关系,但 LCA 针对的是外显分类型指标,而 LPA 针对的是外显连续型指标[①]。LPA 与 LCA 都是通过获取个体属于不同群体的概率来恢复数据中隐藏群体的技术,二者根据观察到的变量定义组的方式不同,LPA 观测到的变量是连续的,类似于高斯模型,LCA 观测到的变量是离散的,类似于二项模型[②]。

未来在考虑分类误差的后续分析中,可以根据纳入的协变量类型采取不同的分析方法,探索进一步优化模型及其解释的途径,并且不应一味追求拟合指标的完善,而更应关注对相关理论的构建和领域的探索,以及对潜在分组的"前因"和"后果"进行深度探索和挖掘[③],同时局部独立性作为其基本的前提假设,很难进行实证验证,只能通过对拟合模型设限来满足该假设[④]。而其信效度也随样本量而产生波动,如何寻找变量数目与模型准确性之间的平衡是一个值得探索的问题。总之,随着以被试为中心的研究方法的不断拓展、发展和更新,未来相关社科领域的研究将具有更广阔的发展前景。

---

① LUBKE G,NEALE M C. Distinguishing between latent classes and continuous factors:Resolution by maximum likelihood? [J]. Multivariate Behavioral Research,2006,41(4):499 – 532.

② FERGUSON S L, G MOORE E W, HULL D M. Finding latent groups in observed data:A primer on latent profile analysis in Mplus for applied researchers[J]. International Journal of Behavioral Development,2020,44(5):458 – 468.

③ 王雅晶,汪雅霜.从"变量中心"到"个体中心":潜变量混合模型基本原理及其应用[J].湖北社会科学,2023(5):137 – 145.

④ 曾宪华,肖琳,张岩波,等.潜在类别分析原理及实例分析[J].中国卫生统计,2013,30(6):815 – 817.

第三节　交叉滞后建模

随着旅游学领域研究的不断深化和发展,更多学者开始不断探索检验变量之间因果关系的统计方法。横断面研究作为一种应用广泛的统计方法,所收集数据不满足前因变量在前、结果变量在后的条件,也难以排除混淆变量,并且无法排除其他无关变量所造成的前因变量与结果变量的共变①,种种因素表明基于横断面数据的回归分析不能很好地构建稳定可靠的因果关系,基于横断面数据的回归分析难以得出令人信服的答案②。这促使旅游学界尝试使用表述纵向关系的追踪数据探究变量之间的关系。

因果关系的推论需要有理论支持,其中因果作用的设计是提高因果关系真实性的关键环节,因此研究人员在使用追踪数据探究变量之间的关系时,更多采用纵向数据或相互关系,而非因果关系的表述③。早在 1980 年,罗戈萨(Rogosa)发表了一篇开创性的文章《对交叉滞后相关性的批判》,认为从纵向面板数据中比较交叉滞后相关性不适合进行因果推理,如果两个结构具有不同程度的稳定性,那么对交叉滞后相关性的比较可能会导致关于因果机制的错误结论。自此,大多数对面板数据因果关系感兴趣的研究人员都放弃了交叉滞后相关性,转而支持交叉滞后面板模型,该模型通过新增自回归关系来控制结构的稳定性,通过该模型所获得的交叉滞后回归参数是研究纵向相关数据中因果关系的最合适的度量④。

---

① 袁帅,曹文蕊,张曼玉,等.通向更精确的因果分析:交叉滞后模型的新进展[J].中国人力资源开发,2021,38(2):23-41.

② 胥彦,李超平.追踪研究在组织行为学中的应用[J].心理科学进展,2019,27(4):600-610.

③ USAMI S,MURAYAMA K,HAMAKER E L. A unified framework of longitudinal models to examine reciprocal relations[J]. Psychological methods,2019,24(5):637-657.

④ DEARY I J,ALLERHAND M,DER G. Smarter in middle age,faster in old age:A cross-lagged panel analysis of reaction time and cognitive ability over 13 years in the West of Scotland Twenty-07 Study[J]. Psychology and Aging,2009,24(1):40-47.

一、交叉滞后面板模型

许多预测方法是为了探索和验证事件本身的发生而设计的,而不考虑事件之间相互作用的增强/调节效应,这必然会改变它们发生的可能性。诸多研究关注系统内部诸多要素之间的关系,交叉滞后面板模型就用于解决该问题。

(一)概念相关

交叉滞后面板模型(cross – lagged panel model,CLPM)——又称为交叉滞后路径模型(cross – lagged path model)、交叉滞后回归模型(cross – lagged regression model)或自回归交叉滞后模型(Autoregressive cross – lagged model)[1],其是组织管理和人力资源研究领域使用最为广泛的传统交叉滞后模型[2]。通过标准化交叉滞后回归系数并比较他们的相对强度,以确定哪个变量对另一个变量的因果影响更强[3]。交叉滞后模型即检验两个纵向评估变量之间的等级顺序变化和时间滞后关联的标准模型[4],该模型是检验一个结构对另一个结构的预期影响的最常用方法[5],即一个变量过去的取值对另一个变量未来取值的预测作用,关注的是两个或多个变量随时间推移的相互影响[6]。

(二)具体内容

交叉滞后模型能够追踪探索动态的变量关系,保证前因变量和结果变

① 刘源. 多变量追踪研究的模型整合与拓展:考察往复式影响与增长趋势[J]. 心理科学进展,2021(10),1755 – 1777.

② 袁帅,曹文蕊,张曼玉,等.通向更精确的因果分析:交叉滞后模型的新进展[J]. 中国人力资源开发,2021,38(2):23 – 41.

③ BENTLER P M,SPECKART G. Attitudes "cause" behaviors:A structural equation analysis[J]. Journal of Personality and Social Psychology,1981,40(2):226 – 238.

④ MUND M,NESTLER S. Beyond the cross – lagged panel model:Next – generation statistical tools for analyzing interdependencies across the life course[J]. Advances in Life Course Research,2019(41):100249.

⑤ HAMAKER E L,KUIPER R M,GRASMAN R P P. A critique of the cross – lagged panel model[J]. Psychological methods,2015,20(1),102 – 116.

⑥ BIESANZ J C. Autoregressive longitudinal models[M]. New York:Guilford Press,2012.

量在时间维度上的先后顺序,是一种克服横断面设计缺点的有效统计方法。交叉滞后路径分析的优势是估计的路径系数具有明确的时间顺序关系,符合"因在前果在后"的因果推断机制①。与传统的重复分析方法相比,交叉滞后模型具有高度的灵活性,能够处理随时间变化的协变量,并且可以提供多种模型拟合指标和修正指标。相比横断面研究数据,交叉滞后模型可以探讨变量之间的动态关系,因而可以减少使用横截面数据时可能出现的参数偏差②。并且交叉滞后效应明确隔离了变量测量的先后顺序,满足前因变量与结果变量的时间顺序,同时交叉滞后模型通过自回归效应对变量的稳定性进行控制,将前序测量的变量取值作为控制变量加入模型,从而控制交互效应的偏差,交叉滞后模型也可以通过比较双向的交互效应的标准化系数的绝对值大小来确定变量之间因果关系的强度③。

交叉滞后方程为④:

$$p_{it} = \alpha_t p_{i,t-1} + \beta_t q_{i,t-1} + \mu_{it} \tag{1}$$

$$p_{it} = \delta_t q_{i,t-1} + \gamma_t p_{i,t-1} + \upsilon_{it} \tag{2}$$

其中,α_t 与 δ_t 是自回归系数,β_t 与 γ_t 为交叉滞后系数,μ_{it} 与 υ_{it} 为回归残差。通常交叉滞后模型同时包括自回归路径和交叉滞后路径⑤,自回归系数和交叉滞后系数都反映了被试内效应⑥,其中前者体现被试在给定变量上的高低顺序的时间上的稳定性,后者表示前一时刻的结果变量得到控制后,预测变量对结果变量的历时效应。自回归系数越接近1,个体的等级顺序从一

① ZHANG T,ZHANG H,LI Y,et al. Temporal relationship between childhood body mass index and insulin and its impact on adult hypertension:the Bogalusa Heart Study[J]. Hypertension, 2016,68(3),818 - 823.

② SELIG J P,PREACHER K J. Mediation models for longitudinal data in developmental research[J]. Research in human development,2009,6(2 - 3):144 - 164.

③ 袁帅,曹文蕊,张曼玉,等. 通向更精确的因果分析:交叉滞后模型的新进展[J]. 中国人力资源开发,2021,38(2):23 - 41.

④ BIESANZ J C. Autoregressive longitudinal models[M]. New York:Guilford Press,2012.

⑤ 方俊燕,温忠麟,黄国敏. 纵向关系的探究:基于交叉滞后结构的追踪模型[J]. 心理科学,2023,46(3):734 - 741.

⑥ CURRAN P J,HOWARD A L,BAINTER S A,et al. The separation of between - person and within - person components of individual change over time:A latent curve model with structured residuals[J]. Journal of consulting and clinical psychology,2014,82(5):879 - 894.

个时间点到下一个时间点越稳定,但即使具有很高的稳定性也会逐渐失去初始等级顺序,因此这并非特征性质上的稳定性。

如图 8 – 1 所示,p(工作投入度)和 q(工作绩效)代表两个变量的估计值,被试 i 在时间点 t 测得的变量值包含四个部分的参数:$\alpha_{p,t}$ 和 $\alpha_{q,t}$(时间点效应),β_1 和 β_3(自回归效应),β_2 和 β_4(交叉滞后效应)和 $\mu_{p,t}$ 和 $\mu_{q,t}$(冲击)。时间点效应(Occasion Effect)是指针对整个群体的、在某一时间点上所发生的总体性和系统性的变化。自回归效应(Autoregressive Effect,AR 效应)的作用是描述相同变量在多个时间点之间的关联程度,即个体内部的结转效应。交叉滞后效应(Cross – Lagged Effect,CL 效应)的作用是描述某变量过去的取值对另一变量未来取值的预测作用。

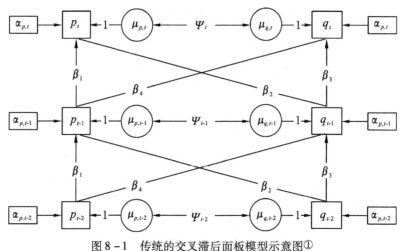

图 8 – 1 传统的交叉滞后面板模型示意图①

二、随机截距的交叉滞后面板模型

(一)概念

随机截距的交叉滞后模型(random intercept cross – lagged panel model,RI – CLPM),该模型通过包含随机截距(即所有载荷约束为 1 的因素)来解释类似性状的时不变稳定性。传统的交叉滞后模型具有诸多优势的同时,

① 袁帅,曹文蕊,张曼玉,等. 通向更精确的因果分析:交叉滞后模型的新进展[J]. 中国人力资源开发,2021,38(2):23 – 41.

也伴随着一定的局限性。首先,CLPM 混淆了被试间效应和被试内效应;其次,自回归效应和交互效应的长期效应都被局限为短期效应的堆叠,因此难以体现长期效应与短期效应作用时所产生的不一致现象;最后,CLPM 没有捕捉到相关变量的平均结构,不能用于调查连续测量时间点之间的变化是否与之后的进一步变化有关①。这些局限性推动着更前沿、更完善的交叉滞后模型的发展,哈马克(Hamaker)等学者通过在 CLPM 的基础上加入表征个体较为稳定基线水平的、不随时间改变的参数,即构造出带随机截距的交叉滞后面板模型,通过加入额外参数来有效地应对这一局限性②。

(二)内容

带随机截距的交叉滞后模型的一个显著的特征就是其观测变量的取值同时受到被试间因素(即相对稳定的特质参数或基线水平)和被试内因素的共同影响。RI - CLPM 在被试间水平上通过随机截距捕获个体稳定的、不随时间变化的特征差异,在被试内水平上捕捉一个变量的变化对于另一个变量变化的影响。

带随机截距的交叉滞后方程为:

$$p_{it}^* = \alpha_t^* p_{i,t-1}^* + \beta_t^* q_{i,t-1}^* + \mu_{it}^* \tag{3}$$

$$q_{it}^* = \delta_t^* q_{i,t-1}^* + \gamma_t^* p_{i,t-1}^* + \upsilon_{it}^* \tag{4}$$

其中 * 所示自回归和交叉滞后回归参数与 CLPM 中的参数不同。自回归参数 α_t^* 和 δ_t^* 并不代表个体从一个时间点到下一个时间点的等级顺序的稳定性,而是被试内的延滞效应量。这意味着当个体的绩效高于其预期时,它可能会再次高于其预期,反之亦然。交叉滞后系数 β_t^* 与 γ_t^* 表明两个变量之间相互影响的程度,γ^* 表示个体在 y 上的预期绩效的偏差可以从之前与个体在 x 上的预期绩效的偏差中预测出来的程度③。当某一变量的随机

① MUND M,NESTLER S. Beyond the cross - lagged panel model:Next - generation statistical tools for analyzing interdependencies across the life course[J]. Advances in Life Course Research,2019(41):100249.

② HAMAKER E L,KUIPER R M,GRASMAN R P P. A critique of the cross - lagged panel model[J]. Psychological methods,2015,20(1),102 - 116.

③ HAMAKER E L,KUIPER R M,GRASMAN R P P. A critique of the cross - lagged panel model[J]. Psychological methods,2015,20(1),102 - 116.

截距的方差显著时,该变量上的被试之间存在显著差异。通常在随机截距的交叉滞后模型(见图 8－2)具有两种限制条件:交叉滞后系数的时间不变性,变量总体均值的时间不变性。前者指在时间间隔相同的数据批次中,所有的交叉滞后系数可以假定为恒定值对模型进行估计,后者指限制总体均值来控制数据的纵向稳定性。

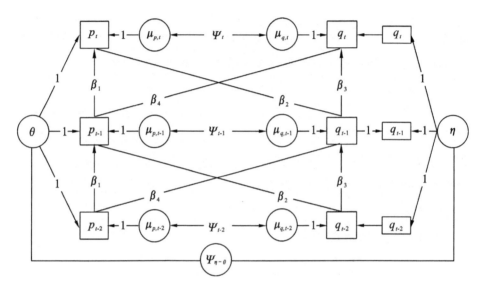

图 8－2　带随机截距的交叉滞后面板模型①

CLPM 只需要两波数据,而 RI－CLPM 由于添加了更多的模型参数,故需要至少三波数据,在这种情况下有 1 个自由度。如果时间点 1 和时间点 2,与时间点 2 和时间点 3 之间的间隔(滞后)相同,即观测值在时间上间隔相等,那么可以通过约束滞后参数并进行卡方差异检验来测试变量对彼此的影响是否随时间保持稳定。如果约束不成立,则需要多批数据来估计该模型②。

RI－CLPM 所增加的额外参数(基线水平参数)θ_i 和 η_i 代表个体 i 在工

---

　　① 袁帅,曹文蕊,张曼玉,等.通向更精确的因果分析:交叉滞后模型的新进展[J].中国人力资源开发,2021,38(2):23－41.

　　② HAMAKER E L,KUIPER R M,GRASMAN R P P. A critique of the cross－lagged panel model[J].Psychological methods,2015,20(1),102－116.

作投入度和工作绩效上的基线水平。*Usami* 等学者于 2019 年认为分离被试内和被试间效应的一个先决条件是模型中新增的类特质被试间变量（θ 和 η）对各时间点的变量取值（如 p_t 和 q_t）仅有直接效应，而不通过被试内的 AR 效应和 CL 效应产生间接效应[①]。在 RI – CLPM 的假设中，变量的观测值围绕自身的特质水平上下波动，在其观测值中加入负荷固定为 1 的特质因子（随机截距项），其取值可以随个体变化而变化。当使用 RI – CLPM 等多层纵向模型时，可以根据群体或个体方差计算标准化系数[②]。

三、CLPM 与 RI – CLPM 的对比及展望

CLPM 嵌套在 RI – CLPM 下，即当被试间不存在差异时，所有个体围绕相同的样本均值变化时的 RI – CLPM 等价于 CLPM（见图 8 – 3）。RI – CLPM 试图区分稳定的被试间差异，而 CLPM 并未区分数据中可能存在的被试间和被试内差异，当由 RI – CLPM 生成的数据使用 CLPM 进行分析，则会造成被试内的相互影响。传统的交叉滞后模型和随机截距的交叉滞后模型在每个样本中都是收敛的，而其他模型往往不能收敛或不收敛。相比而言，RI – CLPM 比 CLPM 表现出更好的模型拟合，而 CLPM 比 RI – CLPM 产生更一致的交叉滞后效应，在关注被试间效应时可以采取 CLPM，关注被试内效应时可以采取 RI – CLPM[③]。除随机截距的交叉滞后模型外，还有旨在解决的短期效应和长期效应的不一致性所构建的广义交叉滞后模型、具有结构残差的自回归潜轨迹模型以及双重变化评分模型[④]。随着实证研究领域的

① USAMI S,MURAYAMA K,HAMAKER E L. A unified framework of longitudinal models to examine reciprocal relations[J]. Psychological methods,2019,24(5):637.

② SCHUURMAN N K, FERRER E, SONNENSCHEIN M, et al. How to compare cross – lagged associations in a multilevel autoregressive model[J]. Psychological Methods,2016(21):206 – 221.

③ ORTH U,CLARK D A,DONNELLAN M B,et al. Testing prospective effects in longitudinal research:Comparing seven competing cross – lagged models[J]. Journal of personality and social psychology,2021,120(4):1013 – 1034.

④ MUND M,NESTLER S. Beyond the cross – lagged panel model:Next – generation statistical tools for analyzing interdependencies across the life course[J]. Advances in Life Course Research,2019(41):100249.

不断发展,如何选择最恰当的模型具有巨大的实践意义。研究人员能收集的数据是否满足模型的识别要求是基本要求。在相当长的一段时间里,CLPM 一直是分析相关性的主要工具,但它不可能总是适合同期的研究问题。随着研究问题的发展,工具在不断改进,新模型也在不断提出和完善,但相应每种方法都有其利弊。因此选择适用于特定研究场景的模型,需要研究人员仔细权衡不同模型之间的优缺点,以选择最合适的模型来解决当前的研究问题。特别是在旅游环境责任领域内的方法论探究。

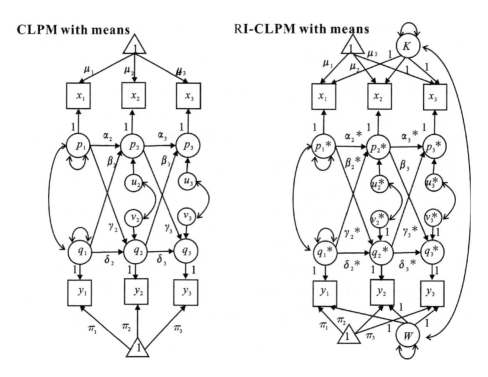

图 8 - 3　标准 CLPM 和可选的 RI - CLPM 的对比①

注:图 8 - 3 中三角形表示常量,方形表示观测变量,圆形表示潜变量。

左侧 CLPM 中潜在变量 p 和 q 只是位于中心的观察变量

① HAMAKER E L,KUIPER R M,GRASMAN R P P. A critique of the cross - lagged panel model[J]. Psychological methods,2015,20(1),102 - 116.

第四篇

❖ ❖ 治理的创新 ❖ ❖

第九章　旅游者环境责任行为的
治理视角

　　对个人来说，每个人是国家、社会、企业、家庭的行动主体，保护环境的口号最终要落实到每个人的心中和行动上。2023 年 6 月 5 日中华人民共和国生态环境部等五部门联合发布新修订的《公民生态环境行为规范十条》（以下简称《规范》），旨在进一步引领公民践行生态环境保护义务和责任，做生态文明理念的积极传播者和模范践行者，形成简约适度、绿色低碳、文明健康的生活方式，携手共建人与自然和谐共生的现代化。《规范》提出关爱生态环境、节约能源资源、践行绿色消费、选择低碳出行、分类投放垃圾、减少污染产生、呵护自然生态、参加环保实践、参与环境监督和共建美丽中国十条行为准则。

　　在此背景下，公众的环境责任行为更应该得到重视。如何向公众传达《规范》精神，提高认同度和践行率呢？旅游者可以扮演什么角色，起到什么作用？旅游情境下的景区、从业人员和旅游者在践行相关行为时会有哪些特点呢？对这些问题的研究将会帮助促进公民生态环境行为的实施，进而实现"双碳"目标，保护自然环境，获得可持续发展。由此，本章着重阐述旅游者环境责任行为的治理视角，分为利益相关者、柔性管理和具身三个具体视角，从实践需求出发，剖析引导旅游者环节责任行为的具体路径与策略。

第一节　利益相关者视角下的
旅游者环境责任行为治理

旅游业发展具有重大的经济、社会和文化意义,其逐步成为国民经济发展中的战略性支柱产业。然而,旅游业快速发展的同时也带来一系列环境问题,如气候变暖、动植物多样性丧失等,其中,由于旅游者不当行为产生的环境问题愈加受到关注。相较而言,改变旅游者自身行为习惯并助推其亲环境行为对于旅游业的可持续发展具有关键意义。同时,可持续旅游理念的落脚点是要实现更科学的旅游发展,把握"收益 – 环境"的最佳平衡是其操作宗旨①。

一、利益相关者的基本概念

(一)利益相关者

利益相关者在管理学研究中至关重要。利益相关者是指与一个组织或项目相关、有可能受到其决策和行为影响的各方。这些各方可能包括公司的员工、股东、客户、供应商、政府机构、社会组织以及其他与该组织直接或间接关联的个体或团体。利益相关者在组织的运作中扮演着重要的角色,因为他们的利益和期望直接关系到组织的成功与可持续发展。

利益相关者的种类和重要性因组织的性质和行业而异。例如,在企业层面,员工可能关注工作条件和薪资待遇,股东可能关心投资回报,而客户可能关注产品或服务的质量。在非营利组织或政府机构中,利益相关者可能包括公众、社区、志愿者等。

有效的利益相关者管理是组织成功的关键因素之一。这涉及了解并回应各利益相关者的需求和期望,确保组织的决策和行动考虑到各方的利益。透明沟通、合作和共赢的理念都是在利益相关者管理中常见的原则,以维护

---

① TAIWAN ECOTOURISM ASSOCIATION. Introduction for Taiwan Ecotourism Association [EB/OL]. http://www.ecotour.org.tw/p/blog – page_04.html,2011.

组织与其周围环境的和谐关系,实现可持续的发展。

(二)旅游研究中的利益相关者

在旅游研究中,有效的利益相关者管理变得至关重要。这包括了在制定旅游政策、规划和开发旅游项目时,充分考虑和平衡各利益相关者的需求、期望和关切。可持续旅游发展理念也强调了在旅游业中实现经济、社会和环境的平衡,以确保长期的可持续性和共赢。在旅游研究中,利益相关者是指与旅游活动相关、可能受到旅游发展和决策影响的各方群体。这些利益相关者包括但不限于以下几个方面:

1.政府机构

政府机构在旅游研究中通常是一个重要的利益相关者。政府机构可能关注旅游业对国家或地区经济的贡献,同时也需要考虑到旅游发展对文化、环境和社会的潜在影响。

2.地方社区

当地社区是旅游业中一个至关重要的利益相关者,因为旅游活动可能对其生活方式、文化传承和环境产生深远影响。社区可能会期望从旅游业中获得经济利益,但也可能关切其社会和文化的可持续性。

3.旅游从业者

旅游业内的各类从业者,包括酒店、导游、交通运输等,都是旅游研究中的利益相关者。他们关心行业的健康发展、市场需求以及客户满意度等方面的问题。

4.旅游者

旅游者是直接参与旅游活动的利益相关者,他们期望获得愉快的旅游体验,同时也可能对目的地的文化、环境等方面提出期望或关切。

5.非政府组织(NGO)

环保组织、文化保护组织等非政府组织可能关注旅游活动对环境和文化遗产的潜在影响,并致力于推动可持续旅游发展。

(二)行动者网络

除了基本的利益相关者视角,近年来在旅游研究领域,行动者网络

（Actor‐Network Theory，ANT）也逐步成为一种新的研究理论与视角①。行动者网络理论是以拉图尔（Latour）、卡龙（Callon）和劳（Law）为代表的整个巴黎学派于 20 世纪七八十年代提出的最有影响的关于科学技术的社会学理论，被认为是自康德以来最重要的哲学进步②。

布鲁诺·拉图尔（Bruno Latour）糅合哲学、社会学、历史学乃至人类学的不同方法，对科学提出了极其生动和富有挑战性的分析。这种分析认为，为了恰当地理解科学活动，研究对社会与情境（context）和技术内容两方面的考察，都是必不可少的。拉图尔强调，科学只能通过其实践得到理解，因此，必须对处于行动过程中的科学（science in action），而不只是科学的结果，或者是既成事实加以考察。考察的对象，则涉及科学文献在科学活动中的角色、实验室活动、现代世界中科学的制度环境、使发明和发现被他人接受所使用的手段等③。在这个过程之中，拉图尔提出了行动者网络理论。

科学是在某种网络式的建构过程中生存发展的，而这种网络，则要尽可能地囊括所有的社会资源和人类计谋。该基本理论研究了人与非人行动者之间相互作用并形成的异质性网络，认为科学实践与其社会背景在同一个过程中产生，并不具有因果关系，它们相互建构、共同演进，并试图整合技术的宏观分析和微观分析，把技术的社会建构向科学、技术与社会关系建构拓展（不能割裂自然实在和社会实在）④。行动者网络理论的基本思想是，科学技术实践是由多种异质成分彼此联系、相互建构而形成的网络动态过程。其基本方法论规则在于，追随行动者，即从各种异质的行动者选择一个，通

---

① 汪秀琼，黄安琪，梁肖梅，等.旅游研究中的行动者网络理论：应用进展及发展建议：以 2000－2021 年的文献为例［J］.旅游导刊，2022，6（5）：69－92.

② REN C，JóHANNESSON G T，VAN DER DUIM R. Tracing tourism with Bruno Latour：Actor‐network theory，critical proximity and down to earth［J］. Tourism Geographies，2023，25（5）：1297－1302.

③ 李立华，付滌非，刘睿.旅游研究的空间转向：行动者网络理论视角的旅游研究述评［J］.旅游学刊，2014，29（3）：107－115.

④ 刘文旋.从知识的建构到事实的建构：对布鲁诺·拉图尔"行动者网络理论"的一种考察［J］.哲学研究，2017（5）：118－125＋128.

过追随行动者的方式,向公众展示以此行动者为中心的网络建构过程。

行动者网络中包含"行动者""转译者"和"网络"核心构成要素(如图9－1所示)。"行动者"可以指人,也可以指非人的存在和力量。使用"actor"或"agent"并不对他们可能是谁和他们有什么特征做任何假定,他们可以是任何东西——可以是个体的或者民众的、拟人的或非拟人的。转译者是指会改变、转义、扭曲和修改它们本应表达的意义或元素。就像一个机器,输入和信息条件明确,但输出结果未知。任何行动者都是转译者。网络是指由行动者通过行为产生的联系形成的,网络节点即为行动者。具体而言,"行动者网络"中的"行动者"之间关系是不确定的,每一个行动者就是一个结点(knot 或 node),结点之间经通路链接,共同编织成一个无缝之网①。在该网络中,没有所谓的中心,也没有主—客体的对立,每个结点都是一个主体,一个可以行动的行动者。主体间是一种相互认同、相互承认、相互依存又相互影响的主体间性的关系。非人的行动者通过有资格的"代言人"(agent)来获得主体的地位、资格和权利,以致可以共同营造一个相互协调的行动之网②。

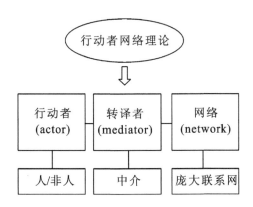

图9－1　行动者网络理论的基本构成

① 朱峰,保继刚,项怡娴.行动者网络理论(ANT)与旅游研究范式创新[J].旅游学刊,2012,27(11):24－31.

② 王鹏飞,王瑞璠.行动者网络理论与农村空间商品化:以北京市麻峪房村乡村旅游为例[J].地理学报,2017,72(8):1408－1418.

在旅游研究之中，行动者网络理论能够被用于解释复杂的旅游现象和关系，以挖掘出使用线性、静态的视角无法解释的规律。例如，旅游企业的绿色展会是如何进行绿色行为决策的①。

二、基于利益相关者管理的具体路径

本研究结果表明，旅游者环境责任行为具有典型的情境性表征，更加复杂并难以规制。在旅游情境中，个体的环境责任行为决策可能会涉及利己主义和集体主义间的权衡。同时，旅游者的首要目的在于实现其旅游目标并获得积极的旅游体验，而环境责任行为则需要个体更加关注环境付出，这在一定程度上是矛盾的，因而鼓励旅游者的主动性环境责任行为更加困难。越来越多研究者开始关注旅游者的主动性环境责任行为。本研究聚焦心理动因，旨在探讨如何在不牺牲旅游者休闲利益的同时促使其产生环境责任行为。

(一)政府：从多方面加强可持续旅游的宣传与引导

本书从微观视角解读了旅游者环境责任行为的心理驱动机制，这对于国家经济发展、社会综合治理层面亦具有重要实践意义。从产生的收入和就业人数来看，旅游业是世界上的核心产业之一。从某种程度来说，旅游业的增长潜力是巨大的，旅游业产生的综合效益是国家发展的重要动力。但是，如果旅游业管理不当，则将对行业可持续发展构成风险。政府可尝试倡导可持续旅游，重视日常与旅游情境中的宣传与引导。该旅游发展路径需要统筹考虑环境可持续与个体行为伦理，其包含了更广泛的社会和环境目标。可持续发展一般涉及经济、生态和社会文化维度。相应地，可持续旅游是一种既能解决旅游产业、旅游者和社区需求，又能保护其赖以生存资源的发展方式。该路径被视为一个有益的框架，源于其能够为资源基础比较脆弱的自然旅游提供指导。关于可持续旅游是否会损害保护与发展之间关系

---

① ZHONG D, LUO Q, CHEN W. Green governance: Understanding the greening of a leading business event from the perspective of value chain governance[J]. Journal of Sustainable Tourism, 2020(5):1-19.

204 ▶

的问题,虽然目前学界存在一定争论,但不可否认,可持续旅游是平衡经济发展与环境保护间的有效途径。

研究发现,旅游者环境责任行为的心理动因符合有限理性框架,理性仍然会对行为产生基础性影响作用。理性的一方面可体现在旅游者对法律法规的基本认知和遵守。可持续旅游的目标是提升关于可持续旅游产品消费的公众意识,在旅游者消费的同时增强其保护环境的意识与行为,从而平衡旅游经济发展与目的地环境保护之间的关系①。鼓励旅游者平衡其享乐目标和环境付出是具有挑战性的,政府可尝试着眼于如下途径:第一,政府可尝试制定与可持续旅游发展的总体目标相一致的法律政策和规范,以此建立起旅游者环境责任行为的基准要求。同时,政府应确保国家、省和地方所有相关的公共机构在可持续旅游发展过程中进行适当参与和必要协调,促使其他利益相关群体参与旅游决策。第二,政府在建立法律和监管机制的基础上,可尝试细化具体的可持续旅游发展指标,并且将监管结果予以透明化公开,以此鼓励旅游者的环境参与感。第三,政府及景区管理部门可尝试利用国际上认可的原则来制定认证方案、生态标志以及旨在保护可持续旅游发展的自愿性活动,以此提高旅游者的环境公益认知。第四,政府可尝试为自然保护区提供充分的资金与技术支持,稳定的经济基础更有助于景区可持续旅游目标的实现。

(二)景区:制定切实可行的环保助推计划

一般来说,促进旅游者环境责任行为的措施分为两种,一种是禁止性行为,即景区管理方通过法律法规、具体制度等约束旅游者行为,要求旅游者被动遵守相关环境管理制度;另一种是主动性行为,即通过倡导、建议、营销等方式引导与助推旅游者行为,其关注点更倾向于让旅游者受到因素干预后,自主产生环境责任行为。相较而言,强制性的规制约束可能会影响旅游者的实际体验,而主动性的环境责任行为来源于旅游者自主意识,具有更强

---

① WEHRLI R, PRISKIN J, DEMARMELS S, et al. How to communicate sustainable tourism products to customers: Results from a choice experiment[J]. Current Issues in Tourism, 2017, 20 (13): 1375 - 1394.

的行为价值和社会意义。旅游业可持续发展有赖于良好的生态环境,因此,旅游者主动性环境责任行为对于旅游可持续发展、社会综合治理等方法均具有良好的实践意义。综上,景区管理层面应该以环保规制为基础,重点着眼于如何鼓励旅游者的主动性环境保护行为。

在被动遵守方面,景区管理部门应制定相关的基本规定和指南。制定清晰明确的规定和行为准则,向游客传达对环境友好的行为期望,比如,在特定的位置规定不能乱丢垃圾、不破坏自然生态等。提供合适的垃圾回收和分类设施,设置易于识别和使用的垃圾桶。此外,可以使用可再生能源、节水设备和其他环保技术来管理景区的资源。

在主动倡导方面,从多路径协同给出策略。首先,教育与宣传。提供信息板、展览、导览或讲解,向游客介绍景区的自然环境、生态系统和当地文化。这种教育方式可以增强游客的环保意识,激发他们对环境的关注,并鼓励他们采取行动保护景区。其次,提供和推广可持续旅游活动,如徒步旅行、环保导览、自行车游览等,这些活动有助于降低对环境的影响。接着,景区可以通过奖励方案或认可制度来表彰那些积极参与环保行为的游客。例如,以颁发环保徽章、提供折扣或特别待遇等活动,激励游客积极参与环保行动。最后,与当地社区、NGO 和环保组织合作,组织环保活动、清洁行动或志愿者项目。让游客有机会参与这些活动,增强他们的参与感和责任感。

本书分析了理性、情感和道德动因对旅游者亲环境行为的不同驱动效用,发现情感动因的影响依次高于道德动因和理性动因。因此,景区可尝试将理性、道德和情感唤醒因素予以结合,制定复合环境保护策略。例如,在景区设立能够引发旅游者道德情感的宣传视频,而非仅调动旅游者的理性心理动因,设置"请爱护环境"字样的标语。同时,景区在对旅游者进行环境教育时,可以尝试在理性感知基础上,借助 VR 体验、动画等新的形式和内容,充分调动旅游者的道德和情感心理动因。该路径能够在一定程度上缓解旅游者享乐、获得和规范目标之间的冲突,在保障景区环境效益的同时兼顾旅游者自身的旅游需求。再如,为了避免自助餐的浪费,酒店可以考虑在自助餐桌上放置相应的动画宣传海报(例如,以流泪地球为原型的动画形象),通过故事性和趣味性的干预材料对顾客的亲环境行为加以引导。再如,在酒店设计可供参与的环境保护小游戏,以此调动旅游者的积极情感体验,进而促进其亲环境行为。综上,该类方法不仅增强了旅游者的享乐体验,也能够增强他们的亲社会行为意愿。

太古酒店集团提出,所有酒店将在2025年前将每位客人入住晚数的用电量平均减少15%,并在2030年前进一步减少26%;用水效率上,2025年前将耗水强度降低8%,并在2030年前再降低12%。同时,包括以再生物料取代一次性包装品,废物管理和延长日用品的寿命也被放在首位,而这一切的最终目的是鼓励客人为环保做出改变。

(三)旅游者:重视个体不同情境中绿色习惯的养成

从旅游者主体视角出发,除了上述心理动因,旅游者环境责任行为也受到日常情境中的因素影响,即日常绿色习惯。日常情境中个体的绿色习惯具有行为稳定性,该行为效用会从日常情境延续至旅游情境,有利于个体对旅游环境的保护。鼓励旅游者主动性环境责任行为应该统筹考虑情境性和特殊性。在旅游情境中,个体环境责任行为会涉及各种与旅游活动有关的决策,比如选择更少的能源消耗产品,通过更好的行程规划来减少浪费与碳排放等。事实证明,旅游者能够逐步适应负责任的消费决策,将日常情境中的环境责任行为逐步习惯化。例如,出行方式的选择是一种重复行为,个体对日常情境中出行方式的选择可能会影响其旅游出行方式偏好。

基于此,驱动旅游者的主动性环境责任行为可尝试从以上三个视角展开。具体而言,个体在旅游情境中持有享乐目标、获得目标和规范目标,这些目标能够控制特定情境下个体的环境责任行为。与上述三个实际目标相对应,理性动因、道德动因和情感动因间的耦合协调作用十分重要。从针对性提升路径的角度,旅游者主动性环境责任行为的综合理论框架应该是整合了享乐目标、获得目标和规范目标的复合作用策略。

本研究发现了日常情境因素和旅游情境因素对旅游者环境责任行为影响的相互作用。个人规范在旅游者日常绿色习惯和其环境责任行为之间起到了部分中介作用。旅游者在日常情境中的绿色习惯,已经逐步内化为其个体规范准则,其表现为一种自我形成的行为内驱力。日常已经持有绿色行为习惯的个体,其个人规范原本就带着强烈的环保特征。在旅游情境中,个体的绿色行为习惯依旧隐含着道德约束力,对其环境责任行为产生驱动作用。

在旅游情境中,理性因素、道德因素和情感因素间的耦合关系是十分重要的。大多数环境责任行为涉及享乐目标、收益目标与规范目标之间的冲突[①],本书为旅游情境中的环境破坏行为也提供解释,当理性、情感和道德因素不能相互协调时,旅游者就会出现较为极端的行为倾向,如当理性和道德完全屈从于情感因素时,旅游者的消极情绪、享乐目标就会主导其行为,产生环境破坏行为。

第二节　柔性管理视角下的旅游者环境责任行为治理

一、柔性管理的基本概念

柔性管理(Flexible Management)是管理学领域中的一个概念,它强调组织需要具备适应性和灵活性,以适应不断变化的环境和市场条件。柔性管理的核心理念是在管理和组织中引入灵活性和变通性,以更好地应对不确定性和快速变化的挑战,其目标是更好地适应变化、提高响应速度、促进创新和改进组织的绩效。

柔性管理的关键特征主要表现在:第一,适应性与变通性。柔性管理强调组织需要随时适应外部环境的变化,灵活调整战略、结构和流程,以确保持续竞争力。第二,个体参与和激励。柔性管理鼓励员工参与决策制定和问题解决,以提高组织的灵活性。员工的积极参与和激励被视为推动变革

---

① STEG L,BOLDERDIJK J W,KEIZER K,et al. An integrated framework for encouraging Pro-environmental behaviour:The role of values,situational factors and goals[J]. Journal of Environmental Psychology,2014(38):104-115.

和创新的动力。这种管理策略更加注重员工的主观能动性,将"人"作为核心诉求。

柔性管理方式强调适应性和开放性。与传统的严格规定和刚性流程相比,柔性管理通常指的是一种组织或管理风格,它注重灵活性、适应性和响应能力。从管理视角看,该实践出发点可着眼于柔性管理战略。从本质上来说,柔性管理是一种以人为主体对象的管理模式,该管理模式具有更高的人性化水平,它通过研究个体心理和行为的规律,从而提出更具有针对性的非强制管理方式。这种管理方式尽可能多地将组织意志转变为个体自觉的行动方式,从而达到比强制性管理方式更好的行为约束与引导效果。柔性管理的目标是提高组织的适应性和创新性,使其能够更好地适应不断变化的市场和环境。这种管理理念在面对快速变化和竞争激烈的商业环境时,有助于组织更灵活地调整战略、结构和运营方式,以维持竞争力。就景区角度来说,柔性管理同样能够快速适应旅游市场的变化。

本书明确了非理性心理动因对于旅游者环境责任行为的核心驱动作用,特别是情感因素,该观点能够帮助旅游供给方有针对性地制定营销和管理策略。促进可持续消费实践对于旅游可持续发展以及设计可持续旅游产品至关重要。就供给方而言,景区应充分学习并借鉴积极心理学的相关知识,重视柔性管理与营销方式。积极心理学观点主张关注个体的积极心理品质,帮助个体建立积极的行为模式并抑制消极的行为模式,其二者是截然不同且相互独立的两种行为途径。例如,医生帮助存在严重焦虑和抑郁症状的个体缓解焦虑和抑郁的水平后,他们并不会感受到明显的积极情绪体验;只有当医生帮助个体建立起更强的心理韧性或正念水平时,该途径才能够促使个体获得积极的情绪体验。因此,抑制个体负面的行为模式并不会导致积极行为的产生,只有关注如何塑造个体的积极行为模式才能真正达到预期效果。综上,景区需要采取最有效的沟通方式,使用微妙的和象征性的情感说服策略,而非明确告诉人们"保护环境"的规范性叙事。基于个体积极情感唤醒的方式能够为景区环境管理提供新的"双赢"导向,在保证景区收益的情况下维持并保护景区环境。

二、基于柔性管理的具体路径

柔性管理战略能够有效助推个体行为,这对景区管理而言具有重要的借鉴价值和意义。在大众旅游时代,多媒介的盛行使得旅游景区面临更加复杂的营销挑战。为了引导旅游者的行为,景区应更加注重柔性管理,基于情感和道德等非理性因素对于旅游者社会行为的驱动作用,混合因素间的有机结合有助于达到理想的旅游营销效果。由此,旅游目的地管理方可尝试从情感营销与善因营销等视角切入。

(一)情感营销

情感营销(Emotional Marketing)是一种核心的营销方法,其侧重于营销活动中情感和情感连接的构建。它致力于通过激发消费者的情感、情绪和认同感,来建立品牌与消费者之间更深层次的联系。这种策略强调情感上的共鸣,使得消费者对产品或品牌有更加积极的情感体验,从而提高其忠诚度和品牌认同度。

情感营销具有与消费者情绪紧密结合的特征:第一,故事性的营销,通过讲述故事、传递情感来触动受众的心弦,让消费者更深地投入到品牌或产品的体验中。第二,情感连接,通过广告、品牌形象、内容营销等手段,创造情感共鸣,让消费者在情感上与品牌产生联系。第三,品牌价值观和情感诉求,与消费者分享品牌的核心价值观,并在营销中传达出情感诉求,与目标消费者建立情感上的互动和联系。

在旅游情境中,景区应注重使用情感因素来助推旅游者环境责任行为,典型表现即情感营销。就其本质而言,旅游是个体寻求愉悦等体验的过程,旅游者行为多围绕此心理享乐目标展开。旅游者环境责任行为并不容易自发产生,这是源于其与寻求愉悦的旅游目标在一定程度上存在冲突。情感营销通常用于推销旅游产品和目的地,它以一种积极的情感价值吸引潜在旅游者。事实上,旅游产品和目的地的宣传册和宣传片是进行情感动因唤醒的有效载体之一,其旨在理性认知层面之上强化情绪唤醒干预。在旅游宣传册与宣传片中,企业除了对旅游产品本身的介绍之外,可尝试纳入情感故事连载、趣味环境知识等方式来增强旅游目的地的吸引力,并以此强化旅游者的环境保护意识。情感教育也是一种典型的综合营销方式,例如,在博物馆的导游讲解中适当融入包含情感元素的环境保护知识、具有丰富色彩和趣味性的文物游戏、环境保护小视频等,以此引导旅游者产生主动性环境责任行为。

(二)善因营销

善因营销(Cause Marketing)也是近年来备受关注的营销策略之一。善因营销侧重于将营销活动与社会责任或慈善事业相结合,通过支持社会或环境问题解决方案来推广产品或品牌。这种策略不仅着眼于营利,更关注品牌对社会的积极影响,并将其作为吸引消费者和塑造品牌形象的手段之一。

善因营销着眼于调动消费者的同理心及情绪。其特征主要包括:第一,社会责任和价值观。通过支持特定的社会或环境事业,品牌传达其社会责任感和价值观,赢得消费者对品牌的认可。第二,品牌关联性,品牌选择与其核心价值观相关的善因或社会事业,与之建立联系,提高品牌的可信度和认可度。第三,共同成就,善因营销强调品牌与消费者共同努力解决社会问题,鼓励消费者通过购买产品或服务来支持这些善因。

本书明确了情感动因与道德动因对旅游者环境责任行为的复合影响作用。善因营销即从道德视角切入,并且结合了情感元素。景区管理者可尝试通过善因营销的方式来鼓励消费者购买旅游产品、享受旅游体验的同时增强环境保护意识。其典型呈现方式即道德情感,它体现了较强的道德属性。如上所述,积极道德情绪能够促进个体产生符合社会认可或社会规范的行为,而消极道德情绪则能够从反面抑制个体产生有损他人或集体利益的行为[①]。无论是积极道德情绪还是消极道德情绪,都能有效促进个体的亲社会行为。因此,旅游目的地管理者可尝试通过多维媒介唤起旅游者的道

---

① TANGNEY J P,STUEWIG J,MASHEK D J. Moral emotions and moral behavior[J]. Annual Review of Psychology,2007(58):345-372.

德情感,例如,带有强烈道德后果的环境保护公益宣传片、引导旅游者提升道德责任感的故事性环境保护宣传片等。在山岳类景区,管理方可尝试为旅游者发放可降解的塑料袋,以此提醒旅游者不要随意丢弃垃圾;同时融入道德情感元素,在塑料袋上面印有遍地垃圾的照片及景区工作人员清洁山地的照片,从道德情感唤起的视角助推旅游者主动性环境责任行为。此外,绿色旅游行为也具有积极的社会属性,旅游者会从互惠利他的环境保护中产生心理获得感。当旅游者帮助他人或为环境做出贡献时,其不仅产生了正向的社会效应,也有益于个体的积极情感反馈。由此,景区管理者可以尝试设立环境保护的公益捐款,再以兑换电子纪念品等途径鼓励旅游者为支持生态环境等自愿捐赠。

这两种营销策略都旨在通过不同方式建立品牌与消费者之间的情感联系和认同感,从而塑造品牌形象、提高忠诚度,并在竞争激烈的市场中获得竞争优势。情感营销侧重于情感共鸣,而善因营销则侧重于品牌与社会责任之间的联系。两者结合运用可以为品牌营销带来更为深远和积极的影响。综上,针对性的营销方式有利于旅游者环境责任行为决策。本书探索了一种复合传播方式,明确了带有情感和道德成分的视觉或文本刺激能够更有效地影响旅游者的可持续环境行为。

第三节　具身视角下的旅游者环境责任行为治理

一、具身的基本概念

具身认知理论是行为科学基础研究框架的核心之一,其也是认知－行为以外一种稳定的行为产生规律,与情感研究紧密相关。具身认知强调认知和身体结构之间的不可分割的联系,其基本含义是指认知对身体的依赖性①。人类并非仅通过大脑去感知这个世界,也会通过身体去感知,从而认识、理解、表达世界。因此,身体的感受与活动会影响个体对情感的表征。具身理论的不断成熟,也为旅游研究提供了一个全新的理论视角。在旅游体验过程中,旅游者的思维不可能脱离处于旅游情境中的身体而独立存在,他们强调通过叙述来重新审视时间、物理情境及身体等情境要素对于旅游者感知系统性、交互性的影响②。

具身认知理论主要将具身划分为"非具身""弱具身"和"强具身"三种范畴。"非具身"(disembodiment)是指"离身",该观点认为认知作为大脑的功能从本质上与身体构造无关③。同时,身体的感觉和运动系统仅仅起到一种传入和输出的作用。这种身心分离的假设是具身理论所反对的。具身认知强调心理功能和身体结构之间不可分割的联系。弱具身(weak embodiment)理论强调身体格式(body – formatted)的表征,即个体对环境的心理表征是依靠其对于视觉、听觉、触觉等感官通道提供的信息完成的④。该观点认为身体是延展认知系统的有机组成部分。该系统起于大脑,包括身体和环境,也是身体与周围环境产生的联系。环境与景观研究领域的大量实证研究也充分佐证了该理论。如,已有研究发现更多接触自然环境能够显著提升个体的生命质量、幸福感以及心理健康水平⑤。该现象的生理学基础在于,自然环境和愉快的感官体验会激发大脑额叶的低频 α 节律产生,该指标

---

① BECHTOLD L,BELLEBAUM C,EGAN S,et al. The role of experience for abstract concepts:Expertise modulates the electrophysiological correlates of mathematical word processing[J]. Brain and Language,2019,188:1 – 10.

② 吴俊,唐代剑. 旅游体验研究的新视角:具身理论[J]. 旅游学刊,2018,33(1):118 – 125.

③ BRYON E,BISHOP J M,MCCLOUGHLIN D,et al. Embodied cognition,acting and performance[M]. London:Routledge,2018.

④ KIVERSTEIN J. Extended cognition[J]. The Oxford Handbook of 4E Cognition,2018(1):3 – 15.

⑤ BAILEY A W,ALLEN G,HERNDON J,et al. Cognitive benefits of walking in natural versus built environments[J]. World Leisure Journal,2018,60(4):293 – 305.

反映了机体较低的压力水平以及放松的状态①。强具身(strong embodiment)则从另一个方面强调了身体对于心理表征的作用,其认为行动倾向产生认知。行动倾向的认知是从身体活动的视角重新解释认知过程,主张知觉、注意等认知过程是个体的身体活动直接导致的,即个体的行为参与能够有效增强其认知水平②。该观点强调了主体如何通过行动表征环境,同时与他人、环境产生互动。近年来在社会捐赠行为、环境责任行为以及消费行为决策研究中都发现了具身影响③。法尔基奇(Farkic)认为空间和场所是通过身体实践来创造并重塑的,其通过具身感知出现,并且通过情感进一步增强④。近年来,具身认知理论成为旅游体验、旅游行为等研究领域的新视角⑤。

具身的特性具体包括:身体参与认知。身体介入了认知的过程,触觉影响着我们的判断,动作影响着回忆。知觉为了行动。我们的知觉依赖于身体活动,身体功能的可示性形成知觉,知觉促进我们有效行为,因此知觉和行动、身体和心智、理性思维和运动能力都是一体的。意义源于身体。身体感觉和运动系统是一体的,身体的运动图式产生认知的意义,形成思维,包括整体知觉、心理意象和运动图式。不同身体造就不同思维方式,我们的身体形成了身体体验,不同的身体体验造成了认知差异,而认知差异又造成思维方式的不同。

近年来,具身认知理论的快速发展也离不开认知神经科学技术的进步。

---

① SHIN Y B,WOO S H,KIM D H,et al. The effect on emotions and brain activity by the direct/indirect lighting in the residential environment[J]. Neuroscience Letters,2015(584):28 - 32.

② CHEMERO A. Radical embodied cognitive science[J]. Review of General Psychology,2013,17(2):145 - 150.

③ ALLEN M,FRISTON K J. From cognitivism to autopoiesis:Towards a computational framework for the embodied mind[J]. Synthese,2018,195(6):2459 - 2482.

④ FARKIC J. Challenges in outdoor tourism explorations:An embodied approach[J]. Tourism Geographies,2021,23(1 - 2):228 - 248.

⑤ WAITT G,BUCHANAN I,LEA T,et al. Embodied spatial mobility(in)justice:Cycling refrains and pedalling geographies of men,masculinities,and love[J]. Transactions of the Institute of British Geographers,2021,46(4):917 - 928.

传统的行为机制研究多被描述为"黑箱"研究,而认知神经科学技术的发展,特别是功能性磁共振成像和近红外光谱仪(near infrared spectrum instrument,NIRS)技术为探究行为背后的神经科学机制提供了支持①。此外,基于神经科学实证研究的大量开展和反复验证,人类大脑的结构和功能基础已非常成熟,即个体行为产生的内在心理成分和过程能够通过大脑神经活动非常清晰的解离和鉴别,如可以通过腹侧纹状体(ventral striatum,VS)和腹内侧前额叶皮层(ventromedial prefrontal cortex,vmPFC)等区域的大脑神经活动揭示个体行为的内在奖赏机制②,通过前扣带皮层(anterior cingulate cortex,ACC)、前侧脑岛(anterior insula,AI)、杏仁核(amygdala)等区域的神经活动揭示情感机制③,通过背内侧前额叶皮层(dorsalmedial prefrontal cortex,dmPFC)、颞顶联合区(temporo – parietal junction,TPJ)、颞上沟(superior temporal sulcus,STS)、后扣带皮层(posterior cingulate cortex,PCC)等区域揭示社会认知机制④,这为深入研究包括旅游者人地情感在内的社会情感问题奠定了科学理论与技术基础。因此,基于具身认知理论,旅游者人地情感的产生既依赖于景观环境,也依赖于身体活动过程,并且这一心理与行为机制背后有着稳定的大脑神经活动基础。

二、基于具身视角的具体路径

(一)全方位调动旅游者感官

基于具身认知的理论,全方位调动旅游者的感官来促进环境保护行为

① BEHRENS T E,HUNT L T,WOOLRICH M W,et al. Associative learning of social value[J]. Nature,2008,456(7219):245 – 249.

② HACKEL L M,DOLL B B,AMODIO D M. Instrumental learning of traits versus rewards:Dissociable neural correlates and effects on choice[J]. Nature Neuroscience,2015,18(9):1233 – 1235.

③ SUZUKI S,HARASAWA N,UENO K,et al. Learning to simulate others' decisions[J]. Neuron,2012,74(6):1125 – 1137.

④ PARK S A,SESTITO M,BOORMAN E D,et al. Neural computations underlying strategic social decision – making in groups[J]. Nature Communications,2019,10(1):5287.

需要综合利用视觉、听觉、嗅觉等感官,创造出令人难忘的体验。通过调动感官的综合策略,景区可以创造出丰富而引人入胜的全方位感官体验,使旅游者更深刻地感受到环境的美好和脆弱,从而激发他们的环保意识和行为。一般而言,常见的层面涉及视觉、听觉、嗅觉、触觉体验等,针对不同感官设计具象的环境保护策略和路径。通过视、听、嗅、味、肤几种感官形成的直接感官体验是更高级的情感和想象活动的基础,既包含直接的生理快感,也是审美体验的出发点。这种快感有时来自整体氛围形成的某种统合感受,但大多时候可能来自个别色彩、味道、乐音本身的感受①。统合性的知、情、意心理体验是进一步的感官体验。当个体初次接触一个对象时,会产生多通道的知觉、运动及内省体验,如形态、颜色、声音、触感的知觉以及某种情绪状态。

1. 视觉体验

视觉是个体在旅游过程中的基本体验路径之一,也是主要获取信息的来源。针对视觉体验,景区可尝试如下策略,例如自然美景设计和环保艺术装置。自然美景设计,即利用自然风光和生态景观,通过景区规划和建筑设计,最大限度地展示环境的美丽。景观设计要注重可持续性,以传达对自然的尊重。环保艺术装置,即在景区内设置环保主题的艺术装置,例如由回收材料制成的雕塑或彩绘墙壁,通过艺术手法传达环保信息。这种新颖的环保宣传方式更易被大众接受,且艺术性有助于培养旅游者的环保意识。

2. 听觉体验

听觉体验也是旅游体验的重要构成,近年来,声景研究逐步成为热点。在听觉体验层面,可尝试自然声音引导和环保教育音频导览两种策略。自然声音引导,即利用自然环境的声音,如鸟鸣、溪流声等,为游客提供愉悦的听觉体验。这有助于旅游者建立与自然的联系,激发对环境的独特关注。环保教育音频导览,即提供由专业导游讲解的音频导览,介绍当地的生态系

---

① 谢彦君,胡迎春,王丹平.工业旅游具身体验模型:具身障碍、障碍移除和具身实现[J].旅游科学,2018,32(4):1-16.

统、保护措施和可持续旅游的实践。

3. 嗅觉体验

在旅游过程中,旅游者的嗅觉能够直接影响其满意度与体验,特别是在生态旅游过程中,由此营造良好的气味环境有助于旅游者产生积极情绪,继而更容易接受环保理念。一方面,营造原生植物气味,在景区设置植物花园,引导游客体验不同的植物香气。这不仅提供愉悦的嗅觉感受,还强调植物的重要性。另一方面,使用环保香氛,如天然植物提取的香薰,使旅游者在环保行为中感受到更自然的氛围。

4. 触觉体验

旅游者的触觉体验主要源于一些参与活动。可互动展览,设计可互动的展览,让旅游者通过触摸和亲身体验了解环保事业的实际影响。在材质方面,可选择可持续材料,如在景区内使用可持续材料,如木材、竹子等,让游客通过触摸感受环保材料的质感。

5. 品味体验

品味体验与美食直接相关。"食"是旅游中的核心构成要素,基于此,在美食方面融入环境保护理念也是有效的行为助推途径。例如,有机食品的选用,即提供有机食品和环保餐饮选项,让旅游者在品味的同时感受到对环境的责任。另外,本地风味体验,即强调本地风味,减少对远距离运输的依赖,实现可持续食品供应。

(二)设计可供参与的环保活动

具身体验来源于身体、场景、身体与场景之间的互动三方面的协同作用,其中,调动旅游者的参与积极性是景区策划环境保护活动的基本着眼点之一。这种可参与的活动也是增强旅游体验的重要路径之一,身体认知不可能独立于情境存在,物理空间要素为研究旅游者认知和行为的前提约束条件。

为了实现可持续发展目标,酒店也出台一系列相关助推计划。希尔顿集团酒店利用厨余垃圾降解产生的有机肥料养护园林,丰富了针对儿童住客的"小小园丁"体验课程。太古酒店集团以再生物料取代一次性包装品,鼓励客人为环保做出改变。太古酒店集团利用科技力量推行电子餐牌,日渐智能化的入住体验不仅令人愉悦,也更加坚定了环保理念。例如,只需在房内扫描二维码,就能预订车辆、安排洗衣时间、订购全天候的餐食。在2022年3月的"地球一小时"活动中,太古集团旗下香港奕居以烛光代替公共区域的灯光,鼓励客人在温馨的氛围中自觉接受环保理念。香格里拉酒店采取有机按摩与寻找萤火虫之旅的方式,用亲近自然的方式号召人们关注环保。

在德国,每小时会消耗32万个一次性咖啡杯,由此造成的环境污染和资源浪费已经引起了德国的高度重视。例如,北威州就已经引进了咖啡杯多次利用回收系统。在咖啡馆,客人点餐时可以明确告知店员使用可回收咖啡杯。这种咖啡杯押金1欧元,目前在杜塞尔多夫,顾客可以在20到30家咖啡馆退回押金。商家表示,实施咖啡杯回收再利用以来,很多客人都非常支持这一环保举措。

第十章　旅游者环境责任行为的
助推机制

　　助推的行为改变方法自提出以来就受到了行为科学研究领域的广泛关注。助推理论最早由塔勒和桑斯坦（Thaler 和 Sunstein）提出，他们主张研究如何通过在不限制选择自由、不禁止任何选项、不利用经济杠杆、不强加行政命令、不严重指导干涉的情况下，使用简约和低成本的行为启动框架，使人们的行为朝着预期的方向改变。目前已有超过 135 个国家的政府在社会治理中广泛采取了各类的助推策略。近年来，研究者们意识到了在旅游者环境责任行为领域开展助推研究的重要性。

　　个体的心理和行为具有很强的情境性，不同情境中个体的行为意图也不同。因此，个体在日常工作或生活中的环境责任行为的助推结论很难直接适用于旅游等非日常情境。大量研究指出，个体的日常环保行为难以较好地延续到旅游活动中，因为在旅游这种享乐情境中，个体的态度和行为之间的关系不同于日常情境，更多时候会发生一些异化。即旅游情境会导致个体态度和行为之间出现偏差，在诸多绿色服务选择过程中，游客都可能表现出环保的态度，但仍然做出与之不一致的行为。

　　旅游者环境责任行为不仅是个理论问题，更是一个社会现实问题，它不仅需要在理论层面形成突破，更迫切需要在实践层面产生效果。因此，助推研究关注行为的产生和改变效果，而不是行为意图和动机，这对于旅游者环境责任行为研究在理论层面和应用层面的发展来说都具有重要意义。已有的行为助推方法主要包括信息支持(messenger)、改变诱因(incentives)、规范参照(norms)、默认选项(defaults)、凸显(salience)、启动(priming)、情绪(affect)、承诺(commitments)与自我形象(ego)这九个类型。

已有研究发现启动式策略能够很好地助推旅游者的 PEB。例如,亚(YA)等人基于具身认知理论,发现身体净化的具身体验和环保旅行选择之间存在着因果关系。在酒店入住前物理清洁手部、观看洗手的短片或阅读一段清洁手部的文字广告都能显著启动个体选择环保产品的决策。框架效应能够很好地启动旅游者的亲环境决策。

但是,现有的旅游者环境责任行为助推研究都是基于行为主义或认知主义视角开展的,来自情感主义的研究结果还十分不足。而旅游活动较其他活动而言,最突出的特点之一即是活动中所伴随着丰富的情感体验。因此,探究情感对旅游者环境责任行为的助推机制是非常重要的。

"助推"被定义为"选择体系结构的任何方面,以一种可预测的方式来改变人们的行为,而不禁止任何选择或显著改变他们的经济动机"①。助推意味着以最小的成本来鼓励人们的行为。动机能够对行为产生最直接的内在驱动力,因此,关注不同心理动因是旅游者主动性环境责任行为研究的核心所指。考虑到实际情境的复杂性,鼓励旅游者环境责任行为应着眼于综合的心理动因,具体可以采用理性唤醒、情感唤醒或者道德唤醒。理性诉求通常包含关于环境保护的知识信息,如描述保护环境的好处,展示自然风光的美好,使其对旅游者产生一种实用主义刺激或干预。理性诉求的有效性是基于决策的信息处理模型,在该模型中,旅游者被认为应该做出合乎逻辑和理性的决策。相比之下,情感唤醒则将这些吸引力集中在旅游者的各类情感体验,如旅游产品、景区服务等带来的积极感受。当旅游者拥有更高的旅游满意度或者产生了更强的地方依恋时,其更有可能认为旅游目的地的环境值得被保护,从而做出环境责任行为。道德唤醒着重于强调旅游者的道

---

① THALER R H,SUNSTEIN C R. Nudge:Improving decisions about health,wealth,and happiness[M]. UK:Penguin,2009.

德意识及规范带来的行为驱动力,该方法可尝试借助景区规制、规范宣传等途径来提升旅游者的自我及社会规范意识。

第一节 旅游者环境责任行为的
理性教育助推机制

一、理性教育的基本路径

个体行为一般受到本能性因素的驱使,随着社会化程度增强,个体在某种程度上的决策会基于理性考量,主要表现为测算行为决策的成本和收益。理性对于个体思维、行为决策等至关重要,其内涵与定义一直受到诸多探讨。具体而言,根据 *The Concise American Heritage Dictionary*,理性是形容词,它是指被证明的或基于某种原因的、有逻辑的。《现代汉语词典》中"理"的解释有多层含义。其中,有一层含义指"就人或其语言行动表示态度"[①]。同时,理性亦包含两层意思,一指属于判断、推理等活动的;二指从理智上控制行为的能力。综上,理性与基础的认知功能紧密相关,是一种立足于认知上的行为效益判断。

理性是人类思维的基石,各个学科从不同视角对其进行解读,如经济学、社会学、文学、哲学等。一般来说,在心理学研究中,理性是指认知、推理的思维过程总和;在哲学视阈中,理性被看作是人类对待客观世界的核心认识能力;而经济学研究用理性表示个体通过决策过程挑选出来的行动方案的属性。纵使不同学科研究视角存在差异,但理性的理论内核是相通的,其均指向个体在社会化过程中,通过基本的认知和思维判断,衡量自身的付出成本与行为收益,从而做出价值最大化的行为决策。

就理性维度而言,来自哲学的观点是将它看作个体的认识能力,而心理学则更倾向于将它界定为个体认知、推理或问题解决的过程,这被认为是区

---

① 中国社会科学院语言研究所词典室.现代汉语词典[M].北京:商务印书馆国际有限公司,2018.

别于心理学中非理性范畴的关键所在。也有研究指出理性的含义应包括"就人或其语言行动表示态度"。由此,驱动旅游者环境责任行为的理性因素,主要集中在对于环境的一种理性认知及自我控制①。环境教育和环境规制是理性助推的基本路径和有效方式。

(一)环境教育

环境教育是认识价值和澄清概念的过程,它重在培养人们理解和判别人与文化、生物环境之间的相互关联所需要的态度和必备技能,主要承担着提升环境质量和规范个体环境行为的重要任务②。就分类而言,环境教育又分为正规环境教育和非正规环境教育。生态旅游属于非正规环境教育的重要途径之一,旨在通过游客在生态旅游地自然环境中的体验来强化其环境意识与环境责任感。环境教育包括学习、解决问题和决策③。计划是这个学习循环中的一个关键步骤,因为它将目标和方法从宏观到微观划分了范围。

早在20世纪60年代,斯塔普(Stapp)就提出了环境教育(environmental education,EE)的建议,将其作为一种重要手段,让每个公民明确认识到人类是一个生命系统的组成部分,以及我们的生活如何对这个系统产生积极和消极的影响④。环境教育必须帮助个人形成对生物物理环境和人与自然互动的广泛理解,以及由此产生的问题、解决这些问题的方法,以及最重要的是,解决这些问题的动机。已有诸多研究证实了,环境教育能够有效增进个体的环境责任行为。在环境保护层面,缺乏一个教育框架,可以从根本上改变我们的经济、生产系统和生活方式⑤。尽管在全球层面将环境保护和可持

---

① 张学珍,赵彩杉,董金玮,等.1992 – 2017年基于荟萃分析的中国耕地撂荒时空特征[J].地理学报,2019,74(3):411 – 420.

② 尤海舟,蔡蕾,贾成,等.生态旅游中的环境教育[J].四川林业科技,2010,31(3):89 – 93.

③ BOGAN,W J. Environmental education redefined[J]. The Journal of Environmental Education,1973,4(4):1 – 3.

④ STAPP W B. The concept of environmental education[J]. Environmental Education,1969,1(1):30 – 31.

⑤ KANADA M,NORMAN P,KAIDA N,et al. Linking environmental knowledge,attitude,and behavior with place:A case study for strategic environmental education planning in Saint Lucia[J]. Environmental Education Research,2023,29(7):929 – 950.

续发展教育纳入主流方面取得了稳步进展,但联合国教科文组织最近的一项研究表明,许多国家的教育系统没有充分整合环境问题。环境知识不能仅仅通过环保活动获得,还能够通过科学、伦理研究和其他学科的结合获得。

(二)环境规制

环境规制是属于社会规制的一种类型,是以保护环境为目的,对污染公共环境的各种行为而进行的规制。环境污染是一种负外部性行为,对这类行为进行规制就是要将整个社会为其承担的成本转化为其自身承担的私人成本。基于经济成本,目前针对环境规制的研究大多是从政府和企业的视角出发。而个体层面则更多倾向于要求遵守环境相关的政策规定。

从个体行为相应层面,感知行为控制是其对于环境规制的行为反馈。感知行为控制因素是计划行为理论中的核心变量,它在大量行为研究中都被发现起到了关键作用。感知行为控制具体是指个体对于当下行为实施的难易程度的一种理性认知,它被认为代表了个体对于执行某种行为所涉及相关困难程度的等级与水平感知,这种感知过程也是个体对于实际开展行为控制的替代经验或间接经验,它能够直接影响个体的行为倾向及行为强度[1]。根据阿杰恩(Ajzen)进行的因子分析结果,感知行为控制内部应该包含两种成分:一种是自我效能感,指的是个体感知到的自信心以及在实施某一特定行为时的轻松程度;另一个是可控性,指的是个体对行为是否完全受控的感知[2]。人们倾向于更多地参与那些被认为是容易意识到的行为。尤里耶夫(Yuriev)等研究者对计划行为理论在环境责任行为研究中的应用进行了综述,其认为感知行为控制对于环境责任行为呈现出积极的驱动作

---

① QU W,GE Y,GUO Y,et al. The influence of WeChat use on driving behavior in China:A study based on the theory of planned behavior[J]. Accident Analysis & Prevention,2020(144):105641.

② AJZEN I. The theory of planned behavior[J]. Organizational Behavior & Human Decision Processes,1991,50(2):179 – 211.

用①。基于此,旅游者在其旅游过程中,受到法律法规的约束,这种约束源于其对于法律政策等强制性规则的感知与控制,由此产生一些基本的环境责任行为。

二、助推案例分析

(一)国内具体案例分析

国内的环保以科普教育和文字倡导为主。针对游客乱扔垃圾的现象,西藏普兰县景区设置"垃圾银行",以小礼品鼓励牧民和游客收集垃圾,并以此提高其环保意识。2022年世界环境日,湖南省韶山旅游风景区开展志愿主题宣传活动,免费为游客发放宣传册,普及环保知识。针对游客对候鸟的过度投食现象,2022年布达拉宫广场管理处呼吁广大市民和游客,不要向湖内投食、扔垃圾,共同保护好公园环境。为改善现状,布达拉宫组织了20多名工作人员在此进行宣传、教育、监督,切实增强游客、市民的环保常识,共同维护良好公园环境。滕王阁景区的工作人员以沉浸式体验的形式,扮演成古代士兵以游乐的方式提醒游客文明旅游,不乱扔垃圾。2022年,第三届"亚太地质公园周"活动由丹霞山世界地质公园等22家地质公园联合举办,以"珍爱地球,人与自然和谐共生"为主题,通过发挥地质公园的科普宣教职能,通过科普讲堂、知识竞答及游戏等,普及地质地貌、生物生态及人文知识,引导公众关注气候变化,关爱地球家园。

九寨沟是中国著名的景区,也是中国第一个以保护自然风景为主要目标的自然保护区。景区将生态、环境、自然保护放在首位,坚持走"保护促发展,发展促保护"的可持续发展之路,优化科研保护,促进资源持续利用,加强科学研究,强化森林有效管护。九寨沟景区官网显示,其设置了专门的动植物、科研与保护板块,有利于旅游者提前了解九寨沟的珍稀动植物。此外,九寨沟设置了生态旅游教育中心,通过环境教育活动向游客传达对自然

---

① YURIEV A,DAHMEN M,PAILLé P,et al. Pro-environmental behaviors through the lens of the theory of planned behavior:A scoping review[J]. Resources,Conservation and Recycling,2020 (155):104660.

环境的尊重和保护。在具体实施过程中,教育中心组织开展生态讲座、户外活动和生态体验项目,以增加旅游者对九寨沟独特生态系统的理解。通过这些活动,旅游者更加了解当地的生态系统,从而更有可能采取环保行为,如不乱扔垃圾、不随意采摘植物等。

(二)国外经典案例

泰国国家旅游局以“鲸鱼的记忆”为主题制作环保宣传片,倡导环境友好型旅游,呼吁保护海洋。马尔代夫建立了两处海洋实验室,均由生物科学家主持,不仅通过协助修复珊瑚礁来保护当地海岸线,旅游者还可与实验室的专家互动,参与到清洗珊瑚等具体环保活动中。新西兰旅游业推出了“珍惜承诺”(Tiaki Promise)倡议,旨在通过教育游客如何对待新西兰自然环境,促使他们成为环境的守护者。旅游者在抵达新西兰时,会得到有关“Tiaki Promise”的信息,这个承诺包括尊重文化、保护环境、保持安全等方面。在旅游活动中,旅游者会得到一系列关于新西兰自然、文化和环境保护的教育,以引导他们采取可持续的旅行行为。

美国国家公园管理局(National Park Service)致力于通过环境教育项目来提高游客对自然和文化遗产的认识,并鼓励可持续旅行行为。在美国的国家公园,游客可以参与各种环境教育项目,如导览、讲座和户外活动。这些项目旨在向游客传达保护自然环境和文化遗产的重要性,以及如何在游览公园时采取可持续的行为。例如,美国的黄石国家公园,针对环保教育推出旅游活动、教育课程等,以此引导人们参与环境保护。

第二节　旅游者环境责任行为的情感唤醒助推机制

一、情感唤醒的基本路径

情感是个体日常生活中的重要体验之一,人们会因各种事件的刺激而获得喜、怒、哀、乐等情绪反应。情感和情绪在很多学科研究中存在概念混用现象,在一些研究领域中并不做严格的概念区分,仅根据研究主题及需求来进行探讨①。具体而言,情感是情绪过程的主观体验,常被用来描述人们在社会学意义上表现出的高级情感。因此,情感具有更加广泛的社会文化意义,表示情绪、心境和偏好等各种不同的内心体验。《现代汉语词典》对"情感"一词的解释更多依据心理学理论,情感指个体对外界刺激持肯定或否定的心理反应,如快乐、悲伤②。鉴于此,本研书采用情感动因的表述,包含情感和情绪的双重含义。

人们对于情感的关注由来已久,其得到了中西方诸多思想家、哲学家的持续性探讨。《礼记·礼运》将情感定义为一种"弗学而能"的生理表现。通常情况下,情绪是一种本能性的反馈,其产生时一般伴随着生理成分唤醒。西方对情感和情绪的探索源于哲学,例如,海德格尔提出情绪本体化理论,他认为情绪以多种方式决定个体的思维,同时也调整人的存在方式③。最初研究者们对于情绪的探索集中在文学和哲学层面,表现为一种抽象的概念化描述。直到达尔文从进化论层面解读情绪,开始进入学理研究视阈并获得了更多的科学化探讨③。情感与理性之争由来已久,起初情感因素被视为对理性决策过程的一种负面影响和阻碍。随着研究的不断深入,研究人员发现情感动机对于行为决策的重要性,也强调了环境、社会和情绪影响决策的综合属性。最为常见的情绪分类依据即为效价,它代表个体的愉悦程度。随着效价的变化,情感一般被分为积极情感和消极情感。相较而言,积极情感可能拥有更加直接的行为驱动力。

随着研究范围与情境的丰富,理性人假设的研究局限性逐渐显现,情感因素对于个体环境责任行为的驱动作用受到更多关注。既往研究中,驱动旅游者环境责任行为的情感动机因素涵盖了个体在旅游过程中的情感或情绪体验,典型的变量包括地方依恋、满意度、对待行为的预期情绪以及其他

---

① 特纳,斯戴兹.情感社会学[M].上海:上海人民出版社,2007.

② 中国社会科学院语言研究所词典室.现代汉语词典[M].北京:商务印书馆国际有限公司,2018.

③ 傅小兰.情绪心理学[M].上海:华东师范大学出版社,2016.

具体情绪(如愉悦感、敬畏感)[①]。以情绪的效价为划分依据,积极情绪更有助于旅游者产生环境责任行为,情感决策理论认为,当个体在面对一些不确定的行为结果时,往往倾向于通过预期的情绪结果来作为反应的依据,例如,个体会首先预测可能出现的行为结果,包括特定的情绪反应,再结合当前推断来决定选择哪种更适宜的行为模式[②]。通常而言,情感对行为具有重要的驱动力。尤其在旅游情境中,人们通常持情感体验目标,其对相关情感因素敏感度增加。换言之,个体在旅游情境中更容易感知到积极情绪。因此,积极情绪为个体带来的正向反馈能够促使其产生一种溢出效应,该效应有助于个体亲社会行为的形成。

(一)理论基础

1. 情绪调节理论

本书关于积极情绪的调节效应检验结果印证了情绪的调节功能。傅小兰等研究者认为,常见的情绪调节包括表达抑制、认知重评等[③]。在一定程度上,表达抑制对应了本书中的感知行为控制这一变量。本研究发现积极情绪能够调节个人规范对旅游者环境责任行为的影响。具体解释如下:情绪调节必然需要依据一定的规范或标准,即个体会依据不同的情境来进行适当的情绪表达与体验。同时,这些标准和文化还会受到社会情绪文化和具体情境的影响。例如,在社会情绪化发展过程中,儿童通过人际交往过程逐渐把他者的情绪反应内化为自我情绪调节的标准。因此,该理论点佐证了本研究中个人规范因素的调节作用。

2. 积极情感扩建理论

积极情感因素能够与理性因素和道德因素产生综合互动作用,这在一

---

① RAMKISSOON H,SMITH L,WEILER B. Testing the dimensionality of place attachment and its relationships with place satisfaction and Pro-environmental behaviours:A structural equation modelling approach[J]. Tourism Management,2013,36(36):552 – 566.

② CLARK L,MANES F,ANTOUN N,et al. The contributions of lesion laterality and lesion volume to decision – making impairment following frontal lobe damage[J]. Neuropsychologia,2003, 41:1474 – 1478.

③ 傅小兰. 情绪心理学[M]. 上海:华东师范大学出版社,2016.

定程度上呼应了弗雷德里克森(Fredrickson)等提出的积极情感扩建理论①。该理论认为,积极情感更有助于拓展人们的注意、认知和行为,并有助于个体建立一定的心理弹性,使个体更有效地获取和分析信息,做出更恰当的行为决策。

3. 情感控制理论

当前研究中积极情绪的综合调节作用呼应了情感控制理论②。情感控制理论是由海泽(Heise)提出的,其观点主要指出了文化规定的情感意义与特殊情境下的感觉形成的情感意义之间存在着偏差和矛盾,这种偏差和矛盾会促使个体不断调适自己的行为,当这种偏差或矛盾消失时,个体就达到了情感控制的状态②。情感控制理论着重强调了个体在情感控制活动中的主体性地位和主动性作用,其是在微观层面的社会互动中得以形成的。因此,情感控制理论提示研究者们,个体产生情感控制的动力并非仅存在于外部情境,而更应该关注于个体内部的心理因素以及个体和外部环境的互动。特别是在亚洲文化背景下,个体的情绪控制显得尤为重要③。该观点源于集体主义文化与个人主义文化的差异,具体而言,集体主义社会并不鼓励个体在公众场合直接表达情绪。这也使集体主义社会文化中的个体行为会出现更多的情绪控制表征。这一点亦是解释积极情绪调节感知行为控制和社会规范对旅游者环境责任行为影响作用的关键所在。

(二)各类情绪唤醒

情感和情绪在很多学科研究中存在概念混用现象,在一些研究领域中,二者的使用主要基于其具体的研究主题,并不做严格的概念区分。情感因素对于个体环境责任行为的促进或驱动作用受到了越来越多研究的关注。情感被认为是个体情绪过程的主观体验,它常常用于描述个体在社会学层

---

① FREDRICKSON B L, LOSADA M F. Positive affect and the complex dynamics of human flourishing[J]. American psychologist, 2005, 60(7):678 – 689.

② DAVID R. HEISE. Affect control theory: Respecification, estimation, and tests of the formal model[J]. The Journal of Mathematical Sociology, 1985, 11(3):191 – 222.

③ 邓汉慧,张子刚.西蒙的有限理性研究综述[J].中国地质大学学报(社会科学版),2004,4(6):37 – 41.

面的高级情绪活动。此外,情感的出现还伴随着更为广泛的社会与文化意义,例如,它被认为能够代表个体的情绪状态、心境以及个体偏好等多种不同的内心状态或者体验①。旅游者的情感因素一般包括个体在旅游过程中的情绪体验,现有研究中对旅游情绪的探索更加丰富,主要包括满意度、地方依恋、对待行为的预期情绪,等等。就情感效价的角度而言,上述提到的这些情感类型都基本都包含着正向或美好的情绪体验,此类情绪体验对个体的生存和发展都具有积极效用。

情感因素对个体环境责任行为的影响得到越来越多的验证,如地方依恋、满意度等。依据效价标准,情绪体验一般可被划分为积极和消极情绪两类,二者都能对旅游者环境责任行为意愿产生显著影响②。其中,积极情绪被证明能够更积极地促进旅游者环境责任行为③。同时,情绪还能够通过作用于其他变量来影响个体的环境责任行为,如增加捐款④。另有研究发现,情绪能够通过内控源的中介作用促进环境责任行为,表明情绪稳定是内控源环境责任行为的诱发因素⑤。骄傲和内疚情绪能够增强旅游者环境责任行为感知,即消极情绪也能够反向刺激旅游者环境责任行为⑥,敬畏情绪能

① 傅小兰. 情绪心理学[M]. 上海:华东师范大学出版社,2016.

② CARRUS G,PASSAFARO P,BONNES M. Emotions,habits and rational choices in ecological behaviours:The case of recycling and use of public transportation[J]. Journal of environmental psychology,2008,28(1):51 – 62.

③ CHATELAIN G,HILLE S L,SANDER D,et al. Feel good,stay green:Positive affect promotes Pro-environmental behaviors and mitigates compensatory "mental bookkeeping" effects[J]. Journal of Environmental Psychology,2018(56):3 – 11.

④ IBANEZ L,MOUREAU N,ROUSSEL S. How do incidental emotions impact Pro-environmental behavior? Evidence from the dictator game[J]. Journal of behavioral and experimental economics,2017(66):150 – 155.

⑤ CHIANG Y T,FANG W T,KAPLAN U,et al. Locus of control:The mediation effect between emotional stability and Pro-environmental behavior[J]. Sustainability,2019,11(3):820.

⑥ ONWEZEN M C,ANTONIDES G,BARTELS J. The Norm Activation Model:An exploration of the functions of anticipated pride and guilt in Pro-environmental behaviour[J]. Journal of Economic Psychology,2013(39):141 – 153.

够在地方依恋的中介作用下影响旅游者环境责任行为①。

1. 积极情绪唤醒介绍

当个体身处自然情境中,其积极的情感体验是如何影响或驱动其环境保护行为的,该问题受到了诸多研究者的关注。越来越多研究指出情绪在人类认知调节中的中心作用②,情绪和认知的综合机制有助于研究者们理解人类与环境的互动作用③。既有研究认为,环境责任行为并非仅是个体理性选择的结果,其更可能源于个体对自然的情感亲和力和对自然的热爱,这些积极情感因素起着重要作用。实际上,情感被视为人类不断适应环境变化的一种基础自身机制,统筹个体的认知过程和情感过程,能够促使人们产生环境责任行为决策④。

在社会学研究中,情感是重要而核心的命题,情感原本就是个体与社会互动后的个人体验。基于符号互动理论,在符号互动者看来,人们是通过运用各种情感符号而对外界进行情感反应的。情感符号形式多样,包括他人的言行、感受规则、结构的、仪式的因素、关系的因素、情境的因素等⑤。基于此,社会学家强调,正是因为存在着情感的各类符号,人们才有可能在符号互动的意义中调控情感⑥。涂尔干认为,情感虽然建立在个人生理和心理的基础上,但它却时常带有非常突出的社会属性⑦。具体而言,初级情感往往指个体性的情感,而高级情感或复杂情感则指的是社会性情感。当然,在

---

① 祁潇潇,赵亮,胡迎春.敬畏情绪对旅游者实施环境责任行为的影响:以地方依恋为中介[J].旅游学刊,2018,33(11):113 – 124.

② DAMASIO A. Emotion in the perspective of an integrated nervous system [J]. Brain Research Reviews,1998(26):83 – 86.

③ VINING J,EBREO A. Emerging theoretical and methodological perspective on conservation behaviour[J]. Handbook of environmental psychology,2002(2):541 – 558.

④ HAN S,LERNER J S,KELTNER D. Feelings and consumer decision making:The appraisal-tendency framework[J]. Journal of consumer psychology,2007,17(3):158 – 168.

⑤ 乔纳森·特纳,简·斯戴兹.情感社会学[M].上海:上海人民出版社,2007.

⑥ 邓汉慧,张子刚.西蒙的有限理性研究综述[J].中国地质大学学报(社会科学版),2004,4(6):37 – 41.

⑦ 傅小兰.情绪心理学[M].上海:华东师范大学出版社,2016.

面对社会情感类的问题时,研究者们不能只通过纯粹的心理现象来对其进行解释,而应该综合考虑个体所处的社会文化背景以及个体的具体社会属性,继而对其进行完整解读。

在旅游情境中,旅游者环境责任行为可能不会仅受到单一情感因素影响,其可能会同时受到情感和其他因素的共同作用。具体而言,在旅游过程中,旅游者在获得旅游体验的同时,其对环境责任行为的感知行为控制可能会影响个体的积极情绪①。当个体对环境责任行为持有正向的感知态度时,其可能体会到更多的积极情绪;反之,个体则可能会因为行为控制而影响旅游体验。既有研究结果显示,基于规范和基于情绪的干预措施都能够有效促进个体的环境责任行为,相较而言,基于情绪的干预比规范更加有效,其更有利于个体的环境责任行为,特别是积极情绪②。情绪体验同样影响旅游者的个人规范,翁韦曾、安东尼德斯和巴特尔斯(Onwezen, Antonides 和 Bartels)研究发现,自豪与愧疚等情感因素能够被视为个人规范对环境责任行为影响的中介变量③。也有研究指出,社交焦虑会影响个体的个人规范,而描述性规范能够缓解个体的社交焦虑对其饮酒行为的影响④。此外,许多线索表明,为了更好地解释个体的生态行为表现,日常行为习惯和情绪变量均

---

① SUKHU A,CHOI H,BUJISIC M,et al. Satisfaction and positive emotions:A comparison of the influence of hotel guests' beliefs and attitudes on their satisfaction and emotions[J]. International Journal of Hospitality Management,2019(77):51 – 63.

② BERGQUIST M,NYSTRÖM L,NILSSON A. Feeling or following? A field-experiment comparing social norms-based and emotions-based motives encouraging Pro-environmental donations [J]. Journal of Consumer Behaviour,2020,19(4):351 – 358.

③ ONWEZEN M C,ANTONIDES G,BARTELS J. The norm activation model:An exploration of the functions of anticipated pride and guilt in Pro-environmental behaviour[J]. Journal of Economic Psychology,2013(39):141 – 153.

④ BUCKNER J D,ECKER A H,PROCTOR S L. Social anxiety and alcohol problems:The roles of perceived descriptive and injunctive peer norms[J]. Journal of anxiety disorders,2011,25 (5):631 – 638.

能够被有效地整合到理性选择模型中①。习惯理论认为,情感在习惯形成的强度方面具有重要作用②。综上,情绪不仅能够直接影响个体的行为,还有可能对诸如理性或道德等其他因素与个体行为间的作用产生影响。

积极情绪对于旅游者行为的积极与主导作用。既有研究逐渐开始重视情感因素对旅游者环境责任行为的影响,建立了一些与情感因素有关的理论框架。然而,这些研究框架更倾向于纳入预期情绪,即个体对行为可能产生情感的预测,没有考虑旅游者与目的地的关联。在旅游情境中,旅游者一般持享乐目标,其情感体验往往成为个体决策的主导因素,因此,与旅游情感体验相关的因素对个体环境责任行为的影响,可能值得进一步关注。例如,地方依恋,旅游者可能会因为在旅行而对目的地产生情感依恋,进而表现出良好的环境责任行为。同样,满意度、愉悦感、敬畏感等情感因素的重要作用尚需重视。因此,本书中强化了旅游过程中积极情感因素的效用,不仅关注其直接作用,还对其调节效应进行了剖析。本书对于积极情绪因素的关注同样回应了积极心理学的理论视角,当个体具有积极情绪时,其心理和行为状态都可能发生正向改变。

2. 积极情绪的唤醒路径

(1)积极情绪调节了个体在旅游活动中的感知行为控制对其环境责任行为的影响。通过结构模型的结果可以看出,积极情绪在感知行为控制与环境责任行为之间调节作用显著。当个体具备较高的积极情绪水平时,个体感知行为控制对于其环境责任行为产生的影响效果就更大;反之亦然,当个体处于较低水平的积极情绪状态时,个体的感知行为控制对于其环境责任行为的影响作用就会变小。韦巴(Webba)认为,积极情感带来的行为效

① CARRUS G,PASSAFARO P,BONNES M. Emotions,habits and rational choices in ecological behaviours:The case of recycling and use of public transportation[J]. Journal of environmental psychology,2008,28(1):51 – 62.

② THOMAS G O,WALKER I. Users of different travel modes differ in journey satisfaction and habit strength but not environmental worldviews:A large – scale survey of drivers,walkers,bicyclists and bus users commuting to a UK university[J]. Transportation research part F:traffic psychology and behaviour,2015,34:86 – 93.

益,可能会促使个体衍生正向的社会行为控制①。同时,这种调节作用与空间和情境紧密相关,本研究结果支持了上述观点。如果个体在特定的地方体验到积极的情绪,其情绪反应会影响并扩大个体的个人价值取向。这种良性互动将引导个体产生一种地方情感,其更倾向于欣赏这个地方,并产生在这个地方用积极情感回报的冲动,促进更多的以地方为中心的态度(例如,这个地方需要和我一起体验积极的情感,就像我和这个地方一样)。由此,当个体与该地方建立了积极联系,其更倾向于产生同理心,控制与改变自身的一些行为,转而追求以社会和自然环境为导向的目标②。该观点亦凸显了地方依恋与旅游者环境责任行为的影响理论点。

(2)积极情绪调节了旅游者的个人规范对其环境责任行为的影响。该结果体现了情感动因与道德动因的综合作用,其对于旅游者的社会行为具有重要作用。个人倾向于被他们的有利行为对建立社会和自然环境的公共产品模型的贡献所激励,产生积极的情感体验③。人们对环境负有一定的道德责任,而不是为了满足社会期望。凯泽和下田(Kaiser 和 Shimoda)认为,罪恶感是大量生态行为背后的驱动力④。由此,既往研究结果均体现了情感与道德行为的关系。其中,道德情绪是一种典型的表征。道德情绪具有复杂性和综合性,它一般包括两种主要的类别,一类是积极道德情绪,另一类是消极道德情绪。在现实生活中较为常见的积极道德情绪包括同情、自豪以及崇敬等,而常见的消极道德情绪则包括愤怒、内疚以及羞耻等。无论是积极的道德情绪还是消极的道德情绪,它们都是个体在自我

---

① WEBBA T L,GALLOB I S,MILESA E,et al. Effective regulation of affect:An action control perspective on emotion regulation[J]. European review of social psychology,2012,23(1):143 – 186.

② MEGLINO B M,KORSGAARD M A. Considering situational and dispositional approaches to rational Self-interest:An extension and response to De Dreu[J]. Journal of Applied Psychology,2006(91):1253 – 1259.

③ WARR P,PARRY G. Paid employment and women's psychological well – being[J]. Psychological bulletin,1982,91(3):498 – 516.

④ KAISER F G,SHIMODA T A. Responsibility as a predictor of ecological behaviour[J]. Journal of Environmental Psychology,1999,19:43 – 253.

认知和自我评价建构过程中产生的。积极道德情绪能够对个体产生获得社会认可的行为或符合社会规范的行为起到促进性的作用,而消极道德情绪则能够从反面抑制个体产生有损他人或集体利益的行为①。换言之,上述两类道德情绪都能够对个体亲社会行为的产生和发展起到较为正面的驱动作用②。此外,在道德哲学研究中,"自我利益"与"他者利益"之间的关系是深刻的社会命题。研究发现二者并非完全对立,而是支持了互惠主义的理论实质③。同时,也印证了集体主义和个人主义之间的积极联系④,即个体在旅游过程中持享乐目标与获得目标,有可能弱化自身规范,展现一种个人主义,而旅游者对环境的保护行为则突显了个体的社会道德属性,彰显了集体主义内涵。实质上,这种积极联系亦体现了积极情感的利他效应。

(3)积极情绪调节了日常绿色习惯对旅游者环境责任行为的影响。如果个体在日常情境中具有良好的绿色习惯,即使其在旅游情境中可能没有表现出这种亲环境特征,但也可能因为其积极情绪体验影响行为。当情绪处于积极状态时,个体容易接受外部信息影响,倾向于启发式加工,积极的框架信息作用明显,因此积极情绪状态下对于旅游者环境责任行为的鼓励会产生更积极的效用。反之,如果个体处于相对消极的情绪状态中,其对行为的认知、决策都会受到影响,呈现出与日常习惯不同的表达方式。其亦能够解释,如果一个日常情境中有良好环境责任行为的个体,在旅游情境中不倾向于延续其行为,这是源于情绪因素的作用。当

---

① TANGNEY J P,STUEWIG J,MASHEK D J. Moral emotions and moral behavior[J]. Annual Review of Psychology,2007,58:345 – 372.

② HOFFMAN M L. Empathy and moral development:Implications for caring and justice[M]. Cambridge:Cambridge University Press,2000.

③ BRETHEL – HAURWITZ K M,STOIANOVA M,MARSH A A. Empathic emotion regulation in prosocial behaviour and altruism[J]. Cognition and Emotion,2020,34(8):1532 – 1548.

④ STEELE L G,LYNCH S M. The pursuit of happiness in China:Individualism,collectivism, and subjective well – being during China's economic and social transformation[J]. Social indicators research,2013,114(2):441 –451.

一种行为对一个人来说是习惯性的,个体则更有可能简化基于该习惯的决策过程。

二、助推案例分析

(一)国内具体案例分析

在2022年3月的"地球一小时"活动中,太古集团旗下香港奕居以烛光代替公共区域的灯光,不少习惯了富丽堂皇的酒店设施的客人,都在温馨的氛围中自觉接受了环保理念。从住客角度来说,利用科技力量,日渐智能化的入住体验不仅令人愉悦,也更加坚定了环保理念。

芭提雅贝壳度假村在中国推出了海洋保护项目,通过情感化的宣传活动让游客关注海洋环境的重要性。该度假村通过展示海洋污染、生态破坏等现象的影片,并提供有关海洋生态系统的教育信息。同时,该度假村承诺将项目收益的一部分用于海洋保护事业。这种情感化的善因营销使旅游者更有动力参与海洋环保行动,比如不使用一次性塑料、参与海滩清理等。

(二)国外具体案例分析

冰岛旅游业推出了"Inspired by Iceland"(受冰岛启发)活动,通过情感营销来吸引游客,并激发他们对冰岛独特自然环境的保护热情。该活动采用了情感化的广告和社交媒体宣传,突出了冰岛的自然美景、独特文化和国民对环境的热爱。通过呼吁游客共同保护这片美丽的土地,以及提供环保建议,活动成功调动了旅游者的情感,使他们更倾向于采取环保措施,如不乱扔垃圾、参与当地环保活动等。

全日空(ANA)航空公司推出了"ANA树木计划",通过情感化的善因营销来吸引旅客,植树行动成为环保的象征。ANA承诺在旅客购买机票后,会以购票人的名义植树。旅客可以选择植树的地点,并通过网络跟踪树木的生长情况。这个项目旨在通过与旅客建立情感联系,让他们感受到自己的环保贡献,从而激发更多的环保行为。

第三节　旅游者环境责任行为的
道德启发助推机制

一、道德启发的基本路径

作为人类社会化的典型产物,道德在不同学科领域研究中各有侧重,其获得了心理学、哲学、社会学等诸多理论探讨。《现代汉语词典》中对"道德"的解释如下:道德指一定的社会阶段形成的人们共同生活及其行为的准则和规范①。作为一种社会行为准则,道德是个体价值观的外化与具体呈现。道德是由一定社会政治经济发展的性质和水平决定的,具有鲜明的社会制约性,其功能是协调社会中人与人之间的关系。道德会通过舆论监督、社会反馈和个体自律等方式对社会生活起约束作用,体现了群体的共同价值追求。道德动机产生的行为效用来自于这样一种观点,即个人从做"正确的事情"中获得满足;或者根据伊曼努尔·康德(Immanuel Kant)的观点,个体在按照命令原则行事中获得满足②。

在行为决策研究中,理性动机与情感动机的二元分析框架比较普遍。结合亲环境行为的具体研究视阈,道德动机对于环境责任行为尤为重要,其能够独立成为研究视角,亦可与理性动机和情感动机建立联系。环境问题实质属于一种社会伦理问题,需要人们在道德层面予以回应,突出呈现为个体的亲环境行为。究其本质,环境责任行为属于一种亲社会行为,其能够体现人们的道德责任,具有强烈的道德与社会属性③。由此,道德动机因素对于环境责任行为的形成至关重要,一系列研究从不同的理论角度聚焦于道

---

① 中国社会科学院语言研究所词典室.现代汉语词典[M].北京:商务印书馆,2018.

② PLANAS L C. Moving toward greener societies:moral motivation and green behaviour[J]. Environmental and Resource Economics,2018,70(4):835-860.

③ SIVEK D J, HUNGERFORD H. Predictors of responsible behavior in members of three Wisconsin Conservation Organizations[J]. Journal of Environmental Education,1990,21(2):35-40.

德动因对个体环境责任行为的驱动作用。在环境保护层面持有较高道德责任的旅游者更有可能产生环境责任行为。

具体而言,旅游者产生了环境责任行为,则具有较高的道德义务感或道德标准。该道德动机一般源于旅游者自身的道德感知,因此道德义务始终是驱动旅游者环境责任行为的重要因素。典型的道德动机代表模型即为规范激活模型,其起源于道德决策研究,主要用于解释利他的亲社会和亲环境行为[1]。该模型的核心观点在于,个人规范或道德义务感对于鼓励个体的环境责任行为至关重要[2]。由此,驱动旅游者环境责任行为的道德动机因素,主要集中在个体的道德感知及各类规范,常见的概念表述包括社会规范、主观规范、道德规范、个人规范等。

(一)社会规范

就概念而言,道德指的是在一定的社会阶段发展过程中所形成的个体或群体共同生活的行为准则和习惯规范[3]。一般情况下,道德主要通过舆论活动对个体的社会生活起到约束和引领的作用。道德动因的典型代表包括社会规范、道德规范、主观规范、个人规范等各种类型。驱动旅游者环境责任行为的道德动因主要体现在其道德感知层面,以规范类变量为核心。鉴于社会规范与主观规范在理论研究中的相似性,再综合两个概念的适用范围,本书最终选取社会规范。因此,当前研究以社会规范和个人规范作为道德动因的关注焦点。

此外,考虑到道德规范的重要作用,政府应该倡导积极的社会规范。在制定公共政策时,政府应更多考虑"助推"带来的行为驱动力。公开和透明的"助推"方式有助于个体选择积极的社会行为,而无须通过禁令强迫人们

---

① SCHWARTZ S H. Normative influences on altruism[M]. New York:Academic Press,1977.

② DE GROOT J I M,STEG L. Value orientations and environmental beliefs in five countries:Validity of an instrument to measure egoistic,altruistic and biospheric value orientations[J]. Journal of Cross – Cultural Psychology,2007,38(3):318 – 332.

③ 中国社会科学院语言研究所词典室. 现代汉语词典[M]. 北京:商务印书馆,2018.

遵守某种行为准则①。其中,公益性广告是典型的旅游者社会规范倡导方式之一。以可持续消费行为作为公益广告主题,其会在旅游者群体间产生积极的传播效应,以此促使个体采取环境责任行为,例如,在旅游目的地参与回收,不随意丢弃垃圾等。如果个体认为亲环境行为是一种社会规范,他们则更有可能采取对环境负责任的行为方式,例如,在度假地的酒店向旅游者传达"大多数客人都重复使用他们的自带毛巾"这样的信息,使其成为一种有效的社会规范,以此促使旅游者在酒店参与毛巾重复使用项目。

社会和个人都有道德责任和义务来保护环境。环境责任行为是个体对公共领域的关注,其具有显著的利他属性,也是个体道德外化的具体行为表征。规范激活理论的核心观点在于将规范视作某种行为得以产生的直接驱动因素。有研究运用元分析预测了个体的环境责任行为意图,结果发现首要的预测因素就包括规范②。社会规范指的是一种指导或限制社会群体成员在当前社会环境背景下开展某种行为活动的规则和标准,它能够保障整个社会群体目标得以实现,并且促使社会群体活动趋于一致性③。就具体分类而言,社会规范通常可被分为描述性规范和禁止性规范,其均从不同视角来约束和引导人们的日常行为④。许多研究表明,为了达到鼓励个体环境可持续行为的目标,规范性信息比简单的说服性信息更加有效⑤。

---

① KALLBEKKEN S,SÆLEN H. "Nudging" hotel guests to reduce food waste as a win – win environmental measure[J]. Economics Letters,2013,119(3):325 – 327.

② HINES J, HUNGERFORD H R, TOMERA A N. Analysis and synthesis of research on responsible environmental behavior:A meta – analysis[J]. Journal of Environmental Education,1987,18(2):1 – 8.

③ ONWEZEN M C,ANTONIDES G,BARTELS J. The norm activation model:An exploration of the functions of anticipated pride and guilt in Pro-environmental behaviour[J]. Journal of Economic Psychology,2013,39:141 – 153.

④ NOLAN J M,SCHULTZ P W,CIALDINI R B,et al. Normative social influence is underdetected[J]. Personality and social psychology bulletin,2008,34(7):913 – 923.

⑤ TERRIER L,MARFAING B. Using social norms and commitment to promote Pro-environmental behavior among hotel guests[J]. Journal of Environmental Psychology,2015(44):10 – 15.

在道德层面,规范的激活能够触发个体的道德义务感,相关结果可结合中国社会情境中的个体主义与集体主义视角进行讨论。然而,既往研究结果大多支持社会规范对旅游者亲环境行为的直接作用路径[1],与之不同,本研究发现,社会规范并不会对旅游者环境责任行为产生直接作用,其是通过个人规范间接对旅游者环境责任行为产生影响。具体解释如下:个人规范与社会规范原本存在紧密联系,其突出了规范类因素作用于个体行为的内外在表征。基于中国社会情境,中国人提倡集体主义而非个人主义,当个体在考虑是否参加环保活动时,中国人会以受尊敬的人和可信赖的人作为参考,例如,同龄人、家人和朋友。这种社会压力强烈影响着旅游者行为,如果他们了解自己应该以友好的方式行事,符合亲近的人对其产生的期望,那么其更有可能从事有益于目的地环境保护的行为[2]。

(二)个人规范

与社会规范不同,个人规范具有更强的主观性与特定性,其反映了个体受到外在价值观影响后的内在价值承诺,它还被定义为个体从事某种行为的自我义务感。换言之,个人规范反映的是个体的一种道德信念,其成为评价特定行为的个人标准。尽管定义有所不同,但研究者普遍认为,个人规范的主要特征包括道德义务。因而个人规范可与道德规范或采取环境责任行为的义务感互换使用[3]。埃斯凡迪亚尔(Esfandiar)等人的研究结果显示,个

① AHMAD W, KIM W G, ANWER Z, et al. Schwartz personal values, theory of planned behavior and environmental consciousness: How tourists' visiting intentions towards eco-friendly destinations are shaped[J]. Journal of Business Research,2020(110):228 – 236.

② WANG S, WANG J, YANG F, et al. Consumer familiarity, ambiguity tolerance, and purchase behavior toward remanufactured products: The implications for remanufacturers[J]. Business Strategy and the Environment,2018,27(8):1741 – 1750.

③ HAN II, HWANG J, LEE M J. The value – belief – emotion – norm model: Investigating customers' eco – friendly behavior[J]. Journal of Travel and Tourism Marketing,2017,34(5):590 – 607.

人规范因素被认为是环境责任行为最有效的预测因素之一[①]。

既往研究结果显示,社会规范与个体的环境问题意识有关,同时其又能够直接影响个体的环境责任行为意愿。王(Wang)等研究者认为,社会规范能够直接或间接对个体的网络隐私风险感知产生负向影响[②]。当人们意识到环境问题时,他们可能会对自己的行为产生反思,从而更倾向于遵守社会规范并产生环境责任行为。根据施瓦茨等人的研究,个人规范是一种内化的社会规范,但二者并非完全统一,当融入个人价值体系后,个人规范至少部分独立于社会规范[③]。

同时,与既往研究一致,个人规范成为旅游者环境责任行为的重要驱动因素[④]。个人规范不仅是社会规范内化的结果,亦带有个人的行为判断。在旅游情境中,个体持有获得目标与享乐目标,因此旅游者在行为表现上的个人主义可能更为凸显,其解释了社会规范缘何通过个人规范而对行为产生作用。

个人规范在旅游者的社会规范及其环境责任行为之间,起到了完全中介的作用。如前文所述,个人规范与社会规范本身具有紧密的互动关系,其表现为规范因素在个体行为中的内外归因结果。与既往研究者的观点不同,本研究中社会规范是通过个人规范来实现环境责任行为的。具体解释如下:社会规范能够影响个人规范,带有典型的中国情境特色,包括家庭观念和人际关系。家庭是人类社会最普遍、最基本、最有影响力的社会团体。

① ESFANDIAR K,DOWLING R,PEARCE J,et al. Personal norms and the adoption of Pro-environmental binning behaviour in national parks:An integrated structural model approach[J]. Journal of Sustainable Tourism,2020,28(1):10－32.

② WANG E S. Effects of brand awareness and social norms on user－perceived cyber privacy risk[J]. International Journal of Electronic Commerce,2019,23(2):272－293.

③ SCHWARTZ S H. Elicitation of moral obligation and Self-sacrificing behavior:An experimental study of volunteering to be a bone marrow donor[J]. Journal of personality and social psychology,1970,15(4):283－293.

④ ESFANDIAR K,DOWLING R,PEARCE J,et al. Personal norms and the adoption of Pro-environmental binning behaviour in national parks:An integrated structural model approach[J]. Journal of Sustainable Tourism,2020,28(1):10－32.

中国传统文化的家庭观念较重,个人大多在家庭生活中传承文化、习俗和社会规范①。同时,中国社会具有典型的关系网络,是一种关系社会②。社会关系亦会影响个体的行为决策规律,个体能够随着社会关系脉络的变化而进行更适用于该关系脉络的行为决策。因此,中国情境中,个人规范持续性地受到社会规范的影响。

二、助推案例分析

(一)国内具体案例分析

2023 年,江西萍乡的武功山景区策划了一项环保活动。旅游者可以通过捡垃圾换取相应奖品,包括武功山的文创雪糕和环保奖牌。该活动不仅能够减轻景区的环境污染,还能够增强旅游者的环境意识。值得一提的是,武功山的环保奖牌是一枚纪念奖牌,为了迎合当下流行的"特种兵"打卡旅游,上面刻着"青春没有售价,直达武功山下"。2023 年 3 月起,特种兵式旅行兴起,夜爬武功山非常火爆,其中包括很多大学生。对于年轻人而言,其具有基本的环境素养,同时这种可参与的活动更容易接受。以长沙大学生杨俊为例,他在接受采访时说,自己已经爬了 11 次武功山,每次都能兑换奖牌,多的奖牌送给同学和朋友。在他的号召下,朋友们也都认为该活动很有意义,纷纷加入进来,将这种环保理念传递给更多人。同时,还有两位比较知名的主播也主动来武功山爬山,顺带捡瓶子兑奖牌。其中一名主播爬了十三四次,爬山的时候顺便直播。大家通过这种"人传人"的方式,让更多人知晓、参与环保行动。

该案例凸显了可参与的环保活动对于个体行为的助推作用,在道德层面,当个体利益与集体利益相统一时,个体的环境责任行为就更容易发生;其次,该案例体现出个体的自我规范和社会规范的统一,其二者从道德角度

---

① 白凯,符国群."家"的观念:概念、视角与分析维度[J].思想战线,2013,39(1):46 - 51.

② 白凯,璩亚杰.社会关系视阈下的 VFR 旅游主体互动:研究综述与理论框架[J].旅游导刊,2017,1(1):67 - 79.

出发,均增强了个体的环境责任意识。在诸多媒介盛行的时代,案例中提及的"人传人"的方式,实则体现了群体的道德规范,有助于积极社会风气的塑造。

(二)国外具体案例分析

为了倡导环境保护,柏林联盟足球俱乐部与柏林林业局合作,联手打造了一个名为"森林大师"(WALDMEISTER)的活动。在活动期间,足球俱乐部于2021—2022赛季,每卖出一件第二客场球衣,就捐赠5欧元给克佩尼克(Köpenick)地区的森林,为绿化和环保贡献一份力量。第一批树木种植在柏林东部地区。与此同时,该活动也注重宣传效应。12月7日,柏林联盟足球俱乐部吉祥物Ritter Keule与球员格里沙(Grischa Prömel)和安东尼·乌贾(Anthony Ujah)就一起在柏林魔鬼山沼泽地区种下了一棵树。该行为也受到了社会各界的支持。该案例解读了善因营销,通过慈善活动,将体育事业与环境保护结合,取得了较好的公众效益。其次,该案例中,活动举办方借助足球明星的个人影响力,大力宣传这种植树的环境行为,也体现了个人规范在鼓励环境责任行为中的示范效应。

新西兰旅游局一直在强调新西兰的自然之美,以及该国对环境的高度关注。他们的品牌口号"100%纯净"旨在通过调动旅游者的社会规范和对道德的敏感性,使其更加重视环保行为。该宣传活动突出了新西兰清澈的湖泊、原始的森林和无污染的空气。通过展示这些自然资源的珍贵性,旅游局希望激发游客的责任感,使他们在旅游过程中更加保护环境,例如减少使用一次性物品、尊重当地文化等。

第十一章　环境责任助推的实践聚焦：红色旅游地文化景观基因保护与传承

前文探讨了旅游者环境责任的理论积淀和助推策略,本章基于实践的理论视角,关注旅游者情感与环境责任的现实转化与精神升华。诚然,旅游者的环境责任不仅包含对于目的地自然生态的保护,也包含尊重当地的文化,是特定目的地中旅游者的可持续行为。本章聚焦于红色旅游地,第一节重点剖析实践视角,以空间实践的思路解读旅游者环境责任的文化表征;第二节重点关注红色文化景观基因的保护与传承实践。

第一节　从环境责任到社会责任：聚焦基于实践视角的红色文化与社会行为

一、实践与空间

(一)实践视角

实践(Practice)是一种研究视角和认识方式,其重点在于联结了研究主体和客体,在本体论和方法论等层面逐步成为一种知识生产和存在方式,受到诸多学科的探讨与关注,如哲学、历史学、社会学、人类学和地理学等。

在本体论层面,多学科的交叉运用使得实践的概念内涵广泛,针对不同研究情境和理论问题而各有侧重。关于实践概念的确切含义相对较为模糊,该现象主要源于两种并存的实践概念:经典的实践概念与流行的实践概念①。就经典实践概念而言,现有研究切入点可分为以下维度:①以哲学本体论切入,实践是考察一切对象的出发点和基础,其优先于感性直观,同时优先于逻辑范畴和理论态度②;②以马克思主义基本原理切入,实践概念不仅包含主体的能动活动内容,也包含有原则性的社会实践内容③;③以西方马克思主义切入,实践是在特定时代历史背景下展开的,伴随着西方马克思主义思潮的历史进程而出现和不断发展的,既有内在关于自身核心理论体系的研究,也有独立的以马克思主义实践概念为单独形态的研究;④以感性经验主义切入,实践应从实证主义或实用主义的角度把握。就流行的实践概念而言,因学科、视角、范式等的不同,学界存在诸多有关本体论、生存论、思维方式甚至艺术的实践概念④。一般情境中,实践概念以"感性经验"为逻辑起点,突出表征为对象性活动,即改变客观世界的物质活动⑤。多数社会科学领域的学者认为,实践是人类活动的组合。

实践视角不仅是传统意义上的理论体系,也可被视为一种承载多维理论内涵的方法论取向。在方法论层面,实践视角为科学研究提供了新的框架,具体表征为:第一,实践的自身理论研究体系,或者在哲学中相关的子领域;第二,依据不同学科,实践成为新的研究主题与研究视角。以实践方法的视角,社会可被视为一个围绕共享的价值规则而集中组织的具体的、物质交织的实践领域。实践方法不仅能够阐述微观个体层面产生的行为现象,更能够凸显宏观叙事中的特定群体-情境互动关系。综上,不论是本体论抑或方法论,实践是一种理论化模式,亦是一种自成体系的理论化反馈。更

---

① 姚大志. 两种实践概念[J]. 天津社会科学,2021,6:4-13.

② 俞吾金. 论实践维度的优先性:马克思实践哲学新探[J]. 现代哲学,2011(6):1-7.

③ 唐正东. 有原则的实践:马克思实践概念的应有之义及当代意义[J]. 马克思主义与现实,2014(3):30-34.

④ 韩步江. 当前国内外马克思主义实践概念研究述评及展望[J]. 宁夏社会科学,2017(4):5-17.

⑤ 田心铭. 历史唯物主义的起源:马克思《关于费尔巴哈的提纲》研读[J]. 思想理论教育导刊,2010(2):14-23.

为重要的是,实践理论是一系列理解社会的方法,为实证研究者提供差异化的认识论和方法论帮助。

(二)空间实践与个体行为

1. 空间实践内容

长期以来,诸多研究着眼于如何在思想史或理论层面运用实践的概念,从感性经验层面出发,基于具体的学科背景、专业范式等对实践理论进行具体解读,以适应特定理论需要。实践理论的探索最好是通过实证来提炼,而不是过于关注其概念定义。地理研究中出现越来越多的实践研究①。其中,空间实践(Spatial practices)与理论的结合,历来都是地理学和社会研究的经典课题,如大卫·哈维指出,空间的概念需经由人的实践来解决,而不在于哲学上的解答②。地理学关注人地关系,探究由时间与空间范式下构筑的各类地理现象,其中,空间实践研究承载了基础的物质规律与行为表征。每个空间配置对于个体或群体而言都是一个问题,是某一现象必须解决的空间关系的集合③。西方社会科学知识和政治发展中的"空间转向"思潮促使空间研究成为经典主题,其中,极具代表性的包括列斐伏尔的"空间的生产"、哈维的"资本循环和时空压缩"以及苏贾的"第三空间"理论,伴随实践研究体系的不断丰富,其受到地理学、旅游学、人类学等领域的诸多理论化拓展④。空间不是几何学意义上的抽象物,其根本特性在于人作为行为主体的实践与情感投射,这种实践本质上是象征性、仪式性的,也是一个社会关系的重组与社会秩序实践性的建构过程⑤。米歇尔·德·塞图(Michel de Cer-

---

① BUTCHER S. Embodied cognitive geographies[J]. Progress in Human Geography,2012,36(1):90 – 110.

② 夏铸九. 建筑论述中空间概念的变迁：一个空间实践的理论建构[J]. 马克思主义与现实,2008(1):8.

③ ANDERSON J,JONES K. The difference that place makes to methodology：uncovering the' lived space' of young people's spatial practices[J]. Childrens Geographies,2009,7(3):291 – 303.

④ 郭文. 空间的生产与分析：旅游空间实践和研究的新视角[J]. 旅游学刊,2016,31(8):29 – 39.

⑤ 郑梓煜. 领土再现与空间实践：1935 年民族扫墓节及西北考察中的摄影[J]. 文艺理论与批评,2022,216(4):175 – 187.

teau)所称的"空间实践"是指,用行动、仪式、叙述和符号去激活一个地点的实践①。空间实践的概念在多学科研究中均有所涉及,如人类学、社会学、地理学、美术学等。

2. 空间实践的行为表征

空间实践源于人类的行为,可从外部和内部两个角度进行分析。就整体性的关系视角而言,空间实践显化在地理环境的外部载体。第一,在人文主义视角下,地理环境在人类生存实践中所起的不可分割的作用。例如,普雷斯顿(Preston)认为:"我们周围的物理空间深深编织在我们是谁的结构中,同时,其在构建我们的思维方式中发挥重要作用。"②列斐伏尔将空间作为研究主体,明确了空间的社会本质,社会关系既塑造着空间结构,又受制于空间结构③。人们总会将自己的需求与属性注入生活环境中,建构并改变空间结构状态,空间结构也会以多种方式对人实施控制与影响,形成互动的过程。这些观点认为地理空间不是中立的、被动的或行动背景的一部分,而具有重要的实践定位。第二,实践是人类具身化、物质化的表征,涵盖多种人类活动的行为形式,突出了人在物质环境中的参与和反馈。因为人类活动受制于非人类的客观环境,所以理解特定的实践总是需要理解相对应的物质形态。哲学家思考物质环境的意义如何依赖于人类实践,而社会学家研究实践和意义如何反映物质环境的变化与稳定性。第三,实践的理论转向提供了一条理解和解释日常社会实践世界的途径。例如,有研究从空间实践的视角出发,把西北领土从地理意义上的"地方"激活为实践民族国家观念的"空间",借助摄影的定格与传播,把作为抽象政治理念的民族国家认同锚定于古老的地方、空间和风景,使地图上呈现为抽象轮廓的领土视觉化、空间化、历史化④。

---

① 米切尔. 风景与权力[M]. 杨丽,万信琼,译. 南京:译林出版社,2014.

② PRESTON C. Grounding knowledge environmental philosophy, epistemology, and place [M]. London: University of Georgia Press,2003.

③ Lefebvre H. The production of Space. [M] Oxford: Basilbleckwell, 1991.

④ 郑梓煜. 领土再现与空间实践:1935 年民族扫墓节及西北考察中的摄影[J]. 文艺理论与批评,2022,216(4):175 – 187.

就结构主义中的元素视角而言,空间实践关注不同要素间的内在互动机理。第一,对于空间实践关系的探讨,需要考虑连接多个时间、地方和实体的异构关系网络。这种网络化的关系,呈现在内部结构(各个要素间是相互连接的)和外部系统间的关系(系统之间的元素能够共享)①。基于此,空间实践的核心在于其内部各类元素间的互动与形成机理。第二,空间实践联结个体心理与社会活动,以情感流动为代表的心理需求也是许多实践方法关注的重点之一。第三,空间实践是基于主体的具身互动而得到显化。强调具身的实践学者进一步认为,身体和活动是在实践中"构成"的②。在社会生活中至关重要的身体属性,不仅仅涵盖个体的技能和活动,还有身体经验、外在表现和身体结构,呈现出"具身—活动—社会综合体"的逻辑结构③。空间实践不仅建立在语言基础上,其更加突出了身体在特定地域中和人类活动中的作用。在特定的红色旅游目的地,其文化属性源于个体的多类空间实践。旅游者在红色旅游过程中的环境责任,不仅包括其对自然环境的保护,还包括对当地红色文化的理解与尊重。

二、红色旅游地的空间实践

(一)红色文化与空间实践

红色文化的研究与传承,功在当代,利在千秋,具有无限延伸的生命力。在实现中华民族伟大复兴的历史进程中,红色文化已成为中华民族精神象征,在政治建设、经济发展、文化自信等方面的作用日益凸显出来。红色文化是中国共产党带领中国人民在近百年的奋斗征程中,不断积累下来的宝贵的精神财富,是一代又一代中国人身上体现的生命不息、奋斗不止的中国

---

① HIGGINSON S, MCKENNA E, HARGREAVES T, et al.. Diagramming social practice theory:An interdisciplinary experiment exploring practices as networks[J]. Indoor and Built Environment,2015,24(7):950 – 969.

② SCHATZKI T. The site of the social:A philosophical account of the constitution of social life and change[M]. PA:Penn State University Press,2002.

③ 陶伟,王绍续,朱竑. 广州拾荒者的身体实践与空间建构[J]. 地理学报,2017(12):2199 – 2213.

精神和中国力量,是在中国精神、中国力量激励下走出的中华民族伟大复兴的中国道路。红色文化的过去、现在以至未来都是值得不断研究、不断探索的重要课题。习近平总书记强调,"要使中华民族最基本的文化基因与当代文化相适应、与现代社会相协调","把红色基因一代代传承下去"。因此,探讨新时代背景下,红色文化的创造性转化和创新性发展,是重要的时代课题。

红色文化不仅存在于物质化的景观之中,更彰显在非物质的符号化中,其开发与传承需要统筹文化景观与精神符号。符号是人类交流和传播信息的媒体,是人们解析社会文化因子内涵的重要工具①。红色文化是一种宝贵资源,我们既要注重有形遗产的保护,也要注重无形遗产的传承。弘扬红色文化、传承红色精神,不是纯粹的历史回顾,更不是简单的信息复制,而是一种价值符号的传递。例如,伟大长征精神,是中国共产党人及其领导的人民军队革命风范的生动反映,是中华民族自强不息的民族品格的集中展示,是以爱国主义为核心的民族精神的最高体现。长征精神既体现在革命旧址、革命博物馆等物质实体中,也存在于影视剧、曲艺等非物质形式中。

(二)红色文化与社会行为

红色旅游目的地,通常是指那些与共产主义历史、革命遗址和重要人物相关的地方,这类目的地的旅游吸引力与其独特的文化背景密切相关。红色文化旅游不仅承载着国家的历史记忆,也对旅游者的社会行为产生影响。一方面,红色文化旅游地往往具备重要的教育意义。它们不仅展示了历史事件,还传达了相关的思想和理念。旅游者在参观这些景点时,通常会受到历史故事、革命精神和民族意识的影响。这种影响能够促使旅游者更深入地理解历史,增强对国家和民族的认同感。比如,参观革命烈士陵园或纪念馆时,旅游者往往会受到激励,增强爱国情怀和社会责任感。另一方面,红色文化旅游对社会行为的影响体现在旅游者的行为模式和社会互动上。旅游者通常在这些地方表现出更加尊重和庄重的态度,遵守规定,不做出不当

---

① 赵毅衡.意义的未来性:一个符号现象学分析[J].社会科学,2015(10):168-175.

行为。例如,在参观纪念馆时,旅游者往往会保持安静,尊重历史和先烈,这种行为也反映出他们对历史的尊重和对社会规范的认同。总的来说,红色文化旅游地通过其独特的历史和文化内涵,对旅游者的社会行为和态度产生深远影响。这种影响既体现了对历史的尊重,也促进了社会的经济和文化发展,提升了旅游者的社会责任感。旅游者的社会责任行为本身即为其对目的地文化实践的积极回应,也是一种文化涵化的行为表现。

第二节　从社会责任到情感认同:
红色旅游地的文化景观基因保护

一、红色文化景观基因

(一)文化景观基因的概念

作为人文地理学领域研究的核心内容,文化景观受到国内外诸多研究者的关注。该概念由美国地理学家索尔(Sauer)在其文章《景观与形态》中率先进行界定,其定义是指一种附着于自然景观之上的人类活动样式[1]。文化景观范围较为广泛,包含了各类与文化相关的景观现象[2]。基因(gene)的概念起源于生物学,它是用复制的形式引起后代表达出同一性的遗传信息的基本单元[3]。基因具有可复制性和信息相对稳定性。基因概念也被用于文化景观研究中,其是指一种稳定的文化因子,与其他文化景观相区别,且能够代代相传,其核心功能在于促进文化景观的形成,同时也能够识别新的文化景观[4]。

---

① SAUER C O. The Morphology of Landscape, Land and life [M]. California: University of California Press, 1963.

② 刘沛林, 刘春腊, 邓运员, 等. 中国传统聚落景观区划及景观基因识别要素研究[J]. 地理学报, 2010(12): 1496 – 1506.

③ 曹帅强, 贺建丹, 邓运员. 中国南方传统聚落景观基因符号的图谱特征: 以大湘西地区为例[J]. 经济地理, 2017(5): 191 – 198.

④ 胡最, 刘沛林. 中国传统聚落景观基因组图谱特征[J]. 地理学报, 2015(10): 1592 – 1605.

关于文化基因的作用获得了诸多关注。基于其本身的生物属性,基因可进行自我复制,同时在内外部因素的共同作用下发生改变。一方面,基因具有相对稳定性,能够保持其本身的基础信息;另一方面,基因也会受到其他因素作用而发生突变,对原有信息进行更新。相应的,研究者们发现该特性也适用于文化传承与传播。一方面,文化为了永葆自己的独特个性,不间断地按照自己的特点来传承和发扬;另一方面,文化经常会有一定的变异,以适应环境的变化。这种文化基因的特性与作用突出表征在聚落景观之中[①]。具体而言,一定空间范围内的聚落景观之所以雷同,是因为聚落始终保持着其文化"基因"的遗传特征,但其文化"基因"却因时间和空间的变化而发生了某种变异。景观基因理论具有综合性和复杂性,涉及诸多学科视角和知识习题,例如旅游学、地理学、历史学等,研究主题集中在乡村聚落、文化遗产的保护与利用、旅游文化的传承等。

文化景观基因理论具有多学科交叉的特征,结合了生物学、地理学、旅游学等相关理论方法,同时应用了地理信息技术(Geographic Information System, GIS),能够为具体文化景观的分析提供理论基础与实践指导[②]。文化景观基因图谱源于地理学中的信息图谱,其核心在于将较为复杂的地学形态、特征等概念化为数字,以便于文本呈现。文化景观基因图谱包含一定的物质形态和非物质形态。其中,非物质文化遗产是文化景观的重要表现形式。一般而言,景观基因识别更倾向于客观的物质形态,当前核心研究围绕乡村、聚落等,而有关非物质文化的景观基因的探讨是相对缺乏的。

(二)红色文化景观基因的概念

对于红色文化景观基因的挖掘,有利于补充景观基因在物质和非物质形态上的统一。红色文化作为中国先进文化的代表,是国家文化软实力的重要组成部分。红色文化基因是红色文化精神、优良传统的传承,也是一种

---

① 刘沛林,刘春腊,邓运员,等.我国古城镇景观基因"胞—链—形"的图示表达与区域差异研究[J].人文地理,2011(1):94–99.

② 赵华勤,江勇.乡村振兴背景下乡村人居环境改善策略研究:以浙江省为例[J].小城镇建设,2019(2):9–14,93.

精神和文化的综合体现。红色文化基因是一个国际性的概念,其随着马克思主义的诞生和国际共产主义运动的兴起而出现,延安时期是中国红色文化基因开始成熟并爆发性传承发展的阶段。红色文化基因具象化、实体化的表达即红色文化景观基因,其借助物质实体对红色文化基因加以诠释。文化景观基因符号是对客观实在的概念化描述。文化景观基因理论是构建中国传统聚落文化景观基因图谱的重要方法。由此,红色文化景观基因图谱的挖掘,有利于红色文化在新时代得以彰显,易于传承。

党的十八大召开至今,习近平总书记着重强调对于中华优秀传统文化的态度,应重视其内涵与时代化更新,在构建人类命运共同体,发展新时代精神文明建设,实现中华伟大复兴等层面予以强大支持。进入新时代,中华优秀传统文化迸发出的新的生机和活力,持续影响政治、经济和社会文化等层面,强化了民众的精神力量。其中,红色文化是中国共产党最富有典型意义和内涵的文化之一。红色文化彰显着中国共产党的集体精神和智慧,是中国共产党带领中国人民在新民主主义革命的过程中产生的,贯穿于百年中国共产党成长、发展的每一个历史阶段。红色基因形成于中国共产党百年的奋斗与实践中,其是最宝贵的财富之一,也为未来发展提供源源不断的精神力量与文化支持。

挖掘红色文化基因有助于民众坚持中国特色社会主义道路自信、理论自信、制度自信、文化自信。红色文化的先进性主要表征为红色精神,其是中国共产党人和民众在作风、信念、精神品质、思维模式上的集中体现。挖掘红色基因,有助于加强集体主义和爱国主义,增强文化自信与自强,扩大中华文化的国际影响力,强化我国的文化软实力,对于提高我国的文化自信和自强能力,有着重大的现实意义。传承红色文化对于建设中国特色社会主义文化体系具有重要的价值和意义,也能够增强我国民众的爱国主义、民族精神等。例如,作为红色文化基因的典型代表,长征精神在人民精神文化体系中承担重要角色,其凸显了积极的社会主义核心价值观,成为人民群众在改革实践中的强大精神动力。弘扬红色文化,有利于人民群众坚定中国特色社会主义的共同理想和信念,增强人民对祖国的认同与对文化自信。

红色文化基因的挖掘和传承能够增强民众的文化自信和精神自觉。随着中国特色社会主义进入新时代,我国的主要矛盾发生变化,转变为人民日益增长的美好生活需要和不平衡不充分的发展之间的矛盾。人民群众的需求不再单一局限于基本的物质层面,转而追求物质和精神的双重满足,特别是精神层面的诉求尤为关键。然而,新时代特色赋予文化更加宽广的表达和建构空间,文化发展愈加多元化和自由化,包容性不断增强。其中,以经济利益为主导的"个人利益最大化满足"的价值观迅速成为大多数人群的"集体无意识"。该现象可能会促使当代民众的自我价值感缺失,核心文化价值观受到挑战①。而红色文化具有强大的精神内驱力,其内在的价值信仰、精神力量和文化情感能够填补当代社会精神缺失的问题。

二、红色文化景观基因与情感认同

红色文化景观基因涵盖了革命历史、民族精神和政治理念的文化元素,这些基因在景观中以建筑、纪念物、历史遗址等形式予以表现。个体的情感认同与这些景观基因之间存在着复杂的互动关系,是一种动态的综合过程。红色景观通过其深刻的历史意义和文化内涵触动个体的情感,而个体的情感认同则在个人背景和历史知识的影响下,形成对这些景观的独特感受和理解。这种互动不仅加深了个体对红色文化的理解,也促进了文化记忆的传承和历史意识的形成。

红色文化景观基因能够激发个体的情感认同。参观具有红色文化基因的景观时,旅游者往往会经历一种情感的共鸣和历史的沉浸。例如,参观革命纪念馆或烈士陵园时,旅游者会被革命先烈的英雄事迹和不屈精神所打动。这种情感共鸣使得个体对红色文化产生认同感,增强了其对国家历史和文化的自豪感。这种情感认同是一种积极的人地情感。人地情感是推升人文地理研究深度参与国家社会治理工作的重要科学基础。人地情感源于

---

① 周静.论新时代红色基因传承的鲜明特色[J].河海大学学报(哲学社会科学版),2021(2):16-20,27,105.

人类与物质环境的互动,其是人地关系的核心承载与表征之一。人地情感是贯穿人文地理学研究,特别是情感地理研究的核心问题。人地情感建立在"人－地方"关系基础上,其中,"地方"并非纯粹的空间概念,而是被个体和社会赋予一定的意义和价值。段义孚针对人地情感的研究包含两类空间情感,即恋地情结和逃避情感①。其中恋地情结指明人对地方产生的积极情感,奠定了人地情感的理论基础。后续研究逐步衍生出地方感、地方依恋、地方认同等相关概念,它们均强调了个人与地方之间的积极情感联系②。人地情感是人对地方的心理感受与情感体验的总称,其被认为是一个泛化概念,不仅包括传统的地方感,还涵盖了个体对地方产生的所有情感体验③。

　　人地情感的概念包含两个重要维度:空间性和主体④。其一,空间性。安德森(Anderson)指征出情感与空间存在交互⑤。人地情感嵌入在特定的时间、空间和社会环境中,不同的空间实践会产生差异化的情感规律⑥。其二,主体性。韦斯雷尔(Wetherell)强调了身体是情感的载体⑦。梅洛·庞蒂(Merleau－Ponty)认为情感是一种身体与周围时空联系和互动的方式⑧。身体主体的实践和感知会不断与其所处时空及环境联系在一起,情感也会由此产生变化。上述观点突出了人地情感的具身属性。由此,人地情感的生

　　① 段义孚.恋地情结[M].北京:商务印书馆,2018.

　　② 陈伊乔,刘逸.段义孚的人地情感研究对城乡规划的启示[J].城市发展研究,2019,216(8):104－110.

　　③ 李从治,潘辉,潘滢.人地情感对森林公园环境负责行为的影响研究[J].干旱区资源与环境,2021,35(4):31－37.

　　④ WANG M, WU J, AN N, et al. The effect of emotional experiences in fieldwork:Embodied evidence from a visual approach[J]. Journal of Geography in Higher Education,2021:1－22.

　　⑤ ANDERSON B. Encountering affect:Capacities, apparatuses, conditions[M]. New York:Routledge,2016.

　　⑥ 陶伟,蔡少燕,余晓晨.流动性视角下流动家庭的空间实践和情感重构[J].地理学报,2019,74(6):1252－1266.

　　⑦ WETHERELL M. Trends in the turn to affect:A social psychological critique[J]. Body and Society,2015,21:139－166.

　　⑧ MERLEAU－PONTY M. Phenomenology of perception[M]. London:Routledge & Keagan Paul,1962.

成与空间及身体紧密相关,包含了旅游者对目的地产生的所有情感体验。

个体的情感认同也受到个人背景和历史知识的影响。不同的人对红色文化景观的情感反应有所不同,这取决于他们的个人经历、教育背景和对历史事件的了解。例如,一个对革命历史有深入了解的人,可能在参观红色景观时产生更强烈的情感认同感,而对相关历史了解较少的人,则可能会有较为平淡的体验。情感认同不仅仅是对景观本身的反应,还涉及个体如何将这些景观与自身经历和情感连接起来。红色文化景观基因通过提供真实的历史场景和故事,帮助个体形成更深层次的情感认同。它们不仅是历史的载体,也是情感和记忆的触发点。当个体亲身体验这些景观时,他们不仅感受到历史的厚重感,还能在个人情感中找到认同的根基。这种认同感往往与个人的价值观和社会认知相互交织,使得红色文化景观成为了情感认同的重要媒介。

三、旅游视角下红色文化景观基因的保护与传承实践

在旅游视角下,红色文化景观基因的保护与传承是一项综合性的任务,涉及历史遗产的保护、旅游资源的可持续利用以及文化教育的传播。这些都与旅游者的环境责任和社会责任息息相关。红色文化景观不仅承载着重要的历史记忆和文化价值,而且在现代旅游中扮演着重要的角色,涉及教育、研学等综合层面。作为红色文化景观基因传承的现实有效载体,红色旅游不仅仅是政治工程、民心工程、富民工程,更是文化工程,承担经济、教育和文化等多重功能。特别是进入新时代,文化的多样性和包容性迅速增强,微博、抖音等新媒体的出现使得文化传播速度和范围空前,这也为红色旅游资源的开发提供了新的平台与载体。红色文化景观基因图谱的挖掘有助于建构红色旅游资源符号化体系,形成丰富的红色资源文化库,使得红色文化更加易于规范化管理和使用,创新性开发与融合,高质量保护和传播。

党的十八大以来,基于经济、环境和文化等的可持续发展诉求,党中央制定"建立国家公园体制"的重大战略决策,强化了遗产文化的保护、开发与传承。国家文化公园的建设全面体现了新时代我国进行社会文化传承的可

持续发展理念,其综合了经济、绿色、开放、创新等内在价值导向。国家文化公园是我国在经济和文化领域的创新性文化战略与建设工程,"为我国首创,国际上并无先例可循,是对国家公园体系的创新","是中国遗产话语在国际化交往和本土化实践过程中的创新性成果,也是中国在遗产保护领域对国际社会做出的重要贡献"。国家文化公园的建设不仅是政治、经济和文化领域的综合战略,也是国家高质量发展的核心体现。

　　建设长征国家文化公园是党中央制定的重大战略决策,也是增强中华文化软实力,加强文化资源保护与利用的创新举措。作为中国共产党人红色基因和精神族谱的重要组成部分,长征精神也成为影响社会文化发展的重要精神力量,鼓励人民群众在中国特色社会主义建设实践中保持积极向上的价值观和坚定不移的信念。目前制定的《长征国家文化公园建设保护规划》,在传统红色遗址遗迹资源的基础上,从统筹视角整合了长征沿线15个省区市文物和文化资源,具有很大的规模和建设力度。根据红军长征历程和行军线路构建总体空间框架,加强管控保护、主题展示、文旅融合、传统利用四类主体功能区建设,实施保护传承、研究发掘、环境配套、文旅融合、数字再现、教育培训工程,推进标志性项目建设,着力将长征国家文化公园建设成为呈现长征文化,弘扬长征精神,赓续红色血脉的精神家园。

　　从旅游者的行为响应层面而言,红色文化景观基因的保护和传承需要多路径协同作用。一方面,传承红色文化景观基因需要从文化教育和旅游活动中着手。通过对旅游者进行红色文化的教育,可以增强他们对红色景观的理解和尊重。旅游活动应注重引导旅游者的社会行为,提供有关红色文化背景的讲解和解说服务,使旅游者在欣赏景观的同时,能够深入了解其背后的历史故事和文化意义。另一方面,保护和传承红色文化景观基因还需要注重当地社区的参与和文化活化。当地社区是红色文化的直接受益者和传承者,他们对红色景观的保护和传承具有重要作用。通过鼓励社区参与景观维护和旅游活动,能够增强他们的文化自信和责任感。此外,社区可以通过举办红色文化主题的活动、展览和讲座等形式,活化红色文化,使其在现代社会中继续发挥作用。

新时代背景下,科技手段的应用也对红色文化景观基因的保护和传承具有积极影响。红色文化景观基因传播部分研究内容主要是探索红色文化基因图谱数字化传播路径的模式优化,通过应用数据库系统、数字绘图、数字建模、数字动画、增强现实技术、数字影像、虚拟现实技术等数字化手段,在原真性的基础上多元化创新,将前面研究挖掘和建构的红色文化景观基因图谱应用于红色示范村景观虚拟重构、数字化保存、产品开发以及景观规划等传播方式和路径的扩展。例如,数字化技术可以用于对红色文化景观的记录和展示,通过虚拟现实(VR)和增强现实(AR)技术,使游客能够以更为生动的方式体验红色文化,从而减少对实物遗产的直接接触,降低物理损害的风险。